江苏师范大学研究生优秀教材建设基金资助

Research Theory and Methods in Human Factors Engineering

李永锋　朱丽萍　编著

人因工程研究理论与方法

化学工业出版社
·北京·

内 容 简 介

本书系统地论述了人因工程研究的理论与方法，共分为5篇。第1篇为导论，介绍了人因工程研究所需的基础知识；第2篇为描述性研究，论述了调查研究、用户与任务分析、研究数据的获取；第3篇为实验研究，内容涉及怎样做实验、独立组设计、重复测量设计、复合设计、实验结果的报告与分析；第4篇为评价研究，内容包括多变量分析、常用评价方法、模糊理论在人因工程研究中的应用、灰色系统理论在人因工程研究中的应用；第5篇为专题研究，聚焦于人因差错与设计、需求分析与质量功能展开、色彩设计、面向老年人的人机交互设计。本书内容翔实，通过案例详细介绍了每种理论与方法的具体应用，可学习性强。

本书适合作为设计学类、机械类、工业工程类等相关专业的研究生和高年级本科生教材，也可作为人因工程研究与设计人员的参考书。

图书在版编目（CIP）数据

人因工程研究理论与方法/李永锋，朱丽萍编著．—北京：化学工业出版社，2023.2
ISBN 978-7-122-42505-8

Ⅰ．①人… Ⅱ．①李… ②朱… Ⅲ．①人因工程-研究 Ⅳ．①TB18

中国版本图书馆CIP数据核字（2022）第208184号

责任编辑：陈 喆 王 烨
责任校对：宋 玮 装帧设计：张 辉

出版发行：化学工业出版社（北京市东城区青年湖南街13号 邮政编码100011）
印 装：涿州市般润文化传播有限公司
787mm×1092mm 1/16 印张15¼ 字数372千字 2022年12月北京第1版第1次印刷

购书咨询：010-64518888 售后服务：010-64518899
网 址：http：//www.cip.com.cn
凡购买本书，如有缺损质量问题，本社销售中心负责调换。

定 价：99.00元

前　言

2022年设计学成为交叉学科门类下的一级学科，可授予工学、艺术学学位，人因工程研究作为设计学的核心课程，在理论与方法上具有很强的交叉性，近年来这种交叉性已得到学术界和业界的广泛认同。作者在本书编写过程中，有别于传统人因工程教材的编写思路，另辟蹊径，从研究的视角出发组织整个教材的结构，目的在于培养学生的科研创新能力。人因工程研究通常可分为三类，即描述性研究、实验研究、评价研究，本书聚焦于这三类研究，并在此基础上结合具体案例，探讨了人因工程研究中的一些专题内容。在编写过程中，作者围绕人因工程研究，将设计学、心理学、机械工程、计算机科学与技术、管理科学与工程等相关知识加以融合，旨在促进人因工程各分科知识融通发展为以设计研究为核心的知识体系。

在描述性研究方面，介绍了调查研究、用户与任务分析、研究数据的获取等内容。在实验研究方面，引入了心理学研究方法，介绍了怎样做实验、独立组设计、重复测量设计、复合设计、实验结果的报告与分析等内容。在评价研究方面，介绍了多变量分析和常用评价方法，并将模糊理论和灰色理论引入到人因工程研究中。在专题研究方面，介绍了人因差错与设计、需求分析与质量功能展开、色彩设计、面向老年人的人机交互设计等，其中在人因差错与设计中，引入了工程和管理领域的失效模式与效应分析、故障树；在需求分析与质量功能展开中，探讨了Kano模型和质量功能展开在人因工程领域的应用；在色彩设计中，介绍了常见的色彩体系，并在此基础上探讨了色彩调和的相关理论；在面向老年人的人机交互设计中，重点介绍了老龄化社会与人机交互、帮助老年人以及其他群体的用户界面设计指南等内容。

本书得到江苏师范大学研究生优秀教材建设基金资助（Y2020YJC0402）“人因工程研究理论与方法”，作者在此深表谢意。在本书的编写过程中，研究生高帅、张璟、何若乔、徐丹、董玉颜、吕帅、朱婷玲、白桂婷、陈红、梅志成、吴嘉妮、杨杰等参与了文献整理和文字校对工作，本书的部分内容参考了相关论著，在此一并致谢，如有疏漏之处，敬请谅解。希望本书能够 推动人因工程研究的进一步发展，进而推动设计学学科的发展。本书有PPT课件，需要的老师可联系作者（yfli@jsnu.edu.cn）获取。

由于编著者水平有限，疏漏和不足之处在所难免，欢迎读者批评指正。

李永锋　朱丽萍

2022年9月于江苏师范大学泉山校区

目　录

第1篇　导论

第2篇　描述性研究

第2章　调查研究　11

第3章　用户与任务分析　22

第4章　研究数据的获取　33

第3篇 实验研究

第5篇　专题研究

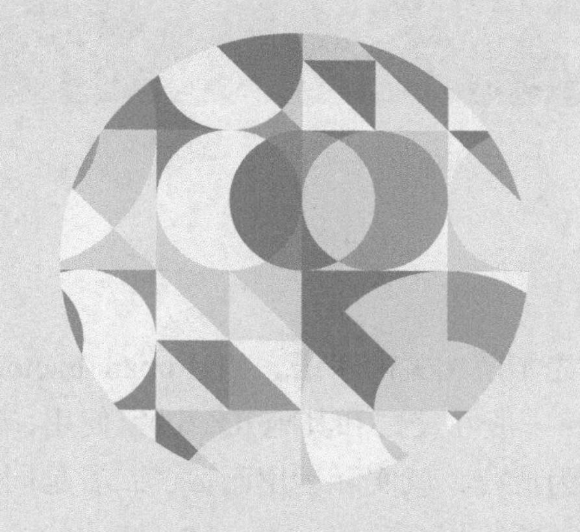

第1篇

导　论

第 1 章 概述

1.1 人因工程学定义

在尝试定义人因工程学之前，需要先了解相关的术语，如Human Factors、Ergonomics、Engineering Psychology。Human Factors一般在美国和其他几个国家使用，Ergonomics虽然也在美国使用，但在欧洲和其他国家更为流行，就实际运用而言，二者是同义的。Engineering Psychology也被美国的一些心理学家所采用，Engineering Psychology与Human Factors的区别为：Engineering Psychology涉及的是关于人的能力和限度的基础研究，Human Factors更关注将相关信息应用到物品设计中。

下面根据人因工程学关注的焦点、目标和研究方法来探讨人因工程学的定义。

（1）人因工程学的研究焦点

人因工程学的研究焦点是人以及人与日常生活和工作中使用的产品、设备、设施、流程和环境之间的相互关系，强调的重点是人本身，以及物品的设计如何影响人。人因工程学旨在改善人们使用的物品及使用时的环境，以求更好地与人的能力、限度和需要相匹配。

（2）人因工程学的目标

人因工程学有两个主要目标：第一，提高人们工作或其他活动时的效果和效率，包括提高使用的方便程度、减少失误和促进生产力发展；第二，提高人的价值，包括改善安全性、减轻疲劳和压力、增加舒适感、增大接受程度、增加对工作的满意程度以及提高生活质量。

（3）人因工程学的研究方法

人因工程学的研究方法体现在两个方面：第一，将与人的能力、极限、特征、行为和动机相关的信息系统应用到人们使用的物品、流程以及环境的设计中去；第二，对所设计物品进行评价，以确保物品能达到计划的设计目标。

据此，可将人因工程学定义为：探索有关人的行为、能力、限度和其他特征的各种信息，并将它们应用于工具、机器、系统、任务、工作和环境的设计中，使人们对它们的使用更具价值、安全、舒适和有效。

（4）讨论

下面是一些已经确立的描述人因工程学特色的观点，它们使人因工程学与其他一些应用领域相区别：

① 认为物品、机器等的建造都是为人服务的，在设计时必须时时刻刻想到用户。

② 承认人在能力和限度方面存在着个体差异，并探讨它们在设计中的含义。

③ 深信物品、流程等的设计会影响到人们的行为和幸福。

④ 着重考虑设计过程中的经验数据和评价。

⑤ 依靠科学方法和客观数据来验证假设，从而获得关于人类行为的基础数据。

⑥ 信奉系统导向，认识到物品、流程、环境和人都不是孤立存在的。

人因工程学也可通过否定加以界定，即以“不是什么”的否定叙述方式加以厘清，以下是3个人因工程学的否定叙述：

① 人因工程学不仅仅是运用检查表和指导准则。人因工程学的专业人员确实开发与运用检查表和指导准则，然而，这些辅助手段仅仅是人因工程学工作的一部分而已。现有的任何检查表和指导准则，如果盲目地使用，都无法保证获得符合人因工程学的优秀产品。在诸多方案中的权衡取舍、对特定应用的深刻思考以及具有专业素养的看法，这些都不是现有的检查表和指导准则所能提供的，可是这些又都是人性化设计所不可或缺的。

② 人因工程学不是用设计者自身作为物品设计的模特。仅仅因为设计师能够理解一整套操作说明，并不能保证其他人也能理解。同样地，仅仅因为设计师自己能够非常顺利地操作产品，并无法保证其他所有人都能够做到这一点。人因工程学承认存在着个体差异，在为特定的用户群体设计物品时需要考虑他们的独特性质。

③ 人因工程学不只是常识。在某种程度上，应用常识能够改善设计，可是人因工程学绝非仅止于此。如对于在某一特定距离外的标志上的字体要多大才能辨识清楚，或者对一种不但可以听到而且可以与其他报警声音相区别的报警音的选择，这些就不是仅仅靠常识所能解决的，需要经过实际的测试和实验。

1.2 人因工程学研究概述

人因工程学研究的核心是把与人类能力和行为有关的信息应用于人所使用的物品、设备、程序和环境的设计中，这些信息绝大部分是实验和观察得到的。人因工程学家除了收集以经验为基础的信息并将它们应用于物品的设计外，还收集经验数据用来评估设计的优良程度。因此，经验数据既可以在前端作为设计的基础，也可以在后端作为评估和改进设计的依据。

1.2.1 研究的分类

人因工程学研究通常可划归到以下三类中的一类：描述性研究（Descriptive Studies）、实验研究（Experimental Research）、评价研究（Evaluation Research）。事实上，不是所有的人因工程学研究都能恰好仅划归到其中的一类，往往某一特定的研究会涉及不止一类。虽然每类研究有不同的目标，且可能应用到略有不同的研究方法，但它们都有一套相同的基本程序：研究背景的选择、变量的选择、被试的选择、数据的收集与分析，本章将在后面对其进行详细说明。

（1）描述性研究

描述性研究探索如何使用一些特定属性来描述一个群体的特征。尽管描述性研究不属于那种会令人兴奋的研究，但它们对人因工程学来说却是非常重要的。它可以给出许多设计决策所依据的基本数据。不仅如此，在解决方案尚未提出之前，往往需要先进行描述性研究来评估问题的重要性和涉及的范围。

（2）实验研究

实验研究的目的在于测试某些变量对行为的影响。要调查哪些变量和要测量哪些行为，要根据实际情况中遇到的设计问题或者根据对有关变量和行为进行预测的理论而决定。实验研究所关心的是某一变量是否对行为产生影响以及影响的方向，尽管可能对任务执行的水平很感兴趣，但是通常只关心不同条件下任务执行水平的相对差异。

（3）评价研究

评价研究与实验研究相似，它的目的也是评估一个系统或产品。评价研究与描述性研究也相似，其相似之处在于探寻描述系统或产品的使用者的执行效果和行为。总的来说，评价研究比实验研究更具整体性和综合性。一个系统或产品可以通过比较其目标来进行评价，预期想要的结果和预期不想要的结果都要加以评价。

本书围绕上述3类研究展开，其中第2章至第4章聚焦于描述性研究，第5章至第9章聚焦于实验研究，第10章至第13章聚焦于评价研究，第14章至第17章聚焦于专题研究，这类专题研究不好划归到上述三类研究中的其中一类。

1.2.2 研究方法选择的考虑因素

Meister（1985）指出，选择研究方法时应考虑的因素如下：

① 效果（Effectiveness）：指研究方法能够达成目的的程度。

② 方便（Ease of Use）：指研究方法在运用上的简便性。

③ 成本（Cost）：指研究方法在经费、数据要求、设备、人力和时间上所付出的代价。

④ 弹性（Lexibility）：指研究方法能适用于不同场合和情况的程度。

⑤ 范围（Range）：指研究方法所能测量的现象、行为和事件的数量。

⑥ 效度（Validity）：指研究方法所获得的资料与真实生活中所发生情况的相似程度。

⑦ 信度（Reliability）：指研究方法所获得的资料与历经时间迁移及多次应用之间的一致程度。

⑧ 客观（Objectivity）：指研究方法的运用结果依赖于证据、程序或资料，而不会因研究者的不同而产生差异。

没有一种研究方法能在上述各项因素中都获得高度的评价，因此，研究方法的选择是一种取舍的艺术。

1.2.3 研究应具备的条件

Fox（1958）认为研究应具备如下的条件：

① 研究的目的或问题应清楚界定，以明确的概念与词句予以叙述。

② 应足够详实地交代研究所使用的器材、方法、程序，以便他人能据以重复进行。

③ 研究设计的规划应周全而详细，以尽量获得更加客观的结果。

④ 研究者应坦诚陈述研究设计上的缺陷与限制，以及对结果的可能影响。

⑤ 要使用合适的数据分析方法，以充分显示数据所蕴涵的意义与特性。

⑥ 研究的结论应该是数据所能证实的，并且是具有充分依据的。

1.2.4 研究的伦理

研究人员除了考虑不造成被试（也称受试者、实验参与者）身心伤害的首要规范外，仍应特别注意遵守研究的伦理，具体如下：

① 保密：研究人员应尊重被试的隐私权，对其身份或具有私人敏感性的资料，负有保密的义务，不可随便让其他人接触或取得这些资料。

② 征求同意：当实验设计有造成被试任何身心伤害的可能性时，研究人员应向他们说

明实验内容、程序以及伤害的可能性，并让他们有权决定是否参与、何时参与、何时退出，决不可利用职位、权势、甚至高额的经济诱惑，强制或引诱其接受实验。

③ 隐瞒研究目的的斟酌：针对某些研究，若事先告诉被试研究目的，可能无法达成研究目的，例如告诉被试要测量他们的呼吸次数时，反而会扰乱他的呼吸。有关这一问题，在研究伦理方面的讨论仍无定论。然而如果研究过程中确有隐瞒的必要，研究人员在测试完毕后应让被试知道真相，并说明隐瞒的原因及事实经过。

④ 不予处理的正当性：在某些实验研究中，安排某些人不接受处理或者接受无效果的处理，这样做是否道德也常引起争议。支持者认为为了证明处理的有效与否，这种设计是必要的，何况该处理是否真正有效尚不能确定，所以不应视为违反伦理。但反对者认为不予处理本身就是不道德，尤其是是否加以处理的标准是以随机的方式决定，更是违背受试者的选择权利，因为也许最迫切需要接受处理的人可能因此失去机会或延误时机。

⑤ 风俗及文化禁忌：不同种族、文化或社会阶层的人各有其特殊的禁忌。

⑥ 科研诚信：所有的科学研究者都应遵守诚信原则，也就是对于研究的发现应诚实、公正、客观、完整地报告，决不可有所保留，也不可屈服人为操纵，因为这些都足以影响研究主题的论证，当然更不可以伪造资料或数据，做不实或夸大的引申，以支持自己或某群体的观点或利益。

⑦ 公开发表：在发表前必须事先取得相关个人或机构的同意或授权。

1.3 研究背景的选择

在对某一研究选择研究背景时，需要决定是否进行实地研究，即在“真实世界中”还是在实验室中。

（1）描述性研究

描述性研究的目的在于获取描述某一特定群体的数据。为了调查这些人，研究人员一般需要到其实际生活中去。需要注意的是，实际数据的采集也可以在实验室中进行。

（2）实验研究

对于实验研究而言，研究背景的选择涉及复杂的取舍问题。

实地研究的优点在于相关的作业变量、环境约束以及被试特性的真实性。这样，所获得的结果就可能更好地推广到实际的操作环境中。然而，其缺点包括：成本高、被试有安全风险、以及缺乏实验控制。在实地研究中，通常情况下没有机会重复进行足够次数的实验，许多变量无法一直保持不变，而且由于实验过程的不连续性，经常收集不到某些数据。

实验室研究的优点在于实验的控制性，无关变量可以加以控制，实验可以重复，而且数据的采集可以做得更加精确。但是，为了这些优点，研究可能会牺牲掉一些真实性和通用性。Meister（1985）认为，“由于实验室研究缺乏真实性，使得其不足以作为一个应用人因工程学数据的来源”，他提出“在应用实验室研究所得出的结论之前，应先将这些结论在真实世界中进行验证”。

对于理论研究而言，实验室是最合适的环境，因为实验需要将一个或多个变量的细微效应孤立起来。这种精确性，在难以控制的真实世界中，恐怕是难以达到的。但对于解答实际研究问题，真实世界则应是最自然的研究背景。

（3）评价研究

对于一个系统或者装置的评价研究，一般应在具有代表性的条件下进行，即测试应在最终会被使用的条件下进行。例如，车载信息系统用户界面的测试就应在汽车内进行，同时应驾驶在各种不同类型的道路和不同的交通条件下。这是因为车载信息系统用户界面的显示可能在实验室中来看非常清晰易读，但是在行驶的汽车内就很难阅读了；同样地，在实验室的桌面上可能很容易操纵，但是在蜿蜒的道路上或者在车水马龙的交通中行驶时，可能就很难操纵了。

1.4 研究变量的选择

(1) 描述性研究

描述性研究中要测量两个基本类型的变量：标准变量和分层变量。

① 标准变量　标准变量是用来描述研究中感兴趣的特征和行为的变量，这种变量根据所收集数据的类型可以分为：身体特征、绩效数据、主观数据、以及生理指标等。

② 分层变量　在有些描述性研究中，经常在总体中以年龄、性别、教育程度等变量作为分层抽样的基准，根据比例确定样本。有时即使没有使用分层抽样，也经常通过样本中某些相关的个体特征（如年龄、性别、教育程度）来获取信息，这样测量所得的数据就可以根据这些选定的特征进行分析，这些特征有时也被称为预测变量。

(2) 实验研究

在实验研究中，研究人员通过操纵一个或者多个变量来评估这些变量对所测行为的影响。被试所操纵的变量称为自变量，所测量的用来衡量自变量效果的行为称为因变量。实验过程需要控制一些变量，以避免其效果与自变量的效果相混淆。

① 自变量　自变量通常可分为3类：作业相关变量（包括设备变量和过程变量）、环境变量、被试相关变量。

② 因变量　因变量与描述性研究中所讨论的标准变量基本相同，只是身体特征使用得比较少，实验研究中的大部分因变量属于绩效、主观或生理变量。

(3) 评价研究

为评价研究选择变量时，需要研究者将所要评估产品的目标转化成可以量度的具体标准变量。这些标准变量应涵盖评估系统使用中产生的预料之外的结果，与描述性研究和实验研究中所使用的变量基本相同。

1.5 被试的选择

被试的选择涉及选择谁、如何选择、以及选择多少等问题。

(1) 描述性研究

正确选择被试是保证描述性研究有效性的关键。在描述性研究中，通常研究者在开发抽样方案和在获得被试上所花费的精力比项目的其他研究阶段都要大。

① 代表性样本　描述性研究的目的是从感兴趣的总体中选择具有代表性的样本来收集数据，具有代表性的样本是指样本能够拥有总体中相同比例的所有与主题有关的方面。例如，某群体中有20%的人年龄在20岁以下，50%的人年龄介于21岁至40岁之间，30%的人超过40岁，则一组具有代表性的样本就必须包含相同比例的年龄群。需要注意的是，具有

代表性定义的关键在于相关性。如果一组样本的相关变量与总体相同，在涉及无关变量时即使与总体有所不同，此时就研究目的而言，它仍然是有效的。

② 随机抽样　要获得一组具有代表性的样本，样本应该从总体中随机选取。随机选择是指总体中的每一个个体都有相同的机会被包括到样本中。但是在现实的应用中，要获得真正的随机样本几乎是不可能的。通常，研究人员必须接受那些轻易就可抽取到的个体，即使这些个体根据严格的随机过程不会被选到。

③ 样本大小　在进行描述性研究中，一个关键的问题是要确定使用多少被试，即确定样本的大小。样本的数量越大，研究结果的可信度越高。但由于抽样耗费金钱和时间，因此研究者希望样本的数量不要多于对总体作出有效推论所需的数量。

（2）实验研究

在实验研究中，被试的选取问题是如何挑选具有代表性的个体，使得所获得的结果能够进行概括推广。实验研究中被试对目标群体的代表性不必达到描述性研究中的那种程度，实验研究的问题是，被试是否会像目标群体一样受自变量的影响。

（3）评价研究

在评价研究中，选择被试所考虑的问题与在描述性研究和实验研究中所探讨的是一样的。被试必须能够代表最终的使用者群体，被试的数量应该足够对使用者群体在真正使用该产品时所表现的情形进行预测。

1.6　数据的收集与分析

1.6.1　数据的收集

描述性研究中的数据可以在实地或实验室背景中进行采集，通常使用问卷和访谈来收集数据。问卷可以在实地执行，或邮寄给受试者。邮寄问卷的主要问题在于不是所有人都会返回问卷，这样产生偏差的可能性就会增加。如果问卷的回收率低于50%，就应考虑可能会有很大偏差的可能性。

实验研究中数据的收集与描述性研究相同。由于实验研究通常是在受控制的实验室中进行，所以通常使用精密复杂的以计算机为基础的方法。这些方法为在研究中引入更多的自变量和因变量提供了可能，而且使得在收集数据时，可以获取更高的精确性。

在评价研究中收集数据通常比较困难。被评估的设备可能不具备监测或度量使用者表现的能力。数据收集可通过研究者对使用者的观察，以及询问使用者在使用时所遇到的问题和他们对该设备的意见。

1.6.2　数据的分析

在对所获得的数据进行分析时，需要用到基本的统计量，如平均值、中位数、众数、标准差、极差等。除此之外，相关系数和百分位数也是非常重要的统计量。

（1）相关系数

相关系数衡量两个变量间的关联程度。典型的相关系数是线性相关系数（如Pearson相关系数r），用来表示两个变量的线性相关程度。相关性范围由+1.00（表示完全正相关），经由0（表示无任何关联），到−1.00（表示完全负相关）。两个变量间正相关表示一个变量的大值倾向于与另一个变量的大值相关联，一个变量的小值与另一个变量的小值相关联。

相关系数的平方（r^2），称为决定系数，代表一个变量的方差（即标准差的平方）可由另一变量来解释的比例，相关系数的平方对于理解两个变量之间关系的强度是非常重要的。例如，如果年龄与力量间的相关系数是0.30，则可以说力量总方差的9%（即0.3×0.3）可以由受试者的年龄来说明，这就意味着91%的方差是由年龄以外的其他因素造成的。

（2）百分位数

百分位数是一种位置指标、一个界值。百分位数P_K将群体或样本的全部观测值分为两部分，有K%的观测值等于和小于它，有（100−K）%的观测值大于它。也就是说，百分位数表示一特定百分比的样本落在低于某一变量的某值之下。例如，第95百分位数的男性站立身高是185cm，表示有95%的男性身高小于这个高度。百分位数的概念在使用人体测量数据来设计产品、工作站和设备时特别重要。

在上述统计量的基础上，可以结合较为复杂的数据分析方法，如一些推论性的统计技术以及一些评价方法等。

1.7 研究中的标准量度

1.7.1 标准量度的分类

标准量度（Criterion Measures）是指描述性研究中所测量的特征和行为、实验研究中的因变量，以及评价研究中评价设计优良度的基准。在人因工程学领域中，标准可以分为3类：系统描述标准、作业绩效标准和人员标准。

（1）系统描述标准

系统描述标准主要反映整个系统的工程方面。因此，这些标准通常包含在评价研究中，而在描述性研究与实验研究中使用得较少。系统描述标准包括如下几个方面：设备可靠性、耐磨损性、运行成本、可维护性以及其他工程指标。

（2）作业绩效标准

作业绩效标准通常反映某一作业的结果，包括产出数量、产出质量、作业时间等。作业中可能涉及也可能不涉及人员，但作业绩效标准比人员表现标准更具有全面性。

（3）人员标准

人员标准涉及的是在执行作业期间人的行为和反应，它是通过绩效量度、生理指标和主观反应来衡量的。

① 绩效量度　人员绩效量度包括频率量度、强度量度、延迟量度、持续时间量度、可靠性等，有时也使用这些基本量度类型的组合。

② 生理指标　生理指标通常用来衡量人们的疲劳或紧张，这些疲劳和紧张来自体力或脑力劳动以及环境影响。生理指标可依据人体的主要生物学系统划分为心血管指标、呼吸指标、神经指标、感觉指标和血液生化指标。

③ 主观反应　主观反应通常根据被试者的意见、评分或判断来衡量。设计主观量度时必须格外注意，这是因为在人们评价他们的喜好和感受时，都会有各种固有的偏见。尽管如此，主观反应仍然是有价值的数据来源，并且通常是衡量所感兴趣标准的唯一合理方法。

1.7.2 标准量度的要求

人因工程学研究中使用的标准量度一般应该满足特定的要求，包括实用要求和心理测量学的要求，其中心理测量学的要求有信度、效度、抗污性和敏感性。

（1）实用要求

实用要求包括6个方面：①客观的；②定量的；③谨慎的；④易于收集的；⑤不需特殊的数据收集技术或工具；⑥耗费尽可能少的金钱和实验人员的精力。

（2）信度

信度（Reliability）就是可信赖的程度，指对某一变量的测量，经历不同时间或不同样本群的测试，所得结果的一致或稳定程度。信度的概念来源于心理学领域，衡量信度主要包括两个方面，一是测量的稳定性，二是量表内部的一致性。

（3）效度

效度（Validity）就是有效的程度或正确性，指量测工具能够达成测出研究者所欲量测事物的程度。一套量测工具的效度愈高，表示其愈能显现欲测对象的真正特质。与人因工程研究有关的效度包括内容效度、效标关联效度、构念效度。

（4）抗污性

标准量度不应受与被量度结构无关的变量的影响。

（5）敏感性

标准量度的衡量单位，应该与研究人员所期望在被试间发现的预期差异相当。

思考与练习

1. 人因工程研究可分为哪几种类型？
2. 人因工程研究中方法的选择需要考虑哪些因素？
3. 在人因工程中，研究人员应注意哪些伦理？
4. 实地研究和实验室研究各有哪些优缺点？
5. 在描述性研究、实验研究和评价研究中，变量的选择应分别注意哪些问题？
6. 在描述性研究、实验研究和评价研究中，被试的选择应分别注意哪些问题？
7. 试举例说明人因工程研究中的三类标准量度。
8. 在人因工程研究中，所使用的标准量度应满足哪些要求？

拓展学习

1. Sanders M S，Mccormick E J. Human factors in engineering and design［M］. New York：McGraw-Hill，2002.

2. Salvendy G. Handbook of human factors and ergonomics［M］. Hoboken，New Jersey：John Wiley & Sons，Inc.，2012.

第2篇

描述性研究

第2章

调 查 研 究

调查研究是人因工程研究人员应该具备的基本职业思维方式和行为方式之一，是人因工程设计过程必不可少的步骤之一。调查研究能够使研究人员跳出自我中心的设计观念，使其从自我思维逐步转变为用户思维。

2.1 调查研究的主要方法

用户调查是调查研究的重要内容，其目的是发现用户人群的需要、价值观念、生活方式、习惯等方面的特征，挖掘和获取用户的行为、心理等信息，为设计提供有用的信息。调查研究的方法较多，其中主要方法如下：

（1）访谈

访谈是一种基本的调查研究方法，直接与参与者接触，搜集第一手的个人经验、意见、态度和感觉。访谈最好面对面进行，这样才能捕捉到对话中细微的表情和肢体语言，但也可以通过电话或其他媒介从远端进行。访谈可以根据预先设计的结构和问题进行，也可以在没有特定结构的情况下，进行开放式访谈。访谈通常是整个研究策略的一部分，通常需要与其他方法，如观察、问卷等方法进行结合。

（2）观察

观察是指仔细观看各种现象并进行系统性的记录，这些现象包括人、产品、环境、事件、行为、以及互动等。研究中可以采用多种观察方法，这些方法可从四个方面加以区分：①观察是在人工环境下进行还是在自然环境下进行；②观察者是否属于被观察的群体；③观察属于结构化观察还是非结构化观察；④被研究的群体是否被告知他们正在被研究。

（3）心理学实验

一般来讲，需要先在现场观察用户的真实操作过程，然后在实验室对于一些专题进行心理学实验。心理学实验的基本思想是希望得出各个因素之间的因果关系，因此应尽可能发现因素对结果的影响，而让其他因素控制不变。由于实验环境明显不同于用户的真实操作环境，因此实验室研究的结论并不一定符合实际情况。

（4）问卷

问卷是设计用来搜集自我描述性数据的调查工具，能了解人们的特质、思想、感受、认知、行为或态度，通常以书面的形式进行。问卷是搜集大量资料的有效工具，但是它具有自我描述性方法的缺点，因此必须用其他方法来弥补，即进行多种方法的交叉验证，如可使用观察法补充问卷调查中不甚明了的个人见解资料，以进一步验证自我描述性行为。

（5）脉络访查

脉络访查（Contextual Inquiry）来源于民族志学者采用的田野考察工作，通过实地的脉络观察与访谈，揭露隐性的工作结构。脉络访查有四个基本的准则：①研究人员必须实际进入工作发生的地方；②研究人员扮演学徒，用户扮演师傅，师徒关系模型是脉络访查的特色；③研究人员应与用户确认，自己对资料的诠释是否正确；④研究人员必须放弃自我中心，只有这样才能看清楚参与者的世界。

（6）有声思维

有声思维（Think Aloud），也称为放声思考，该方法需要用户在执行任务时，将他们正在做什么、想什么用语言表述出来。该方法有助于解开某一个界面令人快乐、困惑和挫折的原因，但是存在两方面的不足：一是多数人的口述干扰自己正常的思维活动，因此不适用于绩效度量；二是多数人的口述速度比思维速度慢，因此无法全面描述自己的思维活动。

（7）认知预演

认知预演（Cognitive Walkthrough），也称为认知走查，主要用于显示或语音系统，可用来评估系统中提示的顺序是否反映用户操作时的认知，以及对于下一步的预期是否一致，具体包括：正确的操作对用户是否足够明显、用户能否注意到正确的操作、用户能否把正确的操作与试图产生的影响相联系等。认知预演法的优点是能够使用任何低保真原型，包括纸面原型，在没有用户参与的条件下能够找出非常具体的用户问题。其缺点是通常是由专家模拟用户，即执行人员并不是真实的用户，因此不能很好地代表用户。

（8）焦点小组

焦点小组（Focus Group）以某群体为对象，针对某种共同的兴趣话题，通过谈话的方式进行。该方法重视每个成员之间的互动内容，希望借助于成员间的彼此激荡，发表对共同主题的想法与内心感受，以得到初步研究结果，作为更深入研究的基础。焦点小组法的人数一般为6~8人，可视研究主题增减，该方法每次的时间大约2小时。可选择适当的定性和定量方法作为焦点小组法的补充，继续调查成员的态度和行为，并让研究人员有机会在真实环境中进行观察。焦点小组法的结果不宜用来推断整个群体的感受。

上述方法中有的属于定性方法、有的属于定量方法，定性研究与定量研究的比较如表2-1所示。

表2-1　定性研究与定量研究的比较

比较的维度	定性研究	定量研究
问题类型	探索、预测、假设	验证、说明
样本规模	较小	较大
研究人员	特殊技巧	无需太多特殊技巧
重复操作能力	较低	较高
分析类型	主观性、解释性、研究结果不能推广到较大人群	统计性、摘要性、结果可以推广到较大人群
研究方法	访谈、有声思维、焦点小组等	问卷、心理学实验等

定量方法倾向于实证主义的研究，主要借助于自然科学的研究方法，例如采用实验法收集数据，进行统计分析，验证假设，取得研究成果。在定量研究中，数据的收集应该遵循随机性的原则，并且样本大小应达到一定的水平，这样研究结果就可以推广到更大人群。定性研究方法则倾向于阐释主义的研究，研究结果不经过量化或定量分析，如有声思维法等。定性研究的样本比较小，更侧重于研究的深度而非广度，因此得出的结论有限，不具有普遍性，所得到的结果一般不宜推广到大群人中，但定性研究非常适合于用来发现问题，提出新

观点，为进一步的研究提供假设。虽然定量研究与定性研究的方法论截然不同，但两者并不冲突，而是一种相互补充的关系。

2.2 量表与评定量表

（1）量表

量表（Scale）是一种根据研究者感兴趣的变量，按照一定意图来区分个体、事件或目标物的工具或机制。量表可分为四种基本类型：定类量表（Norminal Scale）、定序量表（Ordinal Scale）、定距量表（Interval Scale）、定比量表（Ratio Scale）。从定类量表到定比量表，测量的精确程度和效力均逐渐增强，当采用定距量表或定比量表而非其他两种量表时，从变量中获得的信息会更加丰富和精确。当然，某些变量会比其他变量更适合采用较高等级的量表，四种量表的特性如表2-2所示。

定类量表将个体或目标物分成互斥而具完备性的群组，并为研究变量提供基本类别的信息，如性别就属于定类变量。

定序量表不仅具有分类功能，而且可以标注出不同类别之间的差异，也可以将这些类别加以排序，定序量表能够确定受试者的偏好排序。

表2-2 四种量表的特性

量表	特性				主要集中趋势指标	主要离散趋势指标	主要分析方法
	类别差异	顺序	等距	绝对零点			
定类量表	是	否	否	否	众数		χ^2
定序量表	是	是	否	否	中位数	半内四分位距	等级相关
定距量表	是	是	是	否	算术平均值	标准差、方差、变异系数	t、F
定比量表	是	是	是	是	算术或几何平均值	标准差、方差、变异系数	t、F

定距量表能够使研究者衡量量表中两点之间的距离，从而对所搜集的资料进行一些数学上的运算。一般来讲，李克特量表（Likert Scale）和语义差异量表（Semantic Differential Scale）被视为定距量表，允许研究人员计算平均值和标准差，并应用检验假设等先进的统计技术。定距量表的零点或起始点可以是一个任意指派的数值，如对于7等级量表，有的范围是1~7，有的量表的范围是-3~3。

定比量表克服了定距量表中任意零点的缺陷，它拥有绝对零点。定比量表不仅可以测量量表中点与点之间的差距，也能评估差异之间的比重，它是四种量表中最具解释力的。如体重计就属于定比量表，它有一个绝对零点的测量标准，因此可以计算两人体重的比率。

（2）评定量表

评定量表的类型较多，如李克特量表、语义差异量表、二分量表（Dichotomous Scale）、类别量表（Category Scale）、数值量表（Numerical Scale）等，其中李克特量表和语义差异量表是人因工程领域经常使用的量表。

① 李克特量表　在李克特量表中，一个典型的情况是有一个陈述句，受访者要给出自己同意该语句的程度或水平，陈述句可以是正性的或者是负性的。李克特量表可使用5等级量表，也可以使用7等级量表或9等级量表，甚至是摒除中间值的4等级、6等级或8等级量表。对于5等级量表，其值可以是1~5，也可以是−2~2等其他情况。李克特量表的范例如表2-3所示。

② 语义差异量表　语义差异量表是针对某一评定对象，要求受测者在一组相反或相对的形容词中进行评定，其等级情况与李克特量表相似，语义差异量表的难点之处是需要找到词义完全相反的形容词词对。表2-4是针对某产品造型的感性意象调研时所采用的部分语义差异量表。

表2-3　李克特量表范例

题目	1 非常不同意	2 不同意	3 无所谓	4 同意	5 非常同意
1.这个设计吸引人					
2.这个系统易于使用					
3.我发现这个系统的导航令人困惑					

表2-4　语义差异量表范例

	非常 −2	有点 −1	都不是 0	有点 1	非常 2	
现代的						传统的
精致的						粗糙的
有吸引力的						无吸引力的

2.3　抽样

抽样是指选择正确的人、事、物作为统计调查对象的过程，抽样的相关概念包括总体（Population）、样本（Sample）、元素（Element）。调查的总体是指研究者希望研究的人、事、物的全体；样本是总体的子集合，是来自总体的部分成员；元素是总体的单一成员。

总体的特征，如总体平均值（μ）、总体标准差（σ）和总体方差（σ^2）都是总体的参数。样本的平均值（$\bar{X}$）、样本的标准差（s）和样本方差（s^2）都是估计总体参数的数值。通过研究样本，研究者应能将所获得的结论推广到所研究的总体上。

使用样本而不是总体的原因包括：当总体数量大时，研究者难以搜集、检验或检查每个元素，即使有可能也将导致过高的时间、成本和人力资源的耗费。针对样本进行研究，由于减少了令人疲倦的工作，会使资料搜集过程的误差减少，进而会产生更可靠的结果。

（1）抽样的主要步骤

① 定义总体。包括元素、地理范围、时间等。

② 确定抽样框。抽样框是总体所有元素的清单，样本将从中取得。

③ 确定抽样设计类型。抽样设计有两大类型：概率抽样和非概率抽样，这两种抽样的区别见表2-5。在概率抽样中，总体的元素被选取为样本的机会或概率是已知的。在非概率抽样中，元素被选取为样本的机会或概率是未知的。若要求研究具有较高的共性，则样本的

代表性就会非常重要，此时宜使用概率抽样设计。若时间或其他因素比共性更重要时，则通常会使用非概率抽样。

表 2-5　概率抽样与非概率抽样的比较

比较的维度	抽样的类型	
	概率抽样	非概率抽样
成本	成本较高	成本较低
正确性	正确性高	正确性低
时间	需要时间较多	需要时间较少
结果的可接受性	普遍接受	尚好
结果的可推广性	良好	较差

④ 确定样本容量。影响样本容量的因素包括：研究目的、研究希望的精确程度、预测精确程度时可接受的风险、目标总体本身的差异性大小、时间和成本的限制，以及总体本身的规模大小。在确定样本容量时，需要综合考虑这些因素。

（2）概率抽样

① 简单随机抽样　设一个总体含有N个个体，从中逐个不放回地抽取n个个体作为样本（$n \leqslant N$），如果每次抽取时，总体内的各个个体被抽到的机会都相等，则称为简单随机抽样。

② 系统抽样　选择完整名单中的每第K个要素组成样本的概率抽样方法称为系统抽样。用总体数量除以K就是样本规模，K为样本间距。

③ 分层抽样　分层抽样是指在抽样之前将总体分为同质性的不同层或群，这一程序能够提高样本的代表性。

④ 过抽样　过抽样是分层抽样的一种变式，研究者有时会故意夸大一个或多个群体。

⑤ 整群抽样　将总体中各单位归并成若干个互不交叉、互不重复的集合，称之为群；然后以群为抽样单位抽取样本的一种抽样方式。

整群抽样与分层抽样的不同之处如下：

a. 分层抽样要求各层之间的差异很大，层内个体或单元差异小；而整群抽样要求群与群之间的差异比较小，群内个体或单元差异大。

b. 分层抽样的样本是从每个层内抽取若干单元或个体构成；而整群抽样则是要么整群抽取，要么整群不被抽取。

⑥ 多阶段抽样　将抽样过程分阶段进行，每个阶段使用的抽样方法往往不同，即将各种抽样方法结合使用。

（3）非概率抽样

① 便利抽样　便利抽样也称为就近抽样，是指调查者根据现实情况，以自己方便的形式抽取偶然遇到的人作为调查对象，或者仅仅选择那些离得最近的、最容易找到的人作为调查对象。

② 目标式抽样　目标式抽样也称为判断式抽样，是指调查者根据研究的目标和自己主观的分析，来选择和确定调查对象的方法。

③ 滚雪球抽样　滚雪球抽样是指先随机选择一些被访者并对其实施访问，再请他们提供另外一些属于所研究目标总体的调查对象，根据所形成的线索选择此后的调查对象。在针对特殊人群的研究中，滚雪球抽样被采用的情况较多。

④ 配额抽样　配额抽样是指调查人员将调查总体样本按一定标准分类或分层，确定各

类（层）单位的样本数额，在配额内任意抽选样本的抽样方式。

概率抽样和非概率抽样中的各种方法见图2-1。

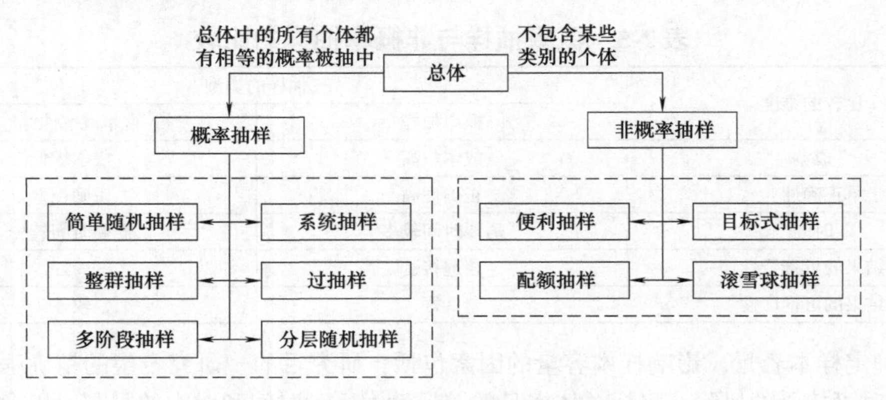

图2-1　概率抽样和非概率抽样方法

2.4　调查样本大小的确定

调查样本大小的确定与中心极限定理关系密切。中心极限定理的含义是指从一个均值为μ、方差为σ^2的总体中抽取样本量为n的样本，其样本的均值为$\overline{X}$，如果n充分大，则$\overline{X}$的抽样分布近似服从均值为μ、方差为$\frac{\sigma^2}{n}$的正态分布，用数学公式表示为

$$\overline{X} \underset{n \to \infty}{\sim} N\left(\mu, \frac{\sigma^2}{n}\right) \tag{2-1}$$

标准化后为

$$\frac{\overline{X}-\mu}{\sigma/\sqrt{n}} \sim N(0,1) \tag{2-2}$$

给定置信度$1-\alpha$，通过查正态分布表可得$Z_{\alpha/2}$，则

$$P\left(\left|\frac{\overline{X}-\mu}{\sigma/\sqrt{n}}\right| < Z_{\alpha/2}\right) = 1-\alpha \tag{2-3}$$

对上式左边整理后可得

$$P\left(\left|\overline{X}-\mu\right| < Z_{\alpha/2} \cdot \frac{\sigma}{\sqrt{n}}\right) = 1-\alpha \tag{2-4}$$

令可容忍的误差为

$$d = Z_{\alpha/2} \cdot \frac{\sigma}{\sqrt{n}} \tag{2-5}$$

则

$$n = \frac{Z_{\alpha/2}^2 \cdot \sigma^2}{d^2} \tag{2-6}$$

当总体标准差σ未知时，用样本标准差代替，可用下面的公式确定简单随机抽样的样本大小：

$$n = \frac{Z_{\alpha/2}^2 \cdot s^2}{d^2} \tag{2-7}$$

式中，s^2为样本方差的估计值；d为实验的临界差，即所得到的数据与真实数据之间的最小差异；$Z_{\alpha/2}$为统计置信度对应的临界值。

［**案例**］ 假设在前测研究中获得5名用户使用某产品执行某一规定任务的时间分别为93s、64s、84s、101s和59s，试估算研究所需的样本量。

根据题目中的数据，可得这5次记录的方差s^2为330.70，平均值为80.20。若临界差为平均值的10%，则d为8.02s。统计置信度设定为95%，查正态分布表可知$Z_{\alpha/2}$，即$Z_{(1-95\%)/2}$为1.96。

根据式（2-7），样本大小为

$$n = \frac{Z_{\alpha/2}^2 s^2}{d^2} = \frac{1.96^2 \times 330.70}{8.02^2} = 19.75$$

可见，样本的大小至少为20。

2.5 调查的效度与信度

在分析调查结果时，一般要从效度和信度两个方面进行考虑。

效度指两个方面：第一，调查是否真实，它的真实程度；第二，调查是否全面，它反映全面情况的程度。信度指调查的重复性或一致性，它受随机误差影响。

效度和信度的关系为：效度是第一位的，信度属于效度的一个因素。信度是效度的必要条件，却不是充分条件。一个测试可以是可信的，然而却无效。

信度和效度的分类如图2-2所示，下面将对各种形式的信度和效度进行说明。

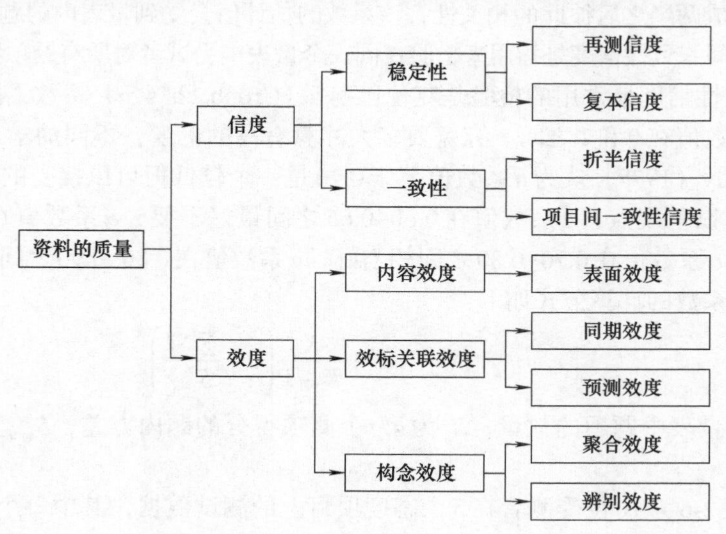

图2-2 信度与效度的分类

（1）效度

效度可分为三类：内容效度（Content Validity）、效标关联效度（Criterion-Related Validity）、构念效度（Construct Validity）。

内容效度是要确保量表中包含了能够测量该概念的适当的且有代表性的题项。量表中的题项越能代表该概念的主要领域或范围，则其内容效度越好。表面效度（Face Validity）一般被视为内容效度的基本且最低的要求。表面效度是指当某些题项被设计来测量某个概念时，至少要看起来像在测量此概念。

效标关联效度是指测量能够像预期所希望的那样按照某一标准区分个体。效标关联效度一般可用同期效度（Concurrent Validity）或预测效度（Predictive Validity）来代表。同期效度适用于量表可区别出某些已知有差异的个体，即这些个体在该量表上的得分应该是有差异的。预测效度是指测量工具能在某个未来的效标上区别出个别差异的能力。

构念效度是用来证明从量表所获得的结果与设计该量表时所依据的理论之间的契合程度。构念效度可通过聚合效度（Convergent Validity）与辨别效度（Discriminant Validity）来评估。聚合效度是指当采用两种不同的测量工具来测量同一概念时，所获得的分数是高度相关的。辨别效度是指如果根据理论预测两个变量是不相关的，则两个变量的实际测量分数也应该是不相关的。

（2）信度

信度可从两个方面考虑，一是测量的稳定性（Stability），二是量表内部的一致性（Consistency）。

测量的稳定性是指在不同时间点的测量结果相同，有两种稳定性的检验方式：再测信度（Test-Retest Reliability）、复本信度（Parallel-Form Reliability）。将第一次与第二次的测量作比较，这种经重复测量所得到的信度系数，称为再测信度。针对同一概念，有两组同质且相当的测量工具，这两组测量出的结果高度相关时，即认为具有复本信度。

量表的内部一致性是指在测量某概念时题项间的一致性指标，一致性指标包括折半信度（Split-Half Reliability）和项目间一致性信度（Interitem Consistency Reliability）。折半信度是指将单一量表拆成两半之后彼此的相关性，该系数的估计值会受到量表内的题项拆成两半的方式的影响。项目间一致性信度是指用来检验在同一个量表中受试者对所有题项答案的一致性。

项目间一致性信度最常用的检验是克伦巴赫α（Cronbach's α）系数，用于多重评分量表的题项，α系数值在0和1之间，究竟要多大才算有高的信度，不同的学者对此的看法不尽相同。Nunnally（1978）认为α系数值等于0.70是一个较低但可以接受的边界值。DeVellis（1991）提出以下观点：α系数值在0.60~0.65之间最好不要，α系数值在0.65~0.70间是最小可接受值，α系数值在0.70~0.80之间相当好，α系数值在0.80~0.90之间非常好。

克伦巴赫α系数的计算公式如下：

$$\alpha = \frac{K}{K-1}\left(1 - \frac{\sum S_i^2}{S_{\text{sum}}^2}\right) \tag{2-8}$$

式中，K为量表中题项的数量；S_i^2为第i个测项得分的题内方差；S_{sum}^2为全部题项总分的方差。

［**案例**］ 表2-6为10位受测者在5个态度项目上的测试数据，其中每个项目的得分在1（非常不同意）~5（非常同意）之间，试据此计算克伦巴赫α系数。

表2-6 测试结果

受试者编号	项目1	项目2	项目3	项目4	项目5	总分
1	3	3	2	3	2	13

续表

受试者编号	项目1	项目2	项目3	项目4	项目5	总分
2	3	4	2	3	3	15
3	4	3	5	4	4	20
4	3	5	5	3	1	17
5	3	4	5	4	3	19
6	3	4	4	2	2	15
7	3	5	4	4	4	20
8	2	4	3	4	4	17
9	4	3	5	5	3	20
10	3	4	3	4	3	17
方差	0.32	0.54	1.51	0.71	0.99	6.01

根据式（2-8），克伦巴赫α系数为：

$$\begin{aligned}\alpha &= \frac{K}{K-1}\left(1-\frac{\sum S_i^2}{S_{\text{sum}}^2}\right)\\ &= \frac{5}{5-1}\times\left(1-\frac{0.32+0.54+1.51+0.71+0.99}{6.01}\right)\\ &= 0.40\end{aligned}$$

2.6 非参数检验

非参数检验（Nonparametric Tests）用于分析类别（或称名）数据和顺序数据。在进行t检验或相关分析时，会假设数据为正态分布，但在非参数检验中，不会对数据做出正态分布的假设。常见的非参数检验方法是卡方检验（Chi-Square Test）。

卡方检验用来比较类别（或称名）数据，探讨期望频数与观察频数是否有显著差异，其计算方法如下：

$$\chi^2=\sum_{i=1}^{k}\frac{\left(O_i-E_i\right)^2}{E_i} \tag{2-9}$$

式中，χ^2是卡方统计量；O_i是第i组样本的观察频数；E_i是期望频数；k是组数。

卡方检验包含三种类型：

拟合度检验（Chi-Square Goodness of Fit Test）：检查数据是否符合某个比例关系或某个概率分布。

齐性检验，也称同质性检验（Chi-Square Test of Homogeneity）：检查几个不同组别的比例关系是否一致。

独立性检验（Test of Independence）：检查两个分组变量之间是否互相独立。

上述三种类型的检验，可通过R语言的chisq.test命令来完成，也可通过Excel、SPSS等软件来完成。

（1）案例一（拟合度检验）

表2-7是关于新手用户、中间用户和专家用户三个不同组别的用户在任务成功率上的数据，每个用户组20人，其中新手用户有6人成功完成任务，中间用户有11人成功完成任

务，专家用户有19人成功完成任务。请基于上述数据判断不同组别在任务成功率上是否存在统计意义上的显著差异。

表2-7　三个用户群体的观测值与期望值

用户群体	观测值	期望值
新手用户	6	12
中间用户	11	12
专家用户	19	12

零假设（H_0）：不同组的用户在任务成功率上相同。

备择假设（H_1）：不同组的用户在任务成功率上不同。

在该案例中，成功完成任务的总人数为36，除以组数3，可得三组用户在没用任何差异的条件下的预期值为12，检验结果如下：

$$\chi^2(2, N=36)=7.1667, \ p=0.0278$$

通过卡方拟合度检验可以发现，造成这种结果的数据分布由随机因素决定的概率约为0.0278，小于0.05，因此可认为三组参加者的成功率之间存在显著差异。

（2）案例二（齐性检验）

针对某产品的易学性，采用5等级李克特量表对4个用户群体进行调研，结果如表2-8所示，试判断不同群体的意见是否有差异。

表2-8　四个用户群体的调查结果

态度	用户群体1	用户群体2	用户群体3	用户群体4
非常同意	23	15	18	30
同意	70	99	96	102
中立	80	70	75	49
不同意	19	10	8	14
非常不同意	8	6	3	5

零假设（H_0）：不同群体用户的意见没有差异。

备择假设（H_1）：不同群体用户的意见有差异。

检验结果如下：

$$\chi^2(12, N=800)=29.1150, \ p=0.0038$$

通过卡方齐性检验可以发现，造成这种结果的数据分布由随机因素决定的概率约为0.0038，小于0.05。因此可认为不同群体用户的意见存在显著差异。

（3）案例三（独立性检验）

针对用户使用相关产品的经验与效率之间的关系进行调研，结果如表2-9所示，其中的效率指每分钟成功完成的任务数。

表2-9　使用经验与效率关系的调查结果

		使用相关产品的经验			总计
		较少	一般	较多	
效率	小于40	18	12	2	32
	40~60	9	10	11	30

续表

		使用相关产品的经验			总计
		较少	一般	较多	
效率	大于60	3	8	17	28
总计		30	30	30	90

对于上述的二维列联表，检验的零假设（H_0）和备择假设（H_1）分别为：
零假设（H_0）：使用相关产品的经验和效率无关。
备择假设（H_1）：使用相关产品的经验和效率有关。
检验结果如下：

$$\chi^2(4, N=90)=23.2360, p=0.0001$$

结论：使用相关产品的经验和效率有关，使用相关产品的经验越多，效率越高。

思考与练习

1. 调查研究的主要方法有哪些？
2. 试比较定性研究与定量研究的差异。
3. 概率抽样有哪些方法？非概率抽样有哪些方法？
4. 调查样本的大小如何确定？
5. 什么是效度？效度可以分为哪些类型？什么是信度？信度可以分为哪些类型？
6. 试结合自己的调查结果，构建二维列联表，进行卡方检验，并阐述其零假设和备择假设。

拓展学习

1. 李乐山．设计调查［M］．北京：中国建筑工业出版社，2007.
2. 戴力农．设计调研．第2版［M］．北京： 电子工业出版社，2016.
3. 吴明隆．问卷统计分析实务——SPSS操作与应用［M］．重庆：重庆大学出版社，2010.
4. Babbie E. The practice of social research［M］. Boston，MA：Cengage Learning，2016.
5. Morling B. Research methods in psychology：evaluating a world of information［M］. New York，NY：W. W. Norton & Company，Inc.，2018.
6. Sekaran U，Bougie R. Research methods for business：a skill-building approach［M］. Chichester，West Sussex：John Wiley & Sons，2016.
7. Hanington B，Martin B. Universal methods of design：125 ways to research complex problems，develop innovative ideas，and design effective solutions［M］. Beverly，MA：Rockport Publishers，2019.
8. Sauro J，Lewis J. Quantifying the user experience：practical statistics for user research［M］. Cambridge，MA：Morgan Kaufmann，2016.

第3章 用户与任务分析

3.1 用户分析

3.1.1 用户分析的目的

以用户为中心的设计思想的中心就是用户，用户是产品成功与否的最终评判者。产品只有在用户满意的条件下才可能有好的销路，从而为企业带来效益，用户不满意的产品在市场上终将被淘汰。用户分析的目的是在整个产品设计和开发过程中执行以用户为中心的原则，时刻考虑用户的需求和期望。

3.1.2 用户的特征

用户对产品的使用情况受到用户的生理、心理因素、个人背景、以及使用环境等的影响。需要考虑的生理方面的因素包括用户群体的年龄、性别、体能、生理障碍、左右手使用的习惯程度等，这些生理方面的因素又相互联系，在设计中应考虑生理方面的影响。例如，用户年龄的分布意味着用户界面风格的相应变化，以适应人们随着年龄的增大，视力、听力和记忆力减弱的规律。

在心理方面，动机和态度对完成任务的质量和效率起着非常关键的作用，强烈的动机和积极主动的态度是完成任务的重要心理基础，人的动机往往决定于完成任务的愿望和需要。例如，人们在完成他们认为最重要的、最必须完成的任务时就会更严肃认真，完成的可能性和质量也相对较高；此外，完成任务过程进展顺利等因素可以增强用户的动机，提高完成任务的效率。

用户背景包括可能影响到产品使用的用户各方面的知识和经验，以计算机系统的设计为例，用户背景一般包括教育背景、读写能力、计算机系统常用操作的熟练程度、与产品功能和实现方式相类似系统的知识和经验、对系统所完成任务的知识和经验等。这些知识和经验都直接或间接地与用户使用系统的情况相联系，设计中要充分考虑这些因素。

用户使用产品的物理环境和社会环境也对使用效率有明显影响，这方面考虑的因素包括光线、声音、操作空间的大小和布置、参与操作的其他用户的背景与习惯、人为环境造成的动力和压力等。例如，在噪声较强的环境下，用户界面就不能依赖以声音的方式输出信息。所以，设计人员应当仔细、全面地了解和预测用户在使用产品时遇到的各种环境因素。

3.1.3 用户描述的维度

产品的用户常常是一些具有某些共同特征的个体的总和，用户描述的主要维度如下：

① 人口学特征：年龄、性别、地理位置、社会经济地位等。

② 性格取向：内向型/外向型、形象思维型/逻辑思维型。

③ 一般能力：感知能力（视觉、听觉、触觉等）、判断和分析推理能力、体能等。

④ 文化区别：语言、生活习惯、民族习惯、喜厌、代沟等。

⑤ 对相关产品的经验：使用竞品或特定领域的产品经验、产品的使用趋势。

⑥ 态度和价值观：产品的偏好、技术恐惧等。

⑦ 可使用的技术：计算机硬件（显示器大小、运算速度等）、软件、其他常用工具。

在实际用户分析时，应当根据产品的具体情况定义最适合的用户特征描述。需要注意的是，对每个产品来说，定义用户无需对所有用户特征进行描述，但是逐一审视用户特征将有助于避免遗漏重要的用户特征。

3.1.4 用户角色模型

（1）用户角色模型的定义

用户角色模型（Persona），也称为人物模型，它将用户行为模式的原型描述融入到典型的个人档案中，借此让设计焦点人性化，测试设计情境，并协助设计传达。用户角色模型通过搜集完整的田野调查资料制作而成，将用户的共同行为集结成有意义且相关的人物描述，从而提供理想的解决方案，这种方法能够促进同理心与沟通。用户角色模型一般以单页或简短叙述来呈现，设计团队可将用户角色模型作为整个设计过程的长期参考。

用户角色模型是在建立调查过程中发现的行为模式的基础上，属于合成原型，即人物模型并非真正的人，是从对真实用户的观察和研究中直接合成而来，能够反映众多真实用户的行为和动机。通过建立人物模型，使研究人员能够理解特定情境下用户的目标，以利于构思并确定设计概念。

用户角色模型不是一成不变的，随着时间的推移，公司的工作重点可能会转移，角色也可能需要更新，还有就是局部的角色，在比较大的系统设计里，有的时候在整个系统根据用户的作用建立角色以后，在设计某个部分时，会需要将其中的一个角色更加细分，为了不和其他角色混淆，可以把他们叫做局部的角色，只在局部设计里用到。

用户角色模型与市场细分的区别：市场细分基于人口统计数据、分销渠道和购买行为，有助于了解销售的过程，而用户角色模型基于用户的行为和目标，有助于产品定义和开发过程的清晰化。用户角色模型与市场细分之间很少存在一一对应的关系，但可通过市场细分确定人群统计的范围，进而确定人物模型的框架，为构建用户角色模型奠定基础。

（2）用户角色模型的作用

用户角色模型可以在整个产品开发过程中都起到好的作用。整体来讲，角色能够把抽象的数据转换成具体的人物。用户角色模型利用了人本身的优势，每个人在日常工作和生活中，都要和各样的人打交道，看到用户角色模型里所描述的人，人们也会很自然地想了解和认识他。

用户角色模型有助于防止一些常见的设计缺陷：

首先是避免“弹性用户”，这是指在设计开发过程中，相关的设计师和开发人员在描述用户需要什么、用户想做什么和用户希望什么的时候，因为用户未经定义，概念空洞广泛，所以这些相关的设计师和开发人员几乎都能说任何他们想说的，在实际操作中并没有真正的办法来反对这些观点。

用户角色模型的创造意味着用户群已经在一定程度上被定义了，可以避免过去仅仅使用用户这个词来允许任何需求都可以被随便提出。使用角色以后，可以帮助团队有一个共享的对真正用户的理解，用户的目的、能力和使用情景不再空洞而广泛。

用户角色模型也有助于防止设计师和开发人员把自己的心智模式映射到产品设计中。设计师和开发人员的背景和理解与目标用户的背景和理解可能是截然不同的。用户角色模型在这里提供了实践中的检查，帮助设计人员把设计集中在目标用户可能会遇到的用例中，而不是集中精力在一些通常不会发生的目标用户的边缘用例上。

（3）建立用户角色模型的方法

在建立用户角色模型时，可通过聚类分析。聚类分析不但把用户分成几个大类，并且可以指出哪些数据起主要作用，是用户分类的依据，每一个用户的大类，可以作为一个角色。这种方法的优点是数据非常丰富，可以把每一个用户归到一个角色里。

如果时间和预算允许，一个大规模的用户细分研究可以帮助建立角色，用户细分的数据包括用户的人口统计、行为、需求和态度资料等。人口统计的背景资料包括用户的年龄、性别、地址、收入、家庭状况等；行为资料指的是用户使用产品方面的资料，例如用户何时购买、使用频率、经常使用的功能等；用户需求指的是用户在功能、性能和质量方面的期望；态度方面的资料包括用户对公司及产品的满意度、忠诚度和对产品各功能重要度的认知。

可以通过定量和定性数据相结合的方法，先把对用户理解的假设写出来，然后将有关用户的事实写出来，和假设放在一起，用亲和图的方法归类。根据大的类别做出角色的骨架，确定角色，然后对角色进行比较详细的描述，简单来说，这样的一个过程是把假设和事实结合在一起，用亲和图进行分类做出角色的过程。

（4）建立用户角色模型的步骤

建立用户角色模型共有8个步骤，具体如下：

步骤1：根据角色的不同对研究对象（即受访者或被观察者等）进行分组。

步骤2：将从不同角色身上观察到的一些显著行为作为行为变量，需要注意变量选择的重点不是年龄、性别、地理位置等人口统计学变量，而是行为相关的变量，如活动、态度、能力、动机、技能等。一般情况下，从每个角色身上可以发现15~30个变量。

步骤3：将研究对象映射到行为轴上，每位对象在轴上的位置是否精确并不重要，重要的是他们之间的相对位置，研究对象在多个轴上的聚集情况表明了显著的行为模式。

步骤4：寻找位于多个区间或者变量上的主体群，如果一组主体聚焦在6~8个不同的变量上，则很可能代表一种显著的行为模式。

步骤5：将所有已找出的行为模式加以整合，整合过程中需要注意的内容包括：行为本身、使用环境、使用过程存在的问题、行为相关的人口统计信息、行为相关的经验和能力、行为相关的态度和情感等。此外，还需要给人物角色起一个名字，该名字应具有一定的代表性。

步骤6：检查人物角色的完整性和冗余性，确保每个人物模型都至少要有一个显著的行为与其他人物模型不同。

步骤7：对人物模型进行优先级排序，确定主要的设计目标。

步骤8：完善人物模型的特性和行为，如简要描述人物模型的职业、生活方式等，为人物模型附加照片。

3.2 任务分析

3.2.1 任务分析的概念

“任务”在人机交互领域处于核心地位，任务分析的目的是要理解用户如何完成工作。用户使用产品的目的是能够更高效地完成他们所期望完成的任务，而不是在于使用产品本身。产品的价值在于其对于用户完成任务过程的帮助。用户在各自的知识和经验的基础上建立起完成任务的思维模式。如果产品的设计与用户的思维模式相吻合，用户只需要花费很短的时间和很少的精力就可以理解系统的操作方法，并且很快就能够熟练使用以达到提高效率的目的。相反，如果产品的设计与用户的思维模式不符，用户就需要较多的时间和精力理解系统的设计逻辑，学习系统的操作方法，这些时间和精力的花费不能直接服务于完成任务的需要。

任务分析的数据往往是用户研究人员通过观察、讨论、提问等方式从典型用户的反馈中得到的。这些信息被进一步归纳整理后，用文字叙述、图示等工具直观地表达出来。任务分析的过程包括任务确认、收集任务数据、分析数据以便更深入地了解任务，然后对任务进行描述。任务分析就是把任务按照用户需要操作的方式不断分解，用户可以根据这些分解的步骤来完成任务。

任务分析是了解用户当前行为、识别难点所在、以及改进机会的重要途径。任务分析可以用来指导任务和界面设计，具体表现在：预测用户任务效能、指出用户会犯错的地方、理解系统新老版本之间的关系、比较不同的设计、创建用户手册等。

任务分析的内容包括：

① 用户执行任务的原因。

② 任务执行的频率和重要程度。

③ 推进和促使任务执行的因素。

④ 执行任务的要素和完成任务的必要条件。

⑤ 执行的具体动作。

⑥ 用户做出的决定。

⑦ 支持决策的信息。

⑧ 失误和意外情况有哪些？如何纠正这些失误和意外？

⑨ 有哪些相关人员？他们的职责和角色是什么？

任务分析的方法有很多种，下面将对常用的方法加以介绍。

3.2.2 故事与场景

描述用户完成任务的故事与场景可以作为任务分析的方法。故事与场景这两种方法非常接近，细微区别在于故事可能包括相当多的情感成分，场景分析则只关注完成任务的过程而不考虑人在完成任务时的情感反应，这两种方法实际上也经常通用而不加以严格区分。

在任务分析中使用的故事与场景可以是真实的，也可以是虚构的；可以是关于使用当前系统的情况，也可以是想象中的理想情况；可以来源于用户，也可以由设计人员编写出来。关键是要使这些故事与场景具有代表性，可以作为设计的参考。

故事与场景的局限性是它们含混地把各个任务或活动组合在一起，这会使得对于交互操作基本核心的识别和理解变得困难，即该方法对真实性和丰富细节的侧重，掩盖了宏观的问题和结构。

3.2.3 用例与基本用例

用例是以叙述形式描述一个完整的、定义良好的、对用户有意义的交互过程，用例的描述包括用户操作和系统回应两个部分。用例具有一定的局限性，它常以隐含的方式，对正在设计当中的用户界面形式赋予了太多的固有假设，即作为模型来说，太倾向于现实，没有紧密贴近用户所面对的问题。

自动取款机（Automated Teller Machine，ATM）取现金的用例如表3-1所示，在这个双列式的表示形式中，中间的竖线象征性地代表把用户与系统分隔开的边界，在某种意义上代表人机界面。

表3-1 取现金的用例

用户操作	系统回应
插入银行卡	
	读取磁条
	要求输入个人身份号码
输入个人身份号码	
	验证个人身份号码
	显示交易选项菜单
按键	
	显示账目菜单
按键	
	提示数量
输入数量	
	显示数量
按键	
	退出银行卡
取回银行卡	
	吐出现金
取出现金	

基本用例是一个采用应用领域和用户语言来描述的结构化表述，其基础是用户的意图，而不是实现该意图所可能采用的具体步骤和机制。如果想要尽可能地贴近用户的观点，并集中精力来理解和描述他们的需求和意图，那么就适合采用比较抽象的基本用例。基本用例描述了交互操作，并不涉及有关技术或实现机制的任何明显或隐含假设。

自动取款机取现金的基本用例如表3-2所示，可以发现，对于同一个交互操作，基本用例比用例要简短许多，这是因为基本用例只包含了基本的、用户非常感兴趣的步骤。由于基本用例更接近于一种纯粹的面向问题而不是面向解决方案的任务视图，所以给后期的设计和实现留下了更多的发挥余地。

表3-2　取现金的基本用例

用户意图	系统职责
表明自己身份	
	验证身份
	给出选择项
选择	
	吐出现金
取出现金	

场景（含故事）、用例和基本用例是相互联系的任务模型，它们具有不同的抽象、简化和一般化程度，使研究和设计人员越来越接近于用户的需要和意图。场景（含故事）经常会有一页到十几页的篇幅，用例一般不会超过一两页，基本用例通常最多只有十几行。

3.2.4　任务过程分析

用户行为都是以达到某个目标为基础的，那么人是如何完成从目标到实施的过程？Norman（2013）提出的七阶段模型作为连接目标和行为的理论被广泛采用，这一理论认为人完成任何一件任务的过程包括如下七个阶段：

① 确定目标。
② 将目标转化为任务。
③ 规划行动顺序。
④ 实施行动。
⑤ 感知行动对象的状态。
⑥ 诠释行动对象的状态。
⑦ 评价行动的结果。

上述七个阶段中，第②、③、④个阶段属于执行阶段，第⑤、⑥、⑦个阶段属于评价阶段，七个阶段的执行过程如图3-1所示。

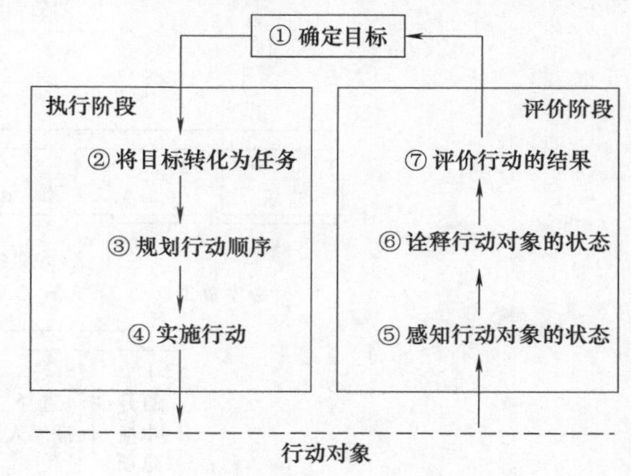

图3-1　完成任务的七阶段模型

3.2.5　层次任务分析

（1）概述

层次任务分析（Hierarchical Task Analysis，HTA）是一种基于结构图表符号的任务结构图形表示法，兴起于20世纪60年代，是应用最为广泛的任务分析方法。层次任务分析通过目标、次目标、操作和计划的层次结构来描述所分析的活动，通常用文字或图形加以表示。

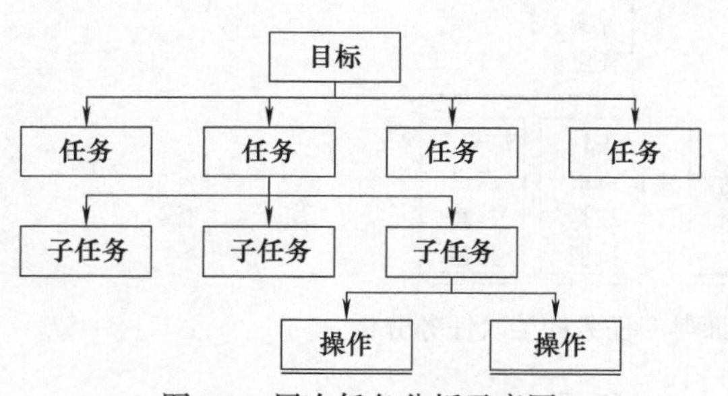

图3-2　层次任务分析示意图

进行层次任务分析时，分析者必须花费时间正确地描述任务和子任务，如图3-2所示，从事层次任务分析工作需要经过多次反复。许多人因工程研究方法都需要层次任务分析法的配合，要么是通过层次任务分析法进行初始分析，要么通过层次任务分析法让研究变得容易一些。如在人因差错的研究中，可将层次任务分析作为人因差错识别方法的一部分。

层次任务分析的步骤如下：

第1步：定义所分析的任务，明确任务分析的目标。

第2步：采用观察法、问卷法、认知预演法等方法收集任务的步骤、使用的技术、人机之间的交互、决策和任务的限制等数据。

第3步：确定任务的整体目标。

第4步：将整体目标分解为次目标。

第5步：根据任务步骤将次目标进一步分解为更细的目标和操作。

第6步：制定计划，明确目标的实现方式。

（2）案例

图3-3为针对某一汽车信息系统界面绘制的层次任务分析图，主要任务有音乐功能、导航功能、电话功能、收音机功能和空调功能，由于电话功能使用频率较高，因此，针对电话功能进行详细的分析。图中的竖线体现了任务之间的层次关系，方框中的编号对应于步骤的编号，方框下的横线表示分解在此处停止。

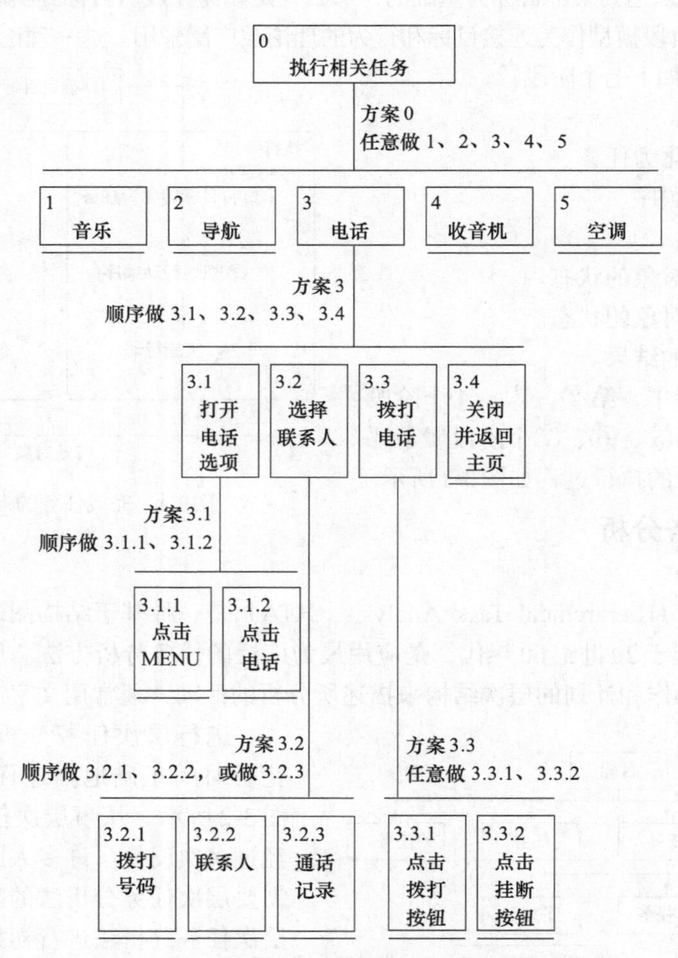

图3-3　汽车信息系统界面典型任务的层次任务分析

图3-3也可采用表格的方式加以表示，如表3-3所示。

表3-3　汽车信息系统界面典型任务层次任务分析

编码	任务	规则
0	执行相关任务	方案0:任意做1、2、3、4、5
1	音乐	
2	导航	
3	电话	方案3:顺序做3.1、3.2、3.3、3.4
3.1	打开电话选项	方案3.1:顺序做3.1.1、3.1.2
3.1.1	点击MENU	
3.1.2	点击电话	
3.2	选择联系人	方案3.2:顺序做3.2.1、3.2.2,或做3.2.3
3.2.1	拨打号码	
3.2.2	联系人	
3.2.3	通话记录	
3.3	拨打电话	方案3.3:任意做3.3.1、3.3.2
3.3.1	点击拨打按钮	
3.3.2	点击挂断按钮	
3.4	关闭并返回主页	
4	收音机	
5	电话	

3.2.6　GOMS

（1）概述

GOMS是Card、Moran和Newell在20世纪80年代初提出的，它是用户在与系统交互时使用的知识和认知过程的模型，在大量的认知性任务分析方法中，GOMS最为著名，同时也是使用时间最长的。

GOMS是一个缩略语，代表目标（Goals）、操作（Operators）、方法（Methods）和选择规则（Selection rules）：

①“目标”指的是用户要达到什么目的，如用手机拨打一个电话。

②“操作”指的是为了达到目标而使用的认知过程和物理行为，如点击菜单、滑动列表、按下按键等。

③“方法”指的是为了达到目标而采用的具体步骤或次序，如“从通讯录中选择名字”或“输入电话号码”。

④“选择规则”指的是选择具体方法的规则，适用于任务的某个阶段存在多种方法选择的情形。如从通讯录中选择一个名字，用户可以在名字列表中滑动选择或输入首字母直接调转到通讯录的局部列表。

GOMS方法只适用于用户知道他们想做什么时的情况，当人们需要解决问题时，GOMS并不是一种合适的方法。与层次任务分析一样，从事GOMS分析同样需要层次化的描述、组织和构建任务、子任务和动作。

GOMS的优点包括：可以提供任务活动的层次性描述，允许分析人员描述不同的潜在任务路径，可辅助设计人员在不同设计中进行选择。GOMS的缺点包括：使用较为复杂，没有考虑用户的使用情境。

GOMS的步骤如下：

步骤1：定义用户顶层的目标。
步骤2：将顶层的目标分解为一系列子目标。
步骤3：描述实现子目标的操作，将每个高层次的操作分解到所期望的水平。
步骤4：确认用户实现目标所使用的方法，通常方法有多种，应尽可能描述每个方法。
步骤5：如果方法有多种，需确定选择的规则，确定最优方法。
（2）案例
以下是用GOMS模型描述在微软的Word中删除文本的过程。
目标：删除Word中的文本。
方法1：使用菜单删除文本。
步骤1：思考，需要选定待删除的文本。
步骤2：思考，应使用“剪裁（Cut）”命令。
步骤3：思考，“剪裁”命令在“编辑”菜单中。
步骤4：选定待删除文本，执行“剪裁”命令。
步骤5：达到目标，返回。
方法2：使用“删除键”删除文本。
步骤1：思考，应把光标定位在待删除的第一个字符处。
步骤2：思考，需要使用“删除（Del）”键。
步骤3：定位光标，按“删除”键逐个删除字符。
步骤4：达到目标，返回。
上述方法的操作过程如下：
单击鼠标。
移动鼠标。
选择菜单。
把光标移至命令处。
在键盘上按键。
在决定应采用何种方法时，选择规则如下：
① 若需要删除大量文本，则使用菜单删除文本。
② 若只是删除个别词，则使用“删除键”删除文本。

3.2.7 击键层次模型

击键层次模型（Keystroke Level Model，KLM），也称为击键水平模型，它属于GOMS大家族中的一员，采用预定义的4种身体运动操作符（K—按键、P—定位、H—复位、D—绘图）、1种心理操作符（M—心理准备）、1种系统反应操作符（R—系统响应），来预测专家的无差错任务执行时间。在开发击键层次模型的过程中，Card等人分析了许多关于用户执行情况的研究报告，得出了一组标准的估计时间，如表3-4所示。

表3-4 操作及标准估计时间

操作名	描述	时间/s
按键(K)	按单个键或按钮	0.35(平均)
	熟练打字员(55词/min)	0.22
	普通打字员(40词/min)	0.28
	不熟悉键盘的用户	1.20
	按“Ctrl”+“Shift”键	0.08

续表

操作名	描述	时间/s
定位(P)	使用鼠标或其他设备指向屏幕的某一点	1.10
定位(P1)	点击鼠标或类似设备	0.20
复位(H)	手在键盘或其他设备上的复位时间	0.40
绘图(D)	使用鼠标画线	可变，取决于线段长度
心理准备(M)	思维准备时间(即决策时间)	1.35
系统响应R(t)	系统响应时间(只考虑造成用户等待的情形)	t

根据表3-4即可预测某项任务的执行时间。只需列出操作次序，然后累加每一项操作的预计时间，如下式所示：

$$T_{执行时间} = T_K + T_P + T_H + T_D + T_M + T_R \tag{3-1}$$

击键层次模型对用户执行情况进行量化预测，它可以比较使用不同策略完成任务的时间。量化预测的主要好处是便于比较不同的系统，以确定何种方案能最有效地支持特定任务。

击键层次模型的步骤如下：

步骤1：编制任务列表并确定所有分析的场景。

步骤2：确定任务相关的组成成分操作符。

步骤3：插入身体操作符。

步骤4：插入系统响应时间。

步骤5：插入心理操作符。

步骤6：计算任务总时间。

击键层次模型的优点：该方法是一种非常简单易用的方法，可用于快速比较不同的任务设计，可直接计算任务执行时间。击键层次模型的缺点：只能对无差错的专家行为进行建模，没有考虑环境因素，忽略了人的活动的灵活性；该方法假设所有行为都是序列操作，不能处理并行活动。

思考与练习

1. 试列出常见的描述用户的维度。
2. 什么是用户角色模型？构建用户角色模型的步骤是什么？
3. 场景、用例和基本用例的含义分别是什么？它们之间有什么区别？
4. 用户完成任务过程的七个阶段分别是什么？
5. 什么是层次任务分析？试围绕某一人机交互过程，绘制层次任务分析图。
6. 什么是GOMS？试围绕某一人机交互过程，进行GOMS分析。
7. 击键层次模型的优点和缺点是什么？试结合某一人机交互过程，预测用户执行任务的时间。

拓展学习

1. 董建明，傅利民，饶培伦，等. 人机交互：以用户为中心的设计和评估. 第6版[M]. 北京：清华大学出版社，2021.

2. Hackos J T, Redish J C. User and task analysis for interface design [M]. New York: Wiley Computer Pub., 1998.

3. Baxter K, Courage C, Caine K. Understanding your users: a practical guide to user research methods [M]. Amsterdam: Morgan Kaufmann, 2015.

4. Cooper A, Reimann R, Cronin D, et al. About face: the essentials of interaction design [M]. Indianapolis: John Wiley & Sons, Inc., 2014.

5. Constantine L L, Lockwood L A. Software for use: a practical guide to the models and methods of usage-centered design [M]. Boston: Pearson Education, Inc., 1999.

6. Norman D A. The design of everyday things. Revised and expanded edition. [M]. New York: Basic Books, 2013.

7. Stanton N A, Salmon P M, Rafferty L A, et al. Human factors methods: a practical guide for engineering and design [M]. Boca Raton, FL: CRC Press, 2013.

8. Dix A, Finlay J, Abowd G D, et al. Human-computer interaction [M]. Edinburgh Gate: Pearson Education Limited, 2004.

9. Card S K, Moran T P, Newell A. The psychology of human-computer interaction [M]. Hillsdale, New Jersey: Lawrence Erlbaum Associates, 1983.

第4章
研究数据的获取

人因工程研究所需要获取的数据依据研究的类型而确定，用户体验研究是人因工程研究的重要内容，其数据包括绩效数据、自我报告式数据、行为与生理数据、基于问题度量的数据等，其中前两种数据使用率较高，在此以这两种数据为例讲述研究数据的获取方法。

4.1 绩效数据的获取

绩效数据不仅仅依赖于用户行为，而且还依赖于场景或任务。要测量任务是否成功，用户需要记住特定的任务或目标。缺少任务，绩效度量就不可能存在。对可用性研究而言，绩效测量位于最有价值的工具之列，绩效度量是了解用户是否能很好使用某产品的最好方法。

绩效数据对于评估具体可用性问题的数量也很有用。许多情况下，不仅需要知道存在某个特定的问题，还需要知道在产品发布后有多少用户可能会碰到同样的问题。通过计算赋有置信区间的任务成功率，可以就可用性问题有多大得出一个合理的估计。通过测量任务的完成时间，能确定目标用户中有多大的比例能够在一个设定好的时间范围内完成某任务。

需要注意的是在有些情况，过于依赖绩效度量会存在危险。当报告任务成功或完成时间时，很容易忽视了数据背后潜在的问题。绩效测量能够非常有效地告知是什么而非为什么的问题。绩效数据可以表明任务或界面的部分内容对参加者来说特别有问题，但是通常还需要用其他数据予以补充以更好地理解他们为什么会是问题及如何被修复。

有5种基本的绩效度量类型，分别是任务成功、任务时间、错误、效率、易学性。任务成功测量的是用户能在多大程度上有效地完成一系列既定的任务。任务时间测量的是用户需要多少时间才能完成任务。错误反映了任务过程中用户所犯的过失，错误在探讨界面迷惑或误解方面很有用。效率的评估可以通过测量用户完成任务所付出的努力程度来实现。易学性是一种测量绩效随时间如何发生变化的方法。

4.1.1 任务成功

任务成功是使用最广的绩效度量，实践中任何包括任务的可用性研究都可以对其进行计算。只要用户可以操作一个定义好的任务，就可以测量任务成功。

为了测量任务成功，需要知道什么构成了成功，因此应该在收集数据之前给每个任务定义成功标准；此外，还需要使每个任务都必须有一个清晰的结束状态。在实验室可用性测试中，测量任务成功最常用的方法是让参加者在完成任务后进行口头报告式回答。

二分式成功是测量任务成功的最为简单和常用的方法。参加者要么成功完成了任务，要么没有成功。当产品的成功取决于用户完成某一个或某一组任务时，用二分式成功是合适的。用户每操作一个任务，都应给予一个“成功”或“失败”的得分。通常这些得分以1（表示成功）或0（表示失败）的形式表示。有了数字得分，可以很容易地计算出操作的平均值及其他需要的统计值。除了给出均值以外，最好也包括置信区间，使之成为二分式数据的一部分。

二分式成功数据的组织方法如表4-1所示，其中的置信区间是基于二项式分布计算的，对于任务1，其平均二分式成功率是70%，平均值有95%的概率会落在39.23%和89.67%之间，该表的结果可通过图4-1进行可视化呈现。

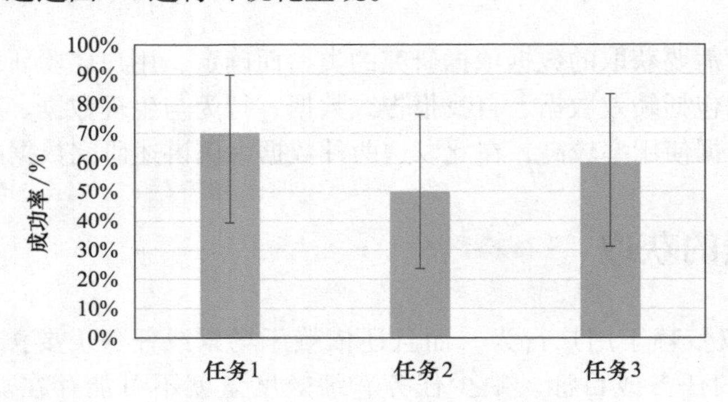

图4-1　二分式成功数据的呈现（误差线表示的是95%置信区间）

表4-1　二分式成功数据

实验参与者编号	任务1	任务2	任务3
1	0	0	1
2	1	1	0
3	1	1	1
4	1	0	1
5	1	0	0
6	1	0	1
7	1	1	0
8	0	1	1
9	1	0	1
10	0	1	0
平均值	70%	50%	60%
95%置信区间的下限	39.23%	23.66%	31.16%
95%置信区间的上限	89.67%	76.34%	83.29%

4.1.2　任务时间

任务时间是一个常见的绩效度量，它是测量产品效率的最佳方法。用户操作任务所用的时间很能说明产品的一些可用性属性。对那些用户要重复操作的产品来说，任务时间特别重要。测量任务时间的一个好处是：由于效率的提高，它能相对直接地计算出所节省的成本，这样就可以获得实际的投资回报（Return on Investment，ROI）。

任务时间是指任务开始状态和结束状态之间所消耗的时间，通常以分钟或秒为表示单位。对任务时间数据进行分析时，最常用的方法是通过以任务来平均每个参加者的所用时间，查看用于任一特定任务或一组任务的平均时间，这是一种直接报告任务数据的方法。如果有几个参加者花了过长的时间才完成了某个任务，这会大幅度地增加均值。因此，应当报告置信区间，以显示任务数据中的变异性。这不仅能表示出同一任务中的变异性，还能有助于在视觉上呈现任务之间的差异，进而确定任务之间是否存在统计上的显著性差异。

可将任务时间数据以表格的形式予以整理，如表4-2所示，其中总结性数据，包括平均数、置信区间的上限和下限，见表中的最后3行，数据的可视化呈现如图4-2所示。

表4-2　20位参加者在3个任务上所用的时间 s

实验参与者编号	任务1	任务2	任务3
1	95	74	75
2	42	20	25
3	89	44	74
4	102	65	78
5	59	45	68
6	42	23	32
7	53	29	27
8	35	20	55
9	77	70	87
10	70	27	40
11	114	75	92
12	86	51	44
13	69	42	98
14	109	52	78
15	57	36	69
16	70	47	63
17	67	25	48
18	61	36	50
19	131	87	111
20	50	25	69
平均值	73.90	44.65	64.15
95%置信区间的下限	62.41	35.71	53.71
95%置信区间的上限	85.39	53.59	74.59

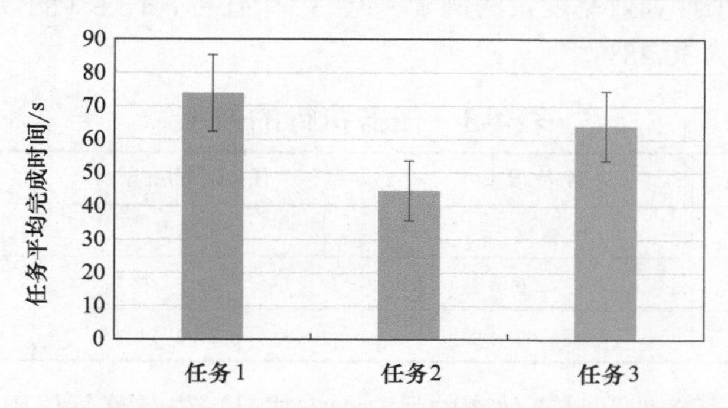

图4-2　3个任务的任务时间比较（误差线表示的是95%置信区间）

4.1.3　错误

错误是指用户所发生的不正确操作。广义上讲，错误可以是任何妨碍用户以最高效的方式完成某任务的操作。整理错误数据的常用方法是按任务整理，记录每个任务和用户的错误数量。如果只有一个错误机会，则错误数量记为1和0，其中“0”表示没有错误，“1”表示一个错误。如果可能有多个错误机会，则错误数量将在0和最大的错误机会数量之间变化。

对于只有一个错误机会的任务来说，分析错误数据的最常用方法是考察每个任务的错误频率，此时的分析方法与二分式成功数据相同。

对于有多个错误机会的任务来说，可采用的常用方法包括：①对于每个任务，计算参加者所犯的平均错误数，这样可以表示典型用户在完成某个特定任务过程中可能会碰到的错误数量；②给每个错误都赋予一个严重等级，比如高、中、低，然后计算每种错误出现的频率，这样可以聚焦于与最严重错误相关的问题；③计算每个任务的错误频率，明确哪些任务会出现最多的错误。

4.1.4 效率

如果关注的不仅仅是完成某任务所需要的时间，而且还关注所需要的认知和身体上的努力，那么效率是一个非常好的度量。认知努力包括找到正确的位置以执行操作动作、确定什么样的操作动作是必要的以及解释该操作动作的结果；身体上的努力包括执行操作所需要的身体动作。

任务时间经常被用于测量效率。此外，也可查看完成某任务需要付出多少努力，这可通过测量参加者执行每个任务时所用的操作或步骤的数量而获得。参加者执行的每个操作动作都表示了一定程度上的努力，参加者执行的操作步骤越多，就需要有更多的努力。在多数产品中，目标是把完成某任务所需要的具体操作动作减小到最少，这样可以把所需要付出的努力减小到最少。

分析和呈现效率度量最常用方法是考察每个参加者完成某任务时的操作动作数量，然后计算每个任务的均值以查看用户用了多少操作动作，这种分析有助于发现哪些任务需要最大量的努力。另一个效率的视角是结合任务成功和任务时间，采用任务完成率与每个任务平均时间的比值，以表示单位时间内的任务成功，这种方式在计算效率时，任务时间常以“分钟”为单位，但也可以根据任务时间的长短采用“秒”或者“小时”为单位。

表4-3表示了一个计算效率度量的例子，共有3个任务，任务1的效率最高，为57.60%，任务3的效率最低，为30.48%。

表4-3　任务执行的效率

任务编号	任务完成率/%	任务时间/min	效率/%
1	72	1.25	57.60
2	56	1.63	34.29
3	64	2.10	30.48

结合任务成功与任务时间计算效率的另一种方式是，先计算每位用户成功完成任务的数量，然后用该用户执行所有任务的时间去除，即得到每位用户单位时间内完成的任务数量。图4-3为针对3款医疗APP原型邀请90位用户进行测试的结果，采用组间设计的方法，每款原型共有30位用户进行测试，从图中可以发现，原型3的效率明显高于其他2款原型。

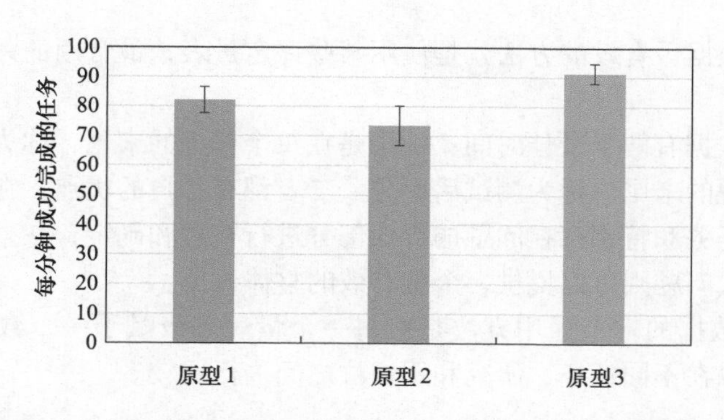

图4-3　3款设计原型的效率比较（误差线表示的是95%置信区间）

4.1.5　易学性

易学性是产品可被学习的程度，它可以通过用户熟练地使用产品需要多少时间和努力而测得。如果需要了解随着时间推移用户使用某产品的熟练程度，易学性将会是一个基本的度量。学习可以在一个短期时间内或更长时期的时间内发生。短期时间可以是几分钟、几小时或几天，当学习发生于短时期内时，参加者就需要尝试不同的策略以完成任务；学习也可以在长的时期内发生，比如以星期、月或年为单位，在这种情况下，记忆就非常重要，使用该产品的间隔时间越长，就越依赖于记忆。

收集和测量易学性数据需要进行多次，每个收集数据的过程都可被看成是一项施测，两次施测之间的时间设定基于所预期的使用频率。易学性几乎可以用任何持续性的绩效度量予以测得，最常见的是与效率有关的度量，如任务时间、错误、操作步骤数量、单位时间内的任务成功等。

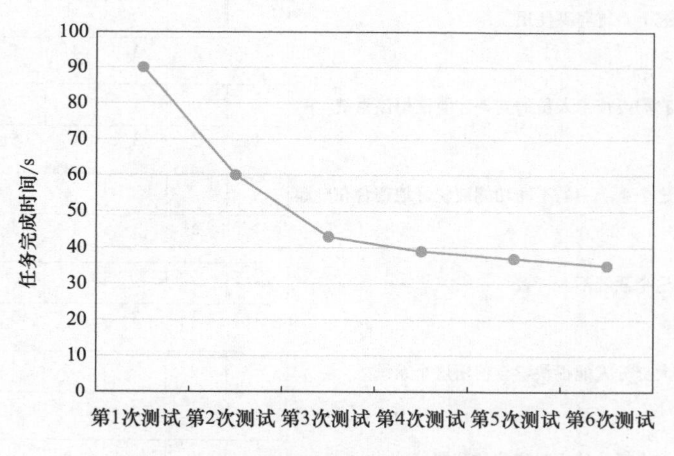

图4-4　基于任务时间的易学性数据呈现

分析和呈现易学性数据的最常用方法，是通过施测检验每个任务或合计之后的所有任务的执行时间，这将显示出绩效度量如何随着经验的作用而发生变化，如图4-4所示。

4.2　自我报告式数据的获取

自我报告式数据可以提供有关用户感知系统及与系统交互方面的重要信息，在可用性测试中获得自我报告数据最有效的方法就是使用某些评定量表，最常用的评定量表是李克特量表和语义差异量表。

收集自我报告数据有两个最佳时间：一个是在每个任务的末尾，称为任务后评分；另一个是在整个测试过程的末尾，称为测试后评分。二者都有各自的优点：在每个任务后即刻进行评分，有助于对任务和特别存在问题的界面部分进行梳理和确定；在整个测试单元结束时进行的评分和开放式问题则可以提供一个更有效的整体评价。

分析评分量表数据的一个通用方法是对每一个量表等级赋予一个数值，然后计算平均值。这些平均值可以在不同任务、研究和用户群之间进行比较。

4.2.1 系统可用性量表

系统可用性量表（System Usability Scale，SUS）是一种用于评估特定装置或产品可用性的简单快捷的问卷方法，它由10条可用性题项组成，奇数项是正向叙述的，偶数项是负向叙述的，采用5等级李克特量表进行评定，其中1表示非常不同意，5表示非常同意，将10个评分合成一个总分，它位于0~100之间，100代表一个完美的分数。

计算系统可用性量表分数的方法如下：首先，计算各个题项的得分，奇数项的得分为评

图4-5 系统可用性量表及其计分案例

分位置减1，偶数项的得分为5减评分位置；接着，将所有题项的得分相加汇总；最后，将汇总后的得分乘以2.5，即可得到系统可用性量表分数。

图4-5为计算系统可用性量表分数的案例，10个题项的分值之和为20，系统可用性量表的分数为20×2.5=50。

表4-4为系统可用性量表分数的参考基准，可以发现，上述案例中的50分属于类别F，该类别所对应的百分位的范围为0~14。

表4-4　系统可用性量表分数的参考基准

系统可用性量表分值的范围		类别	百分位的范围	
84.1	100	A+	96	100
80.8	84.0	A	90	95
78.9	80.7	A−	85	89
77.2	78.8	B+	80	84
74.1	77.1	B	70	79
72.6	74.0	B−	65	69
71.1	72.5	C+	60	64
65.0	71.0	C	41	59
62.7	64.9	C−	35	40
51.7	62.6	D	15	34
0.0	51.6	F	0	14

4.2.2 NASA-TLX

NASA-TLX（National Aeronautics and Space Administration-Task Load Index，美国航空航天局-任务负荷指数）是一种多维主观工作负荷量表，其中工作负荷被定义为“用户达成一种特定性能水平所需要的成本”，NASA-TLX可以用来评价各种人机环境（如飞机驾驶舱，指挥、控制和通信工作站，监督和过程控制环境，模拟和实验室实验）中的工作负荷。

NASA-TLX可获得一种基于六个维度得分的加权总体值，六个维度的描述见表4-5。NASA-TLX的分值在0~100之间，值越低表现越好，低工作负荷值代表高性能。

表4-5　NASA-TLX的六个维度

负荷的维度	端点	描述
心理需求（Mental Demand）	低/高	完成任务过程中付出多少脑力活动?如:思考、决定、计算、记忆、观察、搜查等。该工作从脑力方面对您而言是容易还是困难?简单还是复杂?要求严格还是不严格?
生理需求（Physical Demand）	低/高	完成任务过程中需付出多少体力?如:拖拽、旋转、控制、进行活动的程度等。该任务从体力方面对您而言是容易还是困难?是缓慢还是快速?肌肉感到松弛还是紧张?动作轻松还是费力?
时间需求（Temporal Demand）	低/高	工作速率或节奏是缓慢并使人感到从容不迫,还是快速令人感到慌乱呢?
业绩水平（Performance）	好/差	完成目标取得的成绩怎么样?对取得的成绩,您的满意程度有多大?
努力程度（Effort）	低/高	您付出了多少努力来完成任务?
受挫程度（Frustration）	低/高	在执行任务时,您感到不安、沮丧、急躁、烦恼的程度有多大?

NASA-TLX共包含2个部分：打分和权重。

第1部分为打分：被试完成任务后对六个维度分别进行打分，每个维度的分值从0分到100分。

第2部分为权重：被试在六个维度之间进行两两比较，选择较能描述任务负荷的维度。计算在六个维度所构成的15次两两比较中，每个维度被选择的次数，将此作为权重值。

将每个维度的得分与权重相乘，得到调整后的得分，然后对六个维度调整后的得分进行求和，最后用总和除以15，即可得到最终得分，计算过程如表4-6所示。

表4-6　分数计算表格

维度的名称	得分	权重 （两两比较中被认为重要的次数）	调整后的得分 （权重×得分）
心理需求			
生理需求			
时间需求			
业绩水平			
努力程度			
受挫程度			
		调整后的得分总和	
		最终得分 （即“调整后的得分总和/15”）	

表4-7~表4-9为NASA-TLX分数的计算案例，其中表4-7为各维度的得分，表4-8为各维度的成对比较，表4-9为最终得分的计算。

表4-7　各维度的得分

负荷的维度	端点	得分
心理需求	低/高	30
生理需求	低/高	25
时间需求	低/高	70
业绩水平	好/差	50
努力程度	低/高	50
受挫程度	低/高	30

表4-8　各维度的成对比较结果

比较的维度	认为重要的维度
心理需求/生理需求	心理需求
心理需求/时间需求	时间需求
心理需求/业绩水平	心理需求
心理需求/努力程度	努力程度
心理需求/受挫程度	心理需求
生理需求/时间需求	时间需求

续表

比较的维度	认为重要的维度
生理需求/业绩水平	业绩水平
生理需求/努力程度	努力程度
生理需求/受挫程度	受挫程度
时间需求/业绩水平	时间需求
时间需求/努力程度	时间需求
时间需求/受挫程度	时间需求
业绩水平/努力程度	努力程度
业绩水平/受挫程度	受挫程度
努力程度/受挫程度	受挫程度

表4-9　最终得分的计算

维度的名称	得分	权重 （两两比较中被认为重要的次数）	调整后的得分 （权重×得分）
心理需求	30	3	90
生理需求	25	0	0
时间需求	70	5	350
业绩水平	50	1	50
努力程度	50	3	150
受挫程度	30	3	90
		调整后的得分总和	730
		最终得分 （即"调整后的得分总和/15"）	49

4.2.3　用户体验问卷

用户体验问卷（User Experience Questionnaire，UEQ）是一种快速可信的度量交互式产品用户体验的问卷，用户体验问卷共包含6个维度，每个维度的含义如下：

① 吸引力（Attractiveness）：对产品的整体印象，用户喜欢或不喜欢产品？

② 明晰（Perspicuity）：熟悉产品容易吗？学会怎样使用产品容易吗？

③ 效率（Efficiency）：用户完成任务能不需要额外的努力吗？

④ 可靠性（Dependability）：用户感觉能控制交互吗？

⑤ 激励（Stimulation）：使用产品是令人愉快和刺激的吗？

⑥ 新颖（Novelty）：产品是革新的和有创造性的吗？产品能够捕获用户的兴趣吗？

用户体验问卷由26个项目，即26对语义相反的形容词组成，每组词分别描述产品的某方面属性。26个项目与6个维度之间的关系如图4-6所示。

在用户体验问卷中，每对反义词之间划分为7个评分等级，让用户根据产品与形容词的相符程度，在认为最适合表达主观感受处打勾，如图4-7所示。

用户体验问卷每个项目的得分根据题项的正向（值越大越好）和逆向（值越小越好），共有两种方式：第一种方式针对正向题项，其得分是用问卷得分减去4；第二种方式针对逆向题项，其得分是用4减去问卷得分。每个题项的转换方式分别如表4-10所示，其中的案例数据为某一位实验参与者的分值。

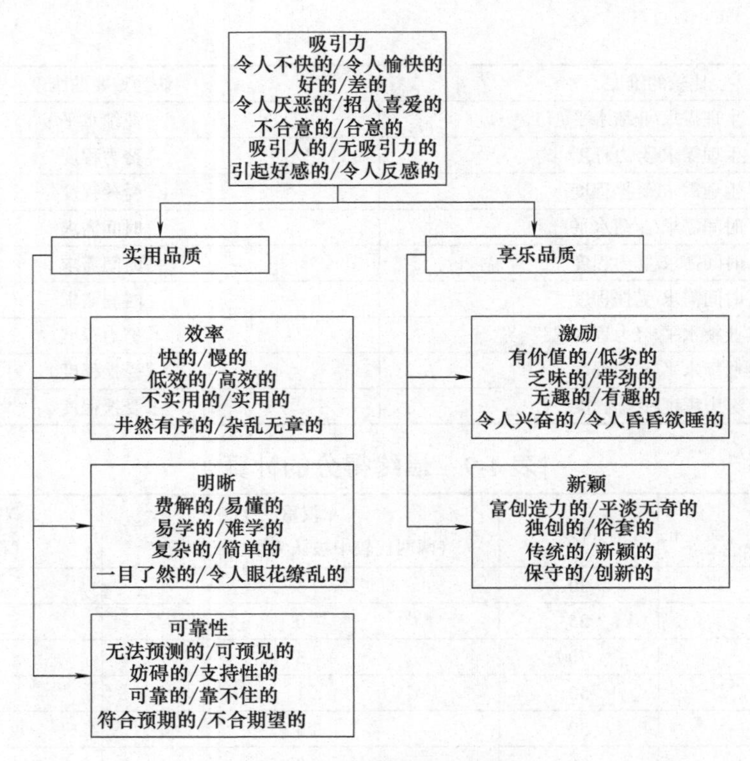

图4-6　用户体验问卷的维度

题项编号		1	2	3	4	5	6	7	
1	令人不快的	□	□	□	□	□	□	□	令人愉快的
2	费解的	□	□	□	□	□	□	□	易懂的
3	富创造力的	□	□	□	□	□	□	□	平淡无奇的
4	易学的	□	□	□	□	□	□	□	难学的
5	有价值的	□	□	□	□	□	□	□	低劣的
6	乏味的	□	□	□	□	□	□	□	带劲的
7	无趣的	□	□	□	□	□	□	□	有趣的
8	无法预测的	□	□	□	□	□	□	□	可预见的
9	快的	□	□	□	□	□	□	□	慢的
10	独创的	□	□	□	□	□	□	□	俗套的
11	妨碍的	□	□	□	□	□	□	□	支持性的
12	好的	□	□	□	□	□	□	□	差的
13	复杂的	□	□	□	□	□	□	□	简单的
14	令人厌恶的	□	□	□	□	□	□	□	招人喜爱的
15	传统的	□	□	□	□	□	□	□	新颖的
16	不合意的	□	□	□	□	□	□	□	合意的
17	可靠的	□	□	□	□	□	□	□	靠不住的

题项编号		1	2	3	4	5	6	7	
18	令人兴奋的	□	□	□	□	□	□	□	令人昏昏欲睡的
19	符合预期的	□	□	□	□	□	□	□	不合期望的
20	低效的	□	□	□	□	□	□	□	高效的
21	一目了然的	□	□	□	□	□	□	□	令人眼花缭乱的
22	不实用的	□	□	□	□	□	□	□	实用的
23	井然有序的	□	□	□	□	□	□	□	杂乱无章的
24	吸引人的	□	□	□	□	□	□	□	无吸引力的
25	引起好感的	□	□	□	□	□	□	□	令人反感的
26	保守的	□	□	□	□	□	□	□	创新的

图4-7 用户体验问卷

表4-10 数据的转换方法

题项编号	所属维度	转化方法	案例	
			得分	转化后的得分
1	吸引力	得分-4	6	2
2	明晰	得分-4	7	3
3	新颖	4-得分	2	2
4	明晰	4-得分	1	3
5	激励	4-得分	2	2
6	激励	得分-4	6	2
7	激励	得分-4	6	2
8	可靠性	得分-4	6	2
9	效率	4-得分	2	2
10	新颖	4-得分	3	1
11	可靠性	得分-4	6	2
12	吸引力	4-得分	2	2
13	明晰	得分-4	5	1
14	吸引力	得分-4	6	2
15	新颖	得分-4	5	1
16	吸引力	得分-4	5	1
17	可靠性	4-得分	2	2
18	激励	4-得分	2	2
19	可靠性	4-得分	2	2
20	效率	得分-4	6	2
21	明晰	4-得分	2	2
22	效率	得分-4	6	2

续表

题项编号	所属维度	转化方法	案例	
			得分	转化后的得分
23	效率	4−得分	2	2
24	吸引力	4−得分	2	2
25	吸引力	4−得分	2	2
26	新颖	得分−4	6	2

对每个维度所有题项转换后的得分求平均值，即可得到各维度的得分。例如，对于吸引力维度，共有6个题项，其编号分别为1、12、14、16、24、25，转化后的得分分别为2、2、2、1、2、2，平均值为1.83，其他维度的计算方法相同，各个维度的得分如表4-11所示。

表4-11　各维度的得分

吸引力	明晰	效率	可靠性	激励	新颖
1.83	2.25	2.00	2.00	2.00	1.50

将所有实验参与者的数据进行平均，可以得到产品的用户体验评价值。表4-12为针对255位实验参与者的统计结果，所对应图形如图4-8所示。

表4-12　255位实验参与者数据的统计结果

维度	平均值	标准差
吸引力	1.473	1.305
明晰	1.642	1.295
效率	1.607	1.098
可靠性	1.243	0.825
激励	1.135	1.126
新颖	0.774	1.165

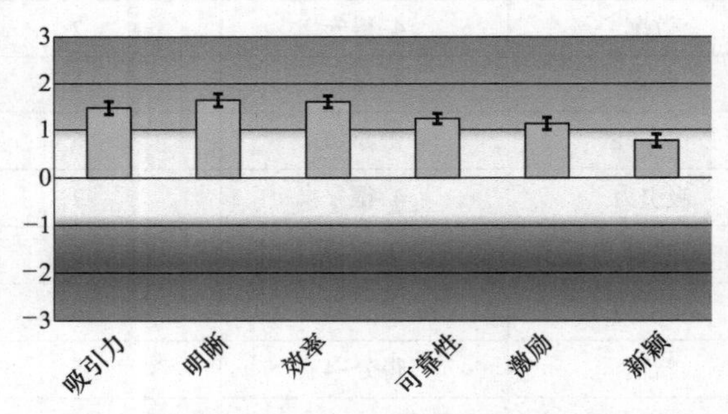

图4-8　统计结果的图形化展示（误差线表示的是95%置信区间）

4.2.4　计算机系统可用性问卷

计算机系统可用性问卷（Computer System Usability Questionnaire，CSUQ）包括19个陈述句，要求用户在一个从“非常不同意”到“非常同意”的7点评定标尺上，对他们的同意程度进行评分，并且提供了一个不适用（Not Applicable，　N/A）选项。计算机系统可用性问卷中的所有题项都是正向陈述的，该问卷包括4个主要类别：系统有效性、信息质量、界面质量和总体满意度，问卷如图4-9所示。

	非常不同意						非常同意	
	1	2	3	4	5	6	7	不适用
1.总的来说，我对使用这个系统的容易程度感到满意	○	○	○	○	○	○	○	○
2.这个系统使用起来简单	○	○	○	○	○	○	○	○
3.我可以使用这个系统有效地完成任务	○	○	○	○	○	○	○	○
4.我能够使用这个系统较快地完成任务	○	○	○	○	○	○	○	○
5.我可以高效地使用这个系统完成任务	○	○	○	○	○	○	○	○
6.使用这个系统时我感到舒适	○	○	○	○	○	○	○	○
7.学习使用这个系统比较容易	○	○	○	○	○	○	○	○
8.我认为使用这个系统后工作更有成效	○	○	○	○	○	○	○	○
9.这个系统提供的出错信息能清楚地告诉我应该如何修改错误	○	○	○	○	○	○	○	○
10.使用这个系统时，无论什么时候犯了错误，我都能很容易迅速从错误中恢复	○	○	○	○	○	○	○	○
11.这个系统提供了清楚的信息，如在线帮助、屏幕信息、以及其他文件	○	○	○	○	○	○	○	○
12.我可以容易地找到我所需要的信息	○	○	○	○	○	○	○	○
13.这个系统提供的信息容易理解	○	○	○	○	○	○	○	○
14.这个系统的信息可以有效地帮助我完成任务	○	○	○	○	○	○	○	○
15.这个系统的信息在屏幕上组织得比较清晰	○	○	○	○	○	○	○	○
16.这个系统的界面让人感到舒适	○	○	○	○	○	○	○	○
17.我喜欢使用这个系统的界面	○	○	○	○	○	○	○	○
18.这个系统具有我所期望的所有功能	○	○	○	○	○	○	○	○
19.总的来说，我对这个系统感到满意	○	○	○	○	○	○	○	○

图4-9　计算机系统可用性问卷

4.2.5　用户界面满意度问卷

用户界面满意度问卷（Questionnaire for User Interface Satisfaction，QUIS）是由马里兰大学的人机交互实验室中的一个研究小组编制的。用户界面满意度问卷包括27个评价项目，分为5个类别：总体反应、屏幕、术语和系统信息、学习以及系统能力。评分是在一个10点标尺上进行，标示语随着陈述句的不同而发生变化。用户界面满意度问卷如图4-10所示。

对该系统的总体反应		0	1	2	3	4	5	6	7	8	9	不适用	
1.	很糟的		○	○	○	○	○	○	○	○	○	极好的	○
2.	困难的		○	○	○	○	○	○	○	○	○	容易的	○
3.	令人受挫的		○	○	○	○	○	○	○	○	○	令人满意的	○
4.	功能不足的		○	○	○	○	○	○	○	○	○	功能齐备的	○
5.	沉闷的		○	○	○	○	○	○	○	○	○	令人兴奋的	○
6.	刻板的		○	○	○	○	○	○	○	○	○	灵活的	○
屏幕		0	1	2	3	4	5	6	7	8	9	不适用	
7.阅读屏幕上的文字	困难的		○	○	○	○	○	○	○	○	○	容易的	○
8.把任务简化	一点也不		○	○	○	○	○	○	○	○	○	非常多	○
9.信息的组织	令人困惑的		○	○	○	○	○	○	○	○	○	非常清晰的	○

图4-10

对该系统的总体反应		0	1	2	3	4	5	6	7	8	9	不适用	
10.屏幕的序列	令人困惑的		○	○	○	○	○	○	○	○	○	非常清晰的	○
术语和系统信息		0	1	2	3	4	5	6	7	8	9	不适用	
11.系统中术语的使用	不一致的		○	○	○	○	○	○	○	○	○	一致的	○
12.与任务相关的术语	从来没有		○	○	○	○	○	○	○	○	○	总是	○
13.屏幕上消息的位置	不一致的		○	○	○	○	○	○	○	○	○	一致的	○
14.输入提示	令人困惑的		○	○	○	○	○	○	○	○	○	非常清晰的	○
15.计算机进程的提示	从来没有		○	○	○	○	○	○	○	○	○	总是	○
16.出错信息	没有帮助的		○	○	○	○	○	○	○	○	○	有帮助的	○
学习		0	1	2	3	4	5	6	7	8	9	不适用	
17.学习操作系统	困难的		○	○	○	○	○	○	○	○	○	容易的	○
18.通过尝试和出错探索新特征	困难的		○	○	○	○	○	○	○	○	○	容易的	○
19.命令的使用及其名称的记忆	困难的		○	○	○	○	○	○	○	○	○	容易的	○
20.任务的操作简洁明了	从来没有		○	○	○	○	○	○	○	○	○	总是	○
21.屏幕上的帮助信息	没有帮助的		○	○	○	○	○	○	○	○	○	有帮助的	○
22.补充性的参考资料	令人困惑的		○	○	○	○	○	○	○	○	○	清晰的	○
系统能力		0	1	2	3	4	5	6	7	8	9	不适用	
23.系统速度	太慢的		○	○	○	○	○	○	○	○	○	足够快的	○
24.系统可靠性	不可靠的		○	○	○	○	○	○	○	○	○	可靠的	○
25.系统趋于	有噪声的		○	○	○	○	○	○	○	○	○	安静的	○
26.纠正您的错误	困难的		○	○	○	○	○	○	○	○	○	容易的	○
27.为所有水平的用户进行设计	从来没有		○	○	○	○	○	○	○	○	○	总是	○

图4-10　用户界面满意度问卷

4.3　研究数据的整合

在许多可用性测试中，收集的度量不只一个，例如，任务完成率、任务时间、自我报告式度量等。在有的情况下，研究人员不太关心每个单独度量的结果，而比较关心所有这些度量所反映出来的产品可用性的总体情况，这就要将可用性测试中的多个度量整合为某种类型的一个综合可用性分数。

如何整合不同的度量？一个简单方法是：将每个分数转换为百分比（即转换为0~1之间的值），然后求其平均数。例如，表4-13中为10名参加者在4个度量指标上的可用性测试的结果。

表4-13　可用性测试结果

实验参与者编号	任务完成时间/s	任务完成数量（共9个）	错误数	用户满意度（0~6）
1	64	5	4	4.39
2	56	8	1	5.25
3	50	9	0	5.52
4	63	6	3	4.23
5	67	5	4	4.37
6	75	4	5	2.85
7	62	6	3	4.41
8	60	4	5	2.97

续表

实验参与者编号	任务完成时间/s	任务完成数量（共9个）	错误数	用户满意度（0~6）
9	57	5	4	4.24
10	58	7	2	5.02

对这4个度量指标进行整合的方法如下：

对任务完成数量和用户满意度指标，由于知道每个分数的最大可能值（即最好的情况）：任务数量共9个，用户满意度的最大主观评定值是6。因此，只需用每位参加者的得分除以相应的最大分数，就得到了其百分比。如对于第1位实验参与者，其任务完成数量的百分比为$\frac{5}{9}=0.56$，即56%；用户满意度的百分比为$\frac{4.39}{6}=0.73$，即73%。

对任务完成时间指标，由于没有预先定义的“最好”时间和“最差”时间，即预先不知道测量的端点，所以百分比的计算较难一些。一种处理方法是将所得的最快时间定义为“最好”，然后用这一时间除以每位参加者的任务完成时间。另一种方法是使用式（4-1）进行转换：

$$x^*(k)=\frac{\max x^0(k)-x^0(k)}{\max x^0(k)-\min x^0(k)} \tag{4-1}$$

式中，$x^0(k)$为待转换的数据；$\max x^0(k)$为待转换数据中的最大值；$\min x^0(k)$为待转换数据中的最小值；$k=1，2，\cdots，n$，n为待转换数据的个数；$x^*(k)$为转换后的数据。如对于该案例，最大值为75，最小值为50，第1位实验参与者的任务时间数据可转换为$\frac{75-64}{75-50}=0.44$，即44%。

对错误数指标，一个参加者可能不犯错误，所以最小值可能为0，但是通常没有预先定义参加者所犯错误数的最大值。转换数据的最好方法是用所得的错误数除以错误数中的最大值，然后用1减去所得的数值。如对于该案例，最大错误数量为5，则第1位实验参与者错误数数据可转换为$1-\frac{4}{5}=0.20$，即20%。

按照上述方法对所有实验参与者的数据加以转换，结果见表4-14。对四个指标的百分比进行平均，即给予四个指标相同的权重，就可以得到整合后的值。需要注意的是，在计算百分比的过程中，总是使用较高的百分比来表示更好这一概念，即百分比越高，可用性越好。

表4-14　将可用性测试的数据转换为百分比　　%

实验参与者编号	任务完成时间	完成任务数量	错误数	用户满意度	整合后的值
1	44	56	20	73	58
2	76	89	80	88	84
3	100	100	100	92	97
4	48	67	40	71	62
5	32	56	20	73	53
6	0	44	0	48	31
7	52	67	40	74	64
8	60	44	0	50	51
9	72	56	20	71	66
10	68	78	60	84	76

在有的情况下，需要根据产品的不同目标而改变权重，此时可将每个个体的百分比乘以其对应的权重，然后对结果求和，以得到整合后的值。在表4-15中，用户满意度的权重为0.40，其余3个指标的权重均为0.20，如对于第1位实验参与者，其整合后的值为44% × 0.20 + 56% × 0.20 + 20% × 0.20 + 73% × 0.40 = 53%，同理可计算其他实验参与者整合后的值，结果见表的最后一列。

表4-15 加权平均数的计算 %

实验参与者编号	任务完成时间	完成任务的数量	错误数	用户满意度	整合后的值
	0.20	0.20	0.20	0.40	
1	44	56	20	73	53
2	76	89	80	88	84
3	100	100	100	92	97
4	48	67	40	71	59
5	32	56	20	73	51
6	0	44	0	48	28
7	52	67	40	74	61
8	60	44	0	50	41
9	72	56	20	71	58
10	68	78	60	84	75

当将可用性度量转换为百分比数值时，一般需要先根据可用性测试的情况确定该度量可能取得的最大值和最小值，以下是可能遇到的情况：

① 最小可能得分是0，最大可能得分是100，例如系统可用性量表分数，那么就已经获得了百分比。

② 最小值为0，最大值是已知，例如完成任务的总数或者等级量表上的最高可能评分，在这种情况下将得分除以最大值就能得到百分比。

③ 最小值为0，最大值未知，例如错误数，在这种情况下，需要通过数据，如参加者所犯的最高错误数来定义最大值。具体来说，就是将所得的错误数除以参加者所犯错误数的最大值后，用1去减该值。

④ 最小可能得分和最大可能得分都没有被预先定义，如时间数据，假设数值越大表示越差，常常通过将最低得分除以所得的分来转换数据，也可通过式（4-1）进行转换。

思考与练习

1. 试针对某一人机系统进行可用性测试，对其任务成功、任务时间、错误、效率、易学性等数据进行统计分析。

2. 试针对某一产品的用户界面，邀请至少30名典型用户，分别采用系统可用性量表、NASA-TLX、用户体验问卷、计算机系统可用性问卷、用户界面满意度问卷等对其进行度量。

3. 试将某一产品可用性测试的绩效数据和自我报告式数据加以整合。

拓展学习

1. Albert B，Tullis T. Measuring the user experience：collecting，analyzing，and pre-

senting UX metrics [M]. Cambridge, MA: Morgan Kaufmann, 2022.

2. Sauro J, Lewis J. Quantifying the user experience: practical statistics for user research [M]. Cambridge, MA: Morgan Kaufmann, 2016.

3. Schrepp M. User experience questionnaires: how to use questionnaires to measure the user experience of your products? [M]. Chicago, IL: Independently Published, 2021.

4. Gawron V J. Human performance, workload, and situational awareness measures handbook [M]. Boca Raton, FL: CRC Press, 2008.

5. Stanton N A, Salmon P M, Rafferty L A, et al. Human factors methods: a practical guide for engineering and design [M]. Boca Raton, FL: CRC Press, 2013.

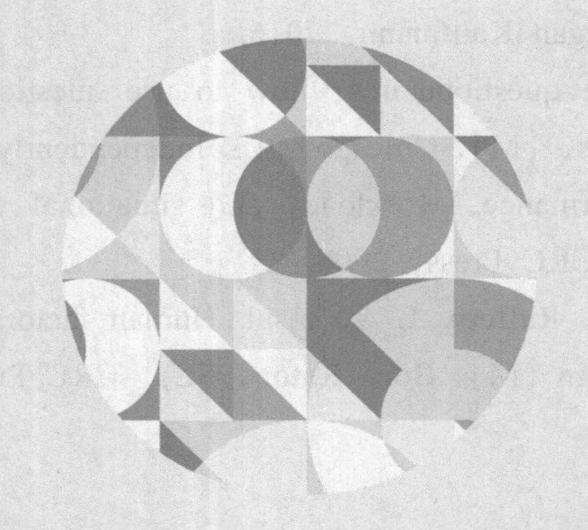

第3篇

实验研究

第 5 章 怎样做实验

实验法最主要的好处是允许做出因果结论，即一种条件导致行为的某种变化。由于这种结论很精确，支持结论所需的规则都相当严格，因此，必须清楚与规则相关的变量、实验模式、实验设计原理。

5.1 变量

（1）自变量

自变量是实验中主要关注的情景，它不依赖于被试行为。作为实验者，会操纵这个变量，同时被试不能改变已经选择的水平。例如，在反应时实验中，如果自变量是灯光强度，那么，可以选择一个高强度灯光和一个低强度灯光作为两个水平，同时测量两种条件下被试按压按钮所需要的时间。实验必须至少有两个水平，否则就没有必要做实验。一个实验可以选择更多水平或设置一个以上的自变量。

（2）因变量

一旦选定了自变量，就会测量被试对这些变量的反应，用来测量被试行为的变量称为因变量。例如，在反应时实验中，目的是发现光强度和反应时间是否存在一定的关系，其因变量是从出现灯光到被试按键的时间。研究中需要对这种关系预先做一些陈述，这种陈述称为假设。例如，灯光越强，被试反应越快。实验的结果将会决定假设是否能够得到支持并成为科学知识体系的一部分。

假设有两种，分别是零假设和研究假设。零假设指的是从总体上来讲自变量对因变量无影响。研究假设指的是实验者对自变量水平变化导致因变量变化所做的预测，有时这种预测带有方向性，即预测操作自变量时因变量变化的方向。

（3）控制变量

研究人员需要控制实验中的其他变量，称其为控制变量，可以通过控制使它们处于一个不发生变化的单一水平。例如，在反应时实验中，可能需要恒定的室内灯光条件、右利手被试、常温等。理想的情况是：在实验中除自变量以外的所有条件始终能保持在一个平稳水平上，通过这种控制，就可以知道因变量的任何改变肯定是由自变量变化引起的。

控制的概念对实验法至关重要，在实验中许多变量将被设置为控制变量。实验者应当确信实验中控制变量完全得到了控制。但是，尽管实验中许多变量是控制变量，但并非所有变量都会被设置成控制变量，尤其在人因工程领域中，其原因有以下两个方面。

① 实验者不能控制所有变量。这不仅是因为控制许多遗传和环境条件是不可能的，而且对于人类被试而言，也无法做到使合作态度、注意状态、新陈代谢速度以及其他许多情境因素保持恒定。

② 实际上研究人员不想控制实验中的所有变量，否则，所创造环境就会过于独特。如果能控制所有变量并操纵自变量，那么，实验所建立起来的关系将仅存于一种特殊条件中，

即所有的变量都精确设置在控制的那个水平，这会导致不能将结果推广到任何其他情境中。作为一个经验法则，实验控制得越严格，结果的适用性程度越低。

实验结果的推广称为外部效度，即一个因果关系推广到不同的人、环境和时间的程度。实验中控制得越多，即选择控制的变量也越多，外部效度就更有可能受到威胁。与外部效度对应的是内部效度，是指因变量的变化在多大程度上能清楚明确地被归结于自变量的影响，也就是说，如果一项研究的内部效度很高，则可以肯定地说因果关系成立，反之，无法得出因果关系。实地研究的外部效度较高，内部效度较低；而实验室研究情况刚好相反，它的内部效度较高，外部效度较低。内部效度与外部效度必须加以取舍。若内部效度高，则必须接受较低的外部效度，反之亦然。许多时候，研究者为了确保两种效度都有不错的水平，会先在控制较好的实验室中检验因果关系，因果关系一旦确立，再在实地研究中重新检验。

（4）随机变量

如前所述，研究人员不想控制所有条件，那么还能够对实验中的变量做些什么呢？一种可能的选择是允许一些变量随机变化，这些变量被称为随机变量。随机被广泛应用在科学的不同领域中，它是从总体中随机选择一些个体，从而组成具有代表性的样本。随机过程可以使总体中任何一个项目被选中的可能性相同，因此可以保证外部效度，即保证从总体中随机抽取的样本能够推广到整个总体。

在随机变量中，随机一词通常指自变量水平的随机安排。实验室的许多条件与被试个体差异有关。很显然，如果同一批被试接受自变量的不同水平，那么不必担心个体差异。但是，如果自变量的每一个水平上的被试都不同，那么必须确保分配到每一水平上的被试特征不会造成结论的偏差。

随机选择的主要优点在于结果的普遍性。每当选择将一个情境作为控制变量时，则只能将结果推广到该变量的这一个水平。但是，如果在总体中某一条件存在多个水平，并且随机选择样本，那么，可以将结果推广到整个总体。随机安排的主要作用是消除结果偏差。因此，随机化是一个强有力的实验工具。

（5）限制内随机变量

在有些情况下，研究人员可能不想将某一条件变成随机或控制变量。事实上，随机化和控制确定了一个连续体相对应的两端。这两端之间是各种程度不同的随机化。在这种情况下，控制事件安排的一部分并对其他部分进行随机化。

在反应时实验中，练习可能是一个比较重要的变量。如果在实验一开始总是呈现低强度刺激，紧接着全部是高强度刺激的实验，那么，别人可能会认为实验出现了偏差。事实上，对不同强度灯光反应的任何差异都可归因于练习时间的长短。为了避免这一问题，可以控制练习变量并仅仅给每个被试一次实验；或者随机安排低强度刺激和高强度刺激的实验，利用抛硬币来决定实验的呈现，出现头像时呈现高强度灯光，反之呈现低强度灯光。但是，这一选择可能不是最有说服力的，因为它可能导致高低强度刺激的不适当呈现。研究人员会试图使高强度和低强度刺激的实验次数相等。作为一种解决方法，在实验顺序和次数的安排上形成一种限制，使每种类型的实验拥有相同的数量，并在这种限制内进行随机化分配。

（6）混淆变量

不是每个实验都是完美设计的，在许多真实环境中，设计一个完美的实验是不可能的。在这种情况下需要知道什么时候混淆变量构成一种威胁。任何随着实验者操纵自变量而发生系统变化的条件都是混淆变量。

5.2 实验模式

实验模式如图5-1所示，图的左边列出了所有可能影响行为的条件，右边列出了所有潜在的行为测量。图的左上部为所选择的自变量，右上部为所选择的因变量。箭头表示对自变量是否导致因变量的变化进行研究。虽然可以忽视其他行为，但必须确保能够解释其他条件。图中将这些条件划分为控制变量、随机变量、限制内随机变量和混淆变量。在划分变量时应注意，控制增加了结果的内部效度，而降低了它的外部效度；与之相对应的是，随机化降低了结果的内部效度，而增加了它的外部效度。

下面通过可用性测试的实验说明实验模式设计，见图5-2。该实验对信息架构是否能够导致执行任务的效率差异进行研究。选择3种不同的信息架构作为自变量，执行任务的效率作为因变量。在实验过程中，许多变量被设置为控制变量，使它们在整个实验过程中不发生变化，如实验室、用户、测试任务、测试人员等。对其他有些变量没有进行控制，并希望它们以随机方式变化，如实验前一天晚上用户的睡眠情况、实验室外面的天气状况、实验前观看的电视节目、用户的交通方式以及许多其他因素。对用户的居住环境和用户的经验进行了限制内的随机处理，这样可以使不同居住环境、不同经验的用户比例相同。虽然试图将混淆变量变到最小，但有些混淆变量仍然存在，在该实验中布局、字体等为混淆变量，对执行任务的效率有一定影响。

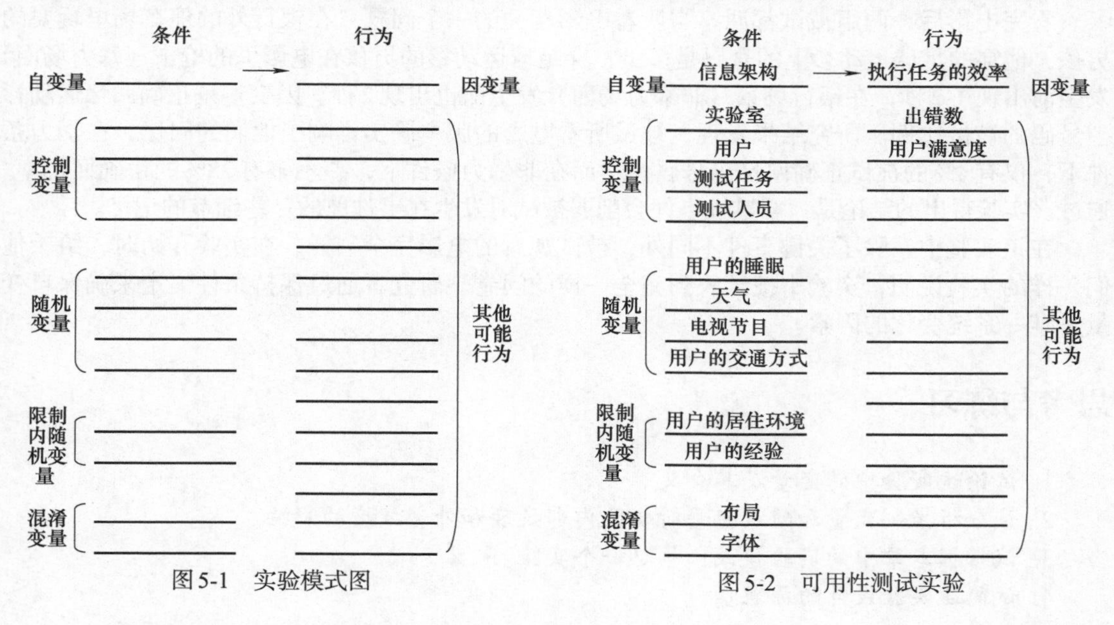

图5-1　实验模式图

图5-2　可用性测试实验

5.3 实验设计原理

做实验的主要原因有两个方面：一是为了检验有关行为原因的假设而做实验；二是帮助研究者确定一个处理或一个程序是否能有效地改变行为。

实验设计的原理体现在以下5个方面：

① 研究者在实验中通过操纵一个自变量来观察它对行为的影响，其影响效果通过因变

量来评估。

② 控制是实验最关键的核心，实验的控制通过操纵、保持条件恒定和平衡获得。

③ 研究者通过实验控制才能确保所观测到的因变量变化是由该自变量引起的，进而才能做出因果推论。

④ 做因果推论需要满足三个条件，即共变、时序关系和其他可能原因的排除。当观察到实验中的自变量和因变量存在关系时，就满足了共变的条件。当研究者操纵一个自变量，然后观察到随后的行为变化时，也就是说行为的变化取决于实验控制，时序关系即确立。可通过使用控制程序，主要是保持条件恒定和平衡，来排除其他可能的原因。当满足因果推论所需的三个条件时，就可以说实验具有内部效度，即自变量引起了所观测到的因变量变化。

⑤ 当发生混淆时，所观察到的共变就存在其他可能的解释，这将降低实验的内部效度。通过保持条件恒定和平衡可排除其他可能的解释。

实验设计原理可通过Loftus和Burns（1982）所做的一个目击行为实验来说明。该实验通过让被试观看一场含有暴力场面的电影，进而调查被试对于震撼性场面开始前几秒钟所呈现信息的记忆。实验在华盛顿大学进行，226名实验参与者被分成若干组，每组被随机分配观看两部电影中的一部。大约有一半的实验参与者被分配看了暴力版的电影，在电影的末尾，参与者看到一个抢银行的劫匪跑向一辆汽车准备驾车逃走，同时转身朝两个追他的男孩开了一枪，男孩中一人面部中枪并倒在血泊中。另一半实验参与者观看了非暴力版的电影，这个版本与那个暴力版在开枪以前的内容是一样的，所不同的是，非暴力版电影末尾播放的是银行经理告诉顾客和员工发生了什么。电影的暴力和非暴力代表了实验中自变量的两个水平。

看完电影后，两组被试都回答与所看电影相关的一个问题：在银行外的停车场里玩耍的男孩，他穿的足球运动衫上的号码是多少？穿足球运动衫的男孩在电影里的枪击（暴力场面）发生前出现了2秒，在银行场景（非暴力场面）发生前也出现2秒。因变量是正确回忆运动衫上号码的被试比例。研究结果发现，被试所看电影的版本确实影响了他们的回忆，在暴力条件下，仅有4%的被试正确回忆出号码；然而在非暴力条件下，差不多有28%的正确回忆率。通过该实验得出的结论是：震撼性事件会削弱被试对发生在事件前的一些细节的记忆。

在该实验中，除了关键事件不同外，被试观看的电影完全一样，在实验开始时，给予他们一样的实验说明，实验中被试收到完全一样的问卷。研究者通过保持条件恒定来确保自变量是唯一系统变化的因素。

思考与练习

1. 试论述实验中的变量及其含义。
2. 试分析控制变量和随机变量对实验内部效度和外部效度的影响。
3. 试根据本章中的实验模式，构思一个实验。
4. 试简述实验设计的原理。

拓展学习

1. Martin D. Doing psychology experiments [M]. Belmont，CA：Thomson Wadsworth，2007.

2. Shaughnessy J J，Zechmeister E B，Zechmeister J S. Research methods in psychology [M]. New York：Michael Sugarman，2012.

第6章 独立组设计

6.1 概述

独立组设计（Independent Design）也称为被试间设计（Between-Subjects Design），指每组被试代表自变量所界定的一种条件（水平）。独立组设计的被试分配如表6-1所示，共有2组被试，每组10人，每组被试代表自变量所界定的一种水平。

表6-1 独立组设计被试分配示例

水平1	水平2
被试1	被试11
被试2	被试12
⋮	⋮
被试10	被试20

独立组设计的优点是被试接受自变量一个水平的处理不会影响到在其他水平上的行为反应。由于被试只需要完成自变量一种水平下的处理，在此水平下可以收集到更多的数据。对于每个被试而言，很容易保证较短时间内的实验时间，因而不大可能疲劳或失去实验兴趣。

独立组设计的缺点是被试分配到自变量不同水平的实验组可能会在某个维度上不对等。只要实验组是由不同人构成，那么它就有可能存在巨大差异。

独立组设计可分为随机组设计、匹配组设计、自然组设计三种情况。

6.2 随机组设计

若一个独立组设计中的平衡是通过将被试随机分配到不同实验条件下获得的，则此设计称为随机组设计。

随机组设计的特点：

① 随机组设计中有比较组，每一个组只接受自变量一种水平的处理，其他方面都相同。

② 随机组设计可使研究者做出自变量对因变量产生影响的因果推论。

③ 将被试随机分配至各条件下，以形成比较组。其作用是为了在操作自变量的各条件下，平衡或平均被试特征和个体差异。

最简单的实验要求具有一个自变量和一个因变量，其中自变量有两个水平，两个不同水平的自变量使因变量出现差异。在独立组设计中，每一组被试参与其中一个水平，即每组彼此独立。

实验法使得研究者能够解释自变量的作用。将被试分成几个比较组，每组仅接受自变量一个水平的处理，除此之外在其他所有方面都相同。因此，从逻辑上讲，两组行为上的任何差异都一定是由自变量变化所导致的。很明显，此逻辑成立的关键在于实验开始时形成比较相似的组。在随机组设计中，操纵自变量变化之前，先将被试随机分配以形成比较组和实验组。随机分配的目的是为了平衡各条件下的个体差异。

随机分配的一种常用程序就是随机区组。使用随机区组时，一个被试被分配到区组的一种条件下，之后第二个被试再被分配到另一条件下。也就是，每次将不同被试分配到一个区组的不同条件下。随机区组设计可以平衡被试的个体差异和实验操作过程中可能发生的混淆，并使每组人数相等。

假设一个实验有5种条件，一个区组就是5种条件的随机顺序中的一种。如果希望5种条件的每一种都有10个被试，那么在区组随机分配表中就会有10个区组，每一区组将按5种条件进行随机分配。具体而言，首先选择参加实验的5人，将每一名随机分配到5种条件中的一种中去。然后再选取5人并把每一个分配到5种条件中的一种中去，以此类推，直到这样做完10次，50名被试的分配程序如表6-2所示。

表6-2　使用随机区组进行被试分配

区组编号	区组内部顺序	被试分配
1	CAEBD	被试01→C、被试02→A、被试03→E、被试04→B、被试05→D
2	EBDAC	被试06→E、被试07→B、被试08→D、被试09→A、被试10→C
3	ACEDB	被试11→A、被试12→C、被试13→E、被试14→D、被试15→B
4	BACED	被试16→B、被试17→A、被试18→C、被试19→E、被试20→D
5	DBEAC	被试21→D、被试22→B、被试23→E、被试24→A、被试25→C
6	CEBDA	被试26→C、被试27→E、被试28→B、被试29→D、被试30→A
7	EDBCA	被试31→E、被试32→D、被试33→B、被试34→C、被试35→A
8	DCAEB	被试36→D、被试37→C、被试38→A、被试39→E、被试40→B
9	BCADE	被试41→B、被试42→C、被试43→A、被试44→D、被试45→E
10	ADEBC	被试46→A、被试47→D、被试48→E、被试49→B、被试50→C

与上述方式相比，一种简洁的方法是使用Excel软件的rand() 函数来完成随机分配过程。

6.3　匹配组设计

如果既想利用被试间设计的优点，又想避免不同实验组之间被试的个体差异问题，可使用匹配组设计，即为自变量的每个水平都分配相同类型的被试。必须依据与因变量高度相关的变量来匹配实验组。当使用了匹配组，统计检验的结果得出的因变量差异更有可能不是由随机误差造成，而是由自变量产生的，即统计检验对自变量引起的任何差异变得更加敏感。

使用匹配组的缺点是匹配实验组要耗费很长的时间，因此造成实验通常被分成两个部分，一部分是前测，另一部分是正式实验。如果计划用大量的被试，使用随机分配的方式造成实验组之间有较大差异的可能性非常小，因此不一定值得花很大力气去进行匹配。

6.4　自然组设计

有的研究者对个体差异变量或者被试变量感兴趣。个体差异变量是在个体间变化的一种特性，宗教信仰就是一种个体差异变量的例子，研究者不可能通过将人们随机分配到天主教、犹太教、佛教等群体中，但可通过系统选择天然归属于这些群体的个体来控制这个变量。

自然组设计通过选择，而不是操纵个体差异变量而形成。自然组设计是一种相关研究，研究者寻求自然组变量和因变量之间的共变。不能根据自然组变量的效应做因果推论，因为群体差异可能存在其他解释。

实验中的自变量究竟是通过选择还是通过操纵得到，这一点非常重要。一个实验中的自变量若是通过选择得到的，如个体差异变量那样，那么这类实验就属于自然组设计。由于道德和现实的制约，不能直接操纵自变量，这时常常使用自然组设计。

6.5 独立组设计的方法选择

独立组设计的方法根据被试组的形成方式（随机、匹配、自然形成）可分为3种方法，即随机组设计、匹配组设计、自然组设计，方法选择的流程如图6-1所示。

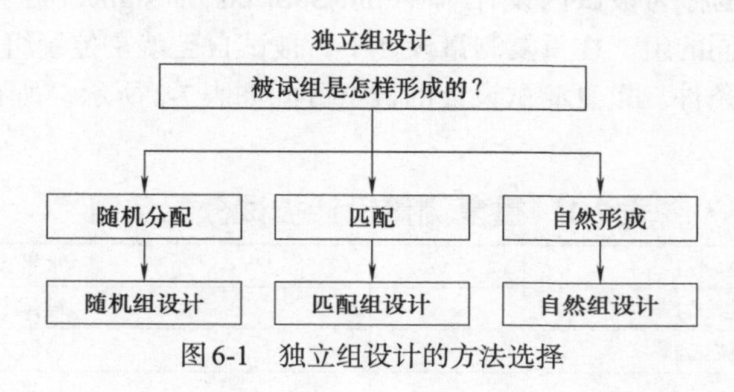

图6-1　独立组设计的方法选择

思考与练习

1. 独立组设计的优点和缺点分别是什么？
2. 随机组设计、匹配组设计、自然组设计的区别是什么？

拓展学习

1. Martin D. Doing psychology experiments [M]. Belmont，CA：Thomson Wadsworth，2007.

2. Shaughnessy J J，Zechmeister E B，Zechmeister J S. Research methods in psychology [M]. New York：Michael Sugarman，2012.

第7章 重复测量设计

7.1 概述

独立组设计是研究自变量作用的强有力工具，然而有时如果能让每一个被试参与到所有的实验条件中去的话，实验将会更加有效。这样的设计被称为重复测量设计（Repeated Measures Design），也称为被试内设计（Within-Subjects Design）。在独立组设计中，控制组与实验处理组是不同的组。在重复测量设计中，被试自己就是控制组，因为他们既参与实验条件，也参与控制条件。重复测试设计的被试分配如表7-1所示，所有的10名被试均参与两种实验条件。

表7-1 重复测量设计被试分配示例

水平1	水平2
被试1	被试1
被试2	被试2
⋮	⋮
被试10	被试10

（1）重复测量设计的优点

① 实践上的优点　实验所需的被试较少。假如被试内设计共需要N个被试，那么，两水平的被试间设计则需要$2N$个被试，三个水平则需要$3N$个被试。当被试数量很少时，被试间设计可能找不到足够能满足实验要求的被试，此时就必须要使用被试内设计。

② 统计上的优点　在推论统计中，实验者试图从自变量不同水平上得到的结果去推断数据的差异是由行为反应上真实存在的差异造成的，还是由随机误差造成。被试内设计的统计优势在于：它是将被试间个体差异降到最小的绝佳方法。通过使用被试内设计，可以在主观上和统计检验上更确信，自变量不同水平之间的反应差异是真实存在的差异。

（2）重复测量设计的缺点

重复测量设计的主要缺点是：一旦被试接受了自变量某个水平的处理之后，不可能再将被试变为接受处理前的状态，接受实验处理会产生不可逆转的改变，即练习效应。只有当练习效应能够在重复测量实验的不同条件间得到平衡，重复测量设计实验的自变量效果才具有可解释性。

（3）适合采用重复测量设计的情况

① 重复测量设计需要的被试少，所以仅有很少数量的被试时，这样的设计是非常理想的。甚至当被试的数量足以进行独立组设计时，研究者也会使用重复测量设计，因为重复测量设计常常更加方便和高效。

② 重复测量设计通常比独立组设计更加灵敏，实验的灵敏度是指实验能够探测出自变量对因变量产生作用的能力。通常群体间的差异要比群体内的差异大，因此重复测量设计中

误差变异较小。误差变异越小，就越容易检测自变量的效果。重复测量设计的这种高灵敏度，很适合研究自变量对行为仅有很小影响的情形。

③ 当研究问题所涉及被试的行为在时间维度上发生变化时，比如说学习实验，就需要使用重复测量设计。另外，一旦实验程序需要被试比较两个或更多刺激的相互关联时，也必须使用重复测量设计。

7.2 练习效应

在重复测量设计中，不存在由个体差异变量导致的混淆，这是重复测量设计的一个非常大的优点。但被试状态可能随着时间而发生变化，这可能会对内部效度产生威胁。重复测量设计中对被试的重复测试，使被试能够练习实验任务。作为练习的结果，被试可能会因为对任务更加了解而能够越来越好地完成任务；也可能会因为疲劳和枯燥感等因素而使得他们的表现越来越差。被试在重复测量设计中发生的这些变化，被统称为练习效应。通常，在重复测量设计中，应该平衡各个实验条件间的练习效应。使用重复测量设计法进行实验的关键是要学会使用合适的方法来平衡练习效应。

针对练习效应，重复测量设计有两种不同的类型，即是完全设计和不完全设计。在完全设计中，每一个被试的练习效应都得到了平衡，这种平衡是让每一个被试经历几种条件下的操作且每次所使用的顺序不同。在不完全设计中，每一条件对每个被试只执行一次，且执行条件的顺序在被试之间有所不同，这样结合所有被试的结果时，不完全设计中的练习效应就得到了平衡。

7.3 完全重复测量设计

完全重复测量设计是通过在被试内使用随机区组法或ABBA抵消平衡法来平衡练习效应的。在随机区组法中，实验条件以随机的方式排序；在ABBA抵消平衡法中，实验条件先以一种随机排序呈现，然后再呈现相反的顺序。当练习效应呈非线性时，或者当被试成绩会被期望效应影响时，随机区组法比ABBA抵消平衡法更好。

（1）随机区组法

随机区组法可以在完全设计中用来对每一个被试的实验条件进行排序。通常，一个随机表的区组的数量是与每种条件被执行的次数相同，每个区组的大小是与实验中条件的数量等同的。例如，假设共有3种实验条件，分别为A、B、C，每种实验条件都对每一个被试呈现18次。表7-2中展示了怎样利用随机区组法对3种实验条件进行排序，其中54个实验序列被分解成3种实验条件的18个区组，每一个实验区组包括以随机顺序呈现的3种实验条件。

表7-2 利用随机区组法对3种实验条件进行排序

区组	实验	条件	区组	实验	条件
1	1	A	2	4	C
	2	B		5	A
	3	C		6	B

续表

区组	实验	条件	区组	实验	条件
3	7	C	11	31	C
	8	A		32	B
	9	B		33	A
4	10	B	12	34	A
	11	A		35	C
	12	C		36	B
5	13	A	13	37	B
	14	B		38	C
	15	C		39	A
6	16	C	14	40	A
	17	B		41	C
	18	A		42	B
7	19	C	15	43	C
	20	B		44	A
	21	A		45	B
8	22	B	16	46	C
	23	C		47	B
	24	A		48	A
9	25	C	17	49	A
	26	B		50	C
	27	A		51	B
10	28	A	18	52	C
	29	B		53	A
	30	C		54	B

（2）ABBA抵消平衡法

随机区组法在平衡练习效应时是有效的，但是在平衡掉练习效应前，每种条件必须重复好几次。为了使随机区组有效，通常需要对每种条件进行足够次数的实验，当这样做不可能时，可以采用ABBA抵消平衡法。ABBA抵消平衡法采用最简单的形式，仅仅需要对每一种条件进行两次操作，就可以在完全设计中平衡练习效应。ABBA抵消平衡法首先以一种序列呈现条件，如先A后B，然后再用相反的顺序呈现，如先B后A。这一名称指的是当实验中仅有两种条件（A和B）时的序列，但是ABBA抵消平衡法并不限于只有两种条件的实验，当有三种条件时，应该采取ABCCBA的序列。

当练习效应是线性的时候，适合于使用ABBA抵消平衡法。如果练习效应是线性的，那么每个连续实验的练习效应就具有同样的大小。表7-3中“练习效应（线性）”的一行说明ABBA抵消平衡法是如何平衡练习效应的。在这个例子中，共有A、B、C三种实验条件，每次实验后都加了1个“单元”的假定练习效应。因为第一个实验没有练习效应，所以加在实验1上的练习效应量是0。实验2加了1个单元的练习效应，这是因为被试经历了第一个实验。实验3加了2个单元的练习效应，这是因为被试经历了前两个实验，依此类推。通过合计每种条件的练习效应值，可以对练习效应的影响有所了解。例如，A条件下得到的练习效应是极值（0和5），B条件下得到的是中间值（1和4），C条件得到的是中间值（2和3），三种条件的假定练习效应和都为5。ABBA循环能够应用于任何数量的条件下，但是每一种条件重复的次数必须为偶数。

表7-3　在3种条件的实验中练习效应的抵消平衡序列

条件	实验1	实验2	实验3	实验4	实验5	实验6
	A	B	C	C	B	A
练习效应(线性)	0	1	2	3	4	5
练习效应(非线性)	0	6	6	6	6	6

虽然ABBA抵消平衡法提供了一种平衡练习效应的简单方法，但是它也有局限性。例如，当一个任务的练习效应是非线性的时候，ABBA抵消平衡法是无效的。这在表7-3中“练习效应（非线性）”一行中可以看出。在这个例子中，A条件一共收到了6个单元的假定练习效应（0和6），B条件和C条件都收到了12个单元的假定练习效应（6和6）。当练习效应最初发生急剧变化，随后变化很小的时候，研究者常常忽略早期实验中的表现，而一直等待练习效应达到“稳定状态”。为了达到稳定状态，可能需要对每种条件进行几次重复，在这种情况下研究者可使用随机区组法来平衡练习效应。

当期望效应发生时，ABBA抵消平衡法也是无效的。当一个被试能预期序列中下一个刺激条件是什么时，期望效应就发生了。此时应该使用随机区组法而非ABBA抵消平衡法。

7.4　不完全重复测量设计

在不完全重复测量设计中，练习效应在多个被试间进行平衡，而不是像完全重复测量设计那样在每个被试内进行平衡。在不完全重复测量设计中平衡练习效应的规则是，实验的每一个条件在每个序列位置上呈现的可能性必须相等。

在一个不完全重复测量设计中，通过改变目标的呈现顺序来平衡练习效应是非常重要的，通常采用的平衡规则是实验的每一个条件在每一个序列位置上出现的可能性必须相等，相关的方法包括所有可能顺序法和选择顺序法。无论所有可能顺序法还是选择顺序法，被试都应该被随机分配到不同的序列中。

7.4.1　所有可能顺序法

在不完全设计中平衡练习效应最好的方法是把所有可能的顺序都考虑到，每个被试被随机分配到一种顺序中。两个条件就只有两种可能的顺序（AB和BA）；3个条件有6种可能的顺序（ABC、ACB、BAC、BCA、CAB、CBA）。如有*N*个条件的话，就有*N*! 种可能的顺序。当拥有4个或4个以下条件时，在不完全设计中用来平衡练习效应的最好方法是使用所有可能顺序法。

在决定使用所有可能顺序法时，还要注意到另外一个问题，即每个被试必须在所有可能的条件顺序中被测试。因此，使用所有可能顺序法要求至少要具有和所有可能顺序一样多的被试数，也就是说，如果实验有4个条件，至少必须测试24个被试（或者48个，或者72个，或者是24的其他倍数），见表7-4。这种约束条件要求在测试前就应该明确参与实验的被试数量。

表7-4　不完全重复测量设计中平衡练习效应的方法

所有可能顺序法								选择顺序							
								拉丁方				轮转的随机开始顺序			
序列位置				序列位置				序列位置				序列位置			
第1	第2	第3	第4	第1	第2	第3	第4	第1	第2	第3	第4	第1	第2	第3	第4
A	B	C	D	C	A	B	D	A	B	C	D	B	C	D	A
A	B	D	C	C	A	D	B	B	D	A	C	C	D	A	B
A	C	B	D	C	B	A	D	D	C	B	A	D	A	B	C
A	C	D	B	C	B	D	A	C	A	D	B	A	B	C	D
A	D	B	C	C	D	A	B								
A	D	C	B	C	D	B	A								
B	A	C	D	D	A	B	C								
B	A	D	C	D	A	C	B								
B	C	A	D	D	B	A	C								
B	C	D	A	D	B	C	A								
B	D	A	C	D	C	A	B								
B	D	C	A	D	C	B	A								

7.4.2　选择顺序法

在有的情况下，使用所有可能顺序是不切实际的。例如，如果想要使用不完全设计来研究具有7个水平的自变量，若使用所有可能顺序法，每个被试参与7种条件的一种可能顺序，则需要有7!（5040）名被试。显然，如果有5个或者更多条件，还想要使用不完全设计的话，就必须使用一种能够代替所有可能顺序法的方法。

仅仅使用所有可能顺序中的一部分顺序也能平衡练习效应。所选择顺序的数量应该都是实验条件数量的倍数。例如，要做一个自变量有7个水平的实验，则需要选择7个、14个、21个、28个或者7的其他倍数来平衡练习效应。选择顺序法可细分为拉丁方、轮转的随机开始顺序、随机化实验顺序等3种方法。

（1）拉丁方

第一种使用选择顺序法来平衡练习效应的方法是拉丁方。在一个拉丁方中，满足了对练习效应平衡的一般规则，即每一条件在每个不同序列位置上出现一次。例如，从表7-4的拉丁方中可以看到，“A”在第一个、第二个、第三个、第四个序列位置上分别仅仅出现了一次，每个条件都是如此。另外，在一个拉丁方中，每个条件先于和后于其他条件的次数也仅有一次。例如，在表7-4的拉丁方中，“AB”顺序仅仅出现一次，“BA”也出现一次；“BC”顺序仅仅出现一次，“CB”也出现一次，等等。

（2）轮转的随机开始顺序

使用选择顺序法来平衡练习效应的第二种方法要求以一种随机顺序开始，并且系统地轮转这种序列，使每一种条件每次向左移一个位置（见表7-4右边的例子）。使用经过轮转的随机顺序能有效地平衡练习效应，因为每种条件在每个序列位置上都出现一次，如同拉丁方一样。但是，序列系统地轮转意味着每个条件总是出现在相同的另一个条件之前或之后，这与拉丁方是不同的。

（3）随机化实验顺序

使用选择顺序法来平衡练习效应的第三种方法是随机化实验顺序，该方法对实验顺序进行随机处理，当实验条件较多时，该方法非常有效。如在一个重复测量设计中，有六种实验条件，则共有720（6！=720）种不同序列，可采用随机化实验顺序选取部分序列以平衡练习效应，表7-5为前10名参与者随机化实验条件的顺序。当随机化实验顺序时，事实上不是保证每种条件在实验中优先和尾随其他各条件出现的次数相同，而是相信，一个随机序列能使练习效应对每种实验条件的影响大致相等。

表7-5　随机化的实验顺序

被试	顺序
被试1	CDAEFB
被试2	BDFACE
被试3	FDBAEC
被试4	ACBFDE
被试5	FADEBC
被试6	ABFCED
被试7	EDBFAC
被试8	CDBFEA
被试9	DAEBFC
被试10	EFCDBA

所有可能顺序、拉丁方、轮转的随机开始顺序、随机化实验顺序这四者在平衡练习效应时同样有效，因为所有的方法都保证了每个条件在每个序列位置上出现的可能性相等。无论使用哪种方法来平衡练习效应，都应该在测试被试前充分准备好条件出现的序列，而且保证被试被随机分配到这些序列中去。

7.5　重复测量设计的方法选择

重复测量设计根据每位被试在每一个水平接受处理的次数是一次还是多次可分为不完全重复测量设计和完全重复测量设计，其中不完全重复测量设计根据实验条件数量是否超过4个可分为所有可能顺序法和选择顺序法，完全重复测量设计根据期望效应是否存在可分为随机区组法和ABBA抵消平衡法。方法选择的流程如图7-1所示。

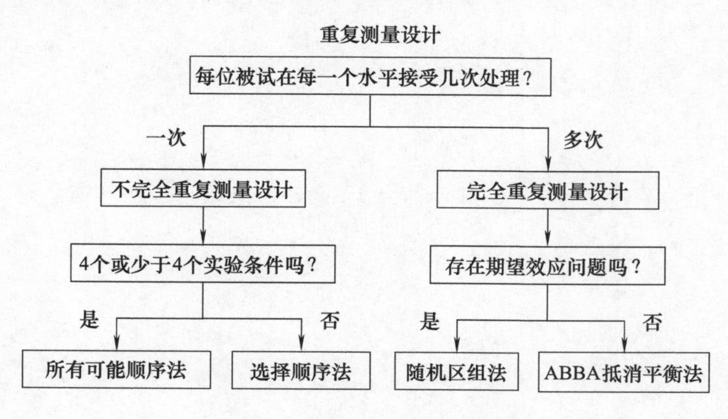

图7-1　重复测量设计的方法选择

思考与练习

1. 重复测量设计的优点和缺点分别是什么？
2. 什么是练习效应？
3. 随机区组法和ABBA抵消平衡法的区别是什么？
4. 所有可能顺序法和选择顺序法的区别是什么？
5. 选择顺序法可以细分为哪些方法？它们之间有何区别？

拓展学习

1. Martin D. Doing psychology experiments [M]. Belmont, CA: Thomson Wadsworth, 2007.

2. Shaughnessy J J, Zechmeister E B, Zechmeister J S. Research methods in psychology [M]. New York: Michael Sugarman, 2012.

3. Harris P. Designing and reporting experiments in psychology [M]. Maidenhead: Open University Press, 2008.

第8章
复合设计

8.1 概述

在一个实验中采用两个或两个以上自变量的实验设计称为复合设计（Complex Design）。复合设计中因子组合可使研究人员确定每一自变量的主效应和各自变量水平相结合的交互作用，复合设计的首要优势就是可以使研究者观察自变量之间的交互作用。复合设计涉及自变量不同因子的组合，也被称为因子设计、因素设计、或析因设计（Factorial Design）。

一个复合设计实验具有两个或两个以上的自变量。在复合设计中，每一个自变量都可以通过独立组设计或重复测量设计研究。当一个复合设计既包含一个独立组变量也包含一个重复测量变量时，这种设计被称为混合设计（Mixed Design）。

一个最简单的实验设计必须具有一个两水平的自变量；同样，最简单的复合设计应该有两个自变量且每个自变量具有两个水平。通过确定实验中每一自变量的水平，就可以确定复合设计的结构。2×2实验设计（读成“2乘2实验设计”）就是一个最基本的复合设计。理论上，由于一个研究可以包含任意多个自变量，而每一自变量也可以取任意多个水平，因此一个复合设计的总实验条件数可以是无穷大的。然而，实际上一个实验包含4个或5个以上自变量就已经不常见了，一个典型的实验常包含2个或3个自变量。

在复合设计中，实验条件的数目等于每个自变量的水平数之积。增加自变量的水平数或者包含更多的自变量个数可以使复合设计检验力更大，效率更高。例如，一个3×4×2实验设计包含三个自变量且分别具有3、4和2个水平，因此共包含24个实验条件。当实验中自变量的个数从2变为3时，复合设计的检验力和复杂性会有实质性的增加。两因素设计只能有一个交互作用，但在三因素设计中每一个自变量均可以与其他自变量出现交互作用以及三个自变量一起也可以出现交互作用。因此，把一个两因素设计变为三因素设计可以产生4种不同的交互作用。如果三个自变量以符号A、B、C表示，那么三因素实验设计可允许检验A、B、C的主效应；A×B、A×C、B×C的二元交互作用以及A×B×C的三元交互作用。

8.2 主效应和交互作用

（1）概述

在复合设计中，每一自变量的总效应被称为主效应，它表示一个自变量的每一水平在第二个自变量水平上平均值的差异。在任何复合设计实验中，可以在不考虑其他自变量效应的情况下，就每一自变量的总效应检验各假设。

交互作用是指一个自变量的效应在第二个自变量的某些或全部水平上存在差异。当第一个自变量与第二个自变量存在交互作用时，第二个自变量也一定与第一个自变量存在交互作用，也就是说，自变量的顺序并不重要。

如果说主效应是简单的差异，那么交互作用就是差异的差异。

（2）案例

对于65岁和25岁的用户阅读字体为10号和12号文本时的速度进行研究，实验共有2个自变量和1个因变量，具体如下：

自变量1：用户年龄（共两个水平，分别为：65岁、25岁）。

自变量2：字体大小（共两个水平，分别为：10号、12号）。

因变量：阅读速度。

假设实验结果如图8-1所示。

该研究有三个典型问题需要考虑：字体大小是否有效应？用户年龄是否有效应？一个自变量的作用是否取决于另一个自变量的不同水平？为了易于解释实验结果，假设可以看到的效应都是显著的。

① 字体大小主效应　为了确定字体大小的主效应，需要忽略年龄的任何效应。可在实验结果图中，针对每一个字体大小找到处于两个年龄组数据点的中间位置，如图8-2中的“×”，即“×”代表在平均了年龄的情况下，字体大小产生的效应，就像年龄根本没有被操控。由于两个“×”之间的差异，因此字体大小之间存在主效应。

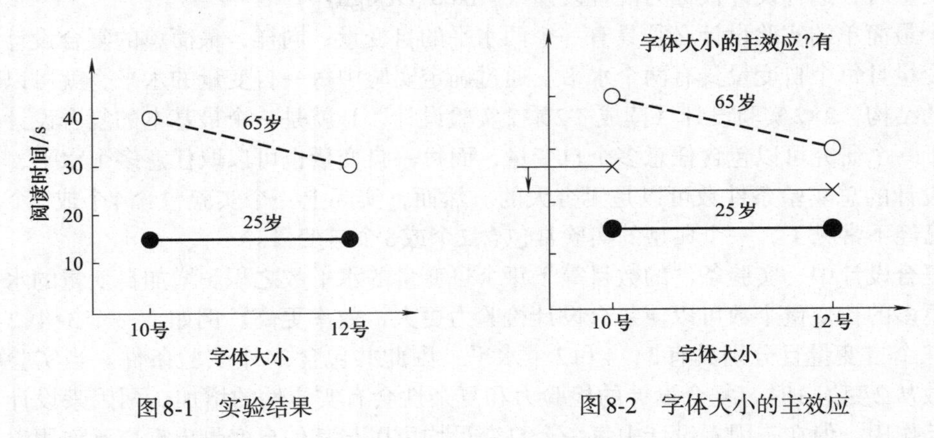

图8-1　实验结果　　图8-2　字体大小的主效应

② 年龄主效应　年龄主效应的确定与字体大小主效应的确定相似。在图8-3中，“×”代表在平均字体大小的情况下，年龄产生的效应，就像字体大小没有被操控。由于两个“×”之间的差异，因此年龄之间存在主效应。

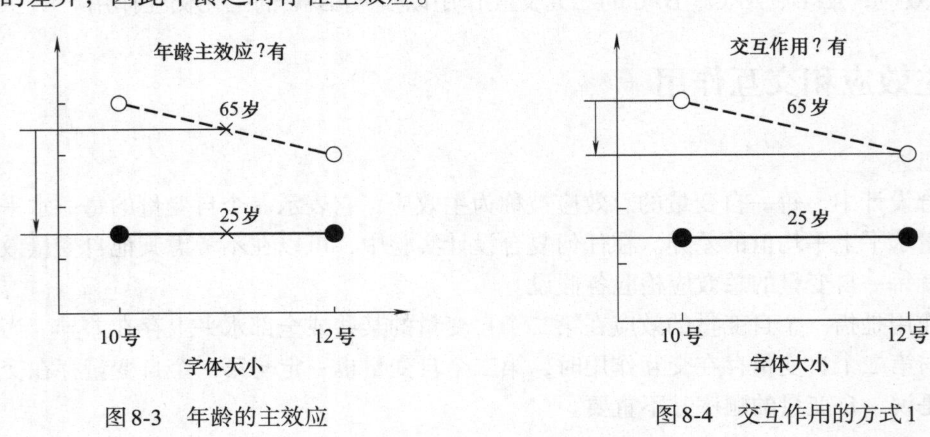

图8-3　年龄的主效应　　图8-4　交互作用的方式1

③ 交互作用　对于交互作用是否存在可思考下面的问题：字体大小对阅读时间的效应取决于年龄吗？

字体从10号变到12号时，对每个年龄组产生的效应：对65岁而言，阅读时间减小；对25岁而言，时间没有变化，因此存在交互作用，见图8-4。

也可从另外一个维度思考，即年龄对阅读时间的效应取决于字体大小吗？

年龄从65岁变到25岁时，对每个字体大小产生的效应：对10号字而言，阅读时间减小的幅度较大；对12号字而言，时间减小的幅度较小，因此存在交互作用，见图8-5。

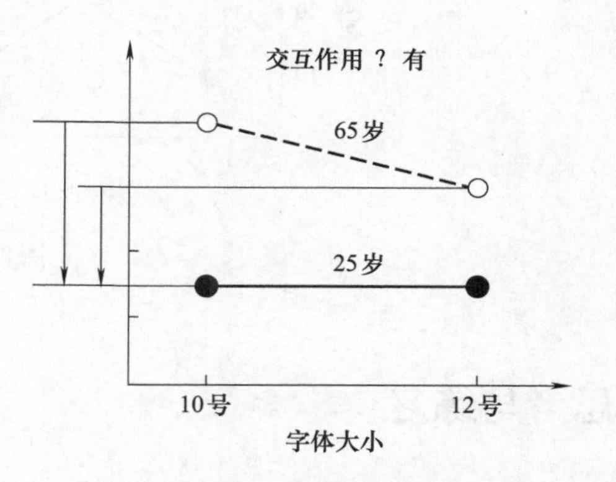

图8-5　交互作用的方式2

（3）案例的进一步思考

假设实验结果分别如图8-6~图8-8所示，请思考其主效应和交互作用是否存在，答案见每幅图的右侧。

从上面的实验结果图可以看出，非平行线表明存在交互作用，平行线表明不存在交互作用，但交互作用需要统计推论来确认。一般情况下，当存在相交的交互作用（Crossover Interaction）时，即两条线是相交的，主效应比较难以解释。事实上，此时主效应已经没有什么意义了。

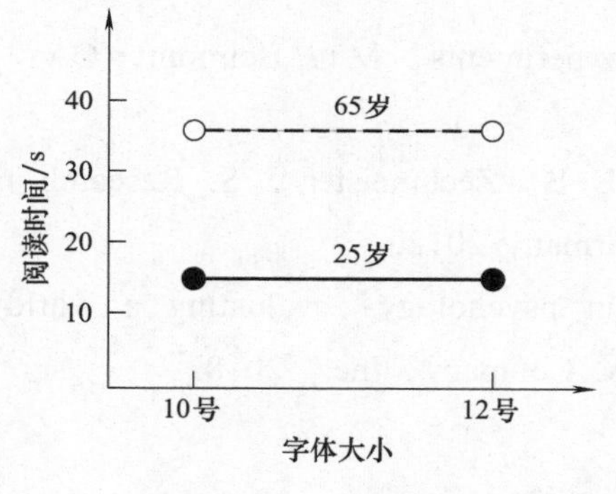

图8-6　实验结果1

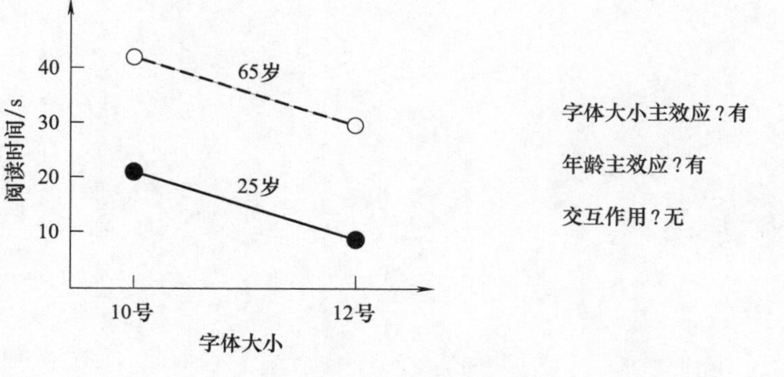

图8-7　实验结果2

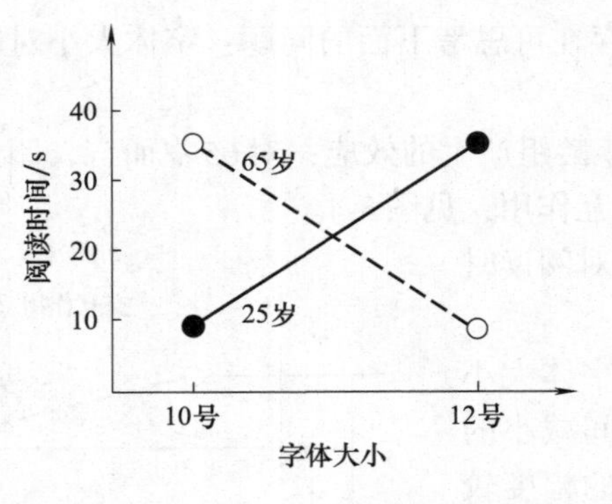

图8-8　实验结果3

思考与练习

1. 什么是复合设计？什么是混合设计？

2. 什么是主效应？什么是交互作用？

拓展学习

1. Martin D. Doing psychology experiments［M］. Belmont，CA：Thomson Wadsworth，2007.

2. Shaughnessy J J，Zechmeister E B，Zechmeister J S. Research methods in psychology［M］. New York：Michael Sugarman，2012.

3. Morling B. Research methods in psychology：evaluating a world of information［M］. New York，NY：W. W. Norton & Company，Inc.，2018.

第9章 实验结果的报告与分析

9.1 数据分析的三个阶段

9.1.1 了解数据

（1）概述

数据分析的第一阶段是检查数据的整体特征，对数据进行必要的“清理”，认真检查数据中存在的错误，如数据缺失、数据超出量表范围。数据出错可能是因为被试在测量时误用了量表，或者在将数据输入电脑的过程中遗漏或颠倒了数字的位置等。当一个异常数据很明显是错误数据时，研究者应该将它改正过来或者将其剔除。但是，如果研究者剔除了数据，就必须在实验结果中予以报告，如果可能的话还应该解释数据为何出错。

认识一组数据最好的方法是对数据绘图，如绘制茎叶图、柱状图等。其中茎叶图对于了解数据总体和探测极端值非常有效，茎叶图最为重要的优点是它能清晰地显示出整体分布的形状，并且便于发现极端值。茎叶图横过来之后就是柱状图，但是它比柱状图有更多的优势，因为在茎叶图中每一个数值都能够被看到，因此不会遗失特定信息，而柱状图则做不到这一点。

（2）案例

对实验参与者完成某一任务的时间数据进行整理，结果如表9-1所示，其茎叶图见图9-1。

表9-1 实验参与者完成任务的时间

实验参与者	任务完成时间/s
P1	34
P2	33
P3	28
P4	44
P5	46
P6	21
P7	22
P8	53
P9	22
P10	29
P11	39
P12	50

```
Frequency    Stem &  Leaf

    5.00        2.12289

    3.00        3.349

    2.00        4.46

    2.00        5.03

Stem width:     10.00

Each leaf:      1 case(s)
```

图9-1　使用茎叶图展示实验数据

9.1.2　概括数据

数据分析的第二阶段是概括数据，通常需要汇报数据的集中趋势和离散趋势。

(1) 集中趋势

集中趋势测量包括平均数（Mean）、中位数（Median）和众数（Mode），它们表明了数据向某一个值集中的趋势。

① 平均数　平均数是集中趋势中最为常用的一种，它通过用所有数值之和除以所有数值的个数得到。一般通过平均数来报告集中趋势，但是在分布中有极端值时除外。

② 中位数　中位数是频率分布中的中间点，其计算方法为：将所有数值按照从高到低排列，然后找到将数据从中间平均分为两部分的数，该数即为中位数。当数据的个数为奇数时，中位数为中间的一个数值；当数据的个数为偶数时，中位数为中间两个数值的平均值。

当整个数据分布中存在极端值时，中位数是对集中趋势的最佳描述，其原因是与平均数相比，中位数较少受到极端值的影响。

③ 众数　众数是对集中趋势最为粗糙的测量，它指出了在所得数据中哪一个值出现的次数最多。

针对表9-1中的完成任务时间数据，其集中趋势的指标值见表9-2。

表9-2　数据的集中趋势

平均数	35.08
中位数	33.50
众数	22

(2) 离散趋势

在报告集中趋势的时候，需要同时报告离散趋势。离散趋势反映的是数据分布的广度或者变异性，包括3种主要量数：极差（Range）、标准差（Standard Deviation）和方差（Variance）。

① 极差　极差是对变异性最笼统的测量，是通过数据分布中的最大值减去最小值来计算。

② 标准差　标准差表示一个数据组中变异性的平均数量，是离散趋势最常用的量数，标准差的定义式为：

$$s=\sqrt{\frac{\sum\left(X-\overline{X}\right)^{2}}{N-1}} \tag{9-1}$$

式中，s为标准差；X为个体的原始分数；$\overline{X}$为样本平均数；N为样本大小。

③ 方差　方差是标准差的平方，它是在许多统计公式中实际应用的变异性量数。

针对表9-1中的完成任务时间数据，其离散趋势的指标值见表9-3。

表9-3　数据的离散趋势

极差	32.00
标准差	11.24
方差	126.45

9.1.3　用置信区间来判断数据所反映的意义

在数据分析的第三阶段，希望能够证实在熟悉和概括数据时所获得的印象，这一阶段的主要任务是计算总体参数的置信区间。

（1）置信区间的定义

从总体中抽取一个随机样本，其平均数就是对总体平均数的一个点估计。通过计算置信区间，确定了一个值域后，则有一定的信心说总体平均值是落在这个值域范围之内的。定下的范围越大，则确信平均值落于其间的信心就会越高。但是，置信区间越大，能够得到的关于平均值的确切信息就越少。

置信区间以对总体平均值的点估计值（$\overline{X}$）为中心，95%置信区间的上限值和下限值可分别通过式（9-2）、式（9-3）计算：

$$95\%\text{置信区间上限值：}\overline{X}+\left[t_{0.05}\right]\left[s_{\overline{X}}\right] \tag{9-2}$$

$$95\%\text{置信区间下限值：}\overline{X}-\left[t_{0.05}\right]\left[s_{\overline{X}}\right] \tag{9-3}$$

式中，$s_{\overline{X}}$为平均数的标准误，$s_{\overline{X}}=\dfrac{s}{\sqrt{N}}$；$t$统计量由自由度来决定，对单一样本平均数，自由度为$N-1$。需要注意的是，在计算置信区间时，$\alpha=1-$置信水平，所以对于95%的置信区间来说，$\alpha=1-0.95=0.05$。

置信区间越窄，对总体均值的区间估计就越好。通过上下限的公式可以看到，区间的宽度取决于t统计量和平均数的标准误。这两个值都与样本容量有关，当样本容量增大时，两者都减小，因此增加样本容量将提高对均值估计的准确性。

（2）置信区间计算案例

针对表9-1的任务完成时间数据，共包含12名实验参与者（N=12），得到平均时间为35.08，样本标准差为11.24。

首先，计算平均数的标准误：

$$s_{\overline{X}}=\frac{s}{\sqrt{N}}=\frac{11.24}{\sqrt{12}}=3.25$$

然后，获取关键的t值。因为有12名实验参与者，与t相关的自由度为11（12−1=11）。α为0.05且自由度为11时，t值为2.20，该值可在Excel中通过函数“TINV（0.05，11）”获取。

根据式（9-2）和式（9-3），有：

95%置信区间上限值=35.08+2.20×3.25=42.23

95%置信区间下限值=35.08−2.20×3.25=27.94

可以说，27.94~42.23这个区间有95%的可能性包含了总体平均数。

9.2 统计显著性检验与分析

9.2.1 显著性检验

统计推论是通过特定样本对总体进行一般推论，需要建立零假设，零假设认为自变量没有效应。当提出零假设后，就可以用概率论确定实验中由误差引起变异的可能性有多大，如果可能性低，就拒绝零假设，并得出自变量对因变量的确产生了效应的结论。拒绝零假设所依据的结果是统计显著性。

统计结果显著说明零假设为真的可能性很小，但是小到多大才可以接受呢？在科学研究领域，多数学者认为，如果零假设为真的概率小于5%（0.05），那么就可以判断为在统计上是显著的。将在统计上显著的概率称作显著性水平，显著性水平用希腊字母α表示，0.05水平就用α=0.05表示，显著性水平应在进行统计分析之前确定。推论统计有两种结果：拒绝零假设，或者是无法拒绝零假设。

在进行推论统计和以概率为决策依据的过程中，犯错误是难免的。表9-4中列举了研究者可以获得的两种结果和两种正确决策。两种结果是自变量有或无可能影响行为，如果自变量产生了效应，那么研究者就应当拒绝零假设；如果自变量没有产生效应，那么研究者就不能拒绝零假设。该表还列举了两类错误（Ⅰ类错误和Ⅱ类错误），这些错误的产生是由统计推论的概率性质决定的。显著性水平代表犯Ⅰ类错误（Type Ⅰ Error）的概率，即拒绝了真实的零假设，可以通过提高显著性水平的方法来降低Ⅰ类错误，如将常用的α=0.05的较宽标准，进行更加严格的要求，提高到α=0.01。但这种做法的问题是它增加了Ⅱ类错误（Type Ⅱ Error）的可能性，即零假设为假时却没有拒绝。

表9-4 推论统计中可能的决策结果

项目	两种结果	
	零假设为假	零假设为真
拒绝零假设	正确决策	Ⅰ类错误
未拒绝零假设	Ⅱ类错误	正确决策

研究者在描述实验的统计显著性结果时很少用“证实”，而是用“与假设一致”“验证假设”或“支持假设”等表述方法，这些表述方式中暗含着Ⅰ类错误和Ⅱ类错误总是存在的意思。0.05的显著性水平是一个折中的取值，它在两类错误中达到平衡，避免其中某一类错误太大。

9.2.2 统计检验的效力

统计检验的效力（Power）是指当零假设为假时，它被拒绝的概率。零假设是“没有差异”，当自变量产生了效应，即零假设为假，那么就应该拒绝。统计检验的效力可以看成是“1减去Ⅱ类错误的概率”。

效力说明了实验能够检测到自变量对因变量真实效应的能力，即研究者在多大程度上能够“看见”实验效应。实验的效力越大，它能检测到的最小效应就越小。即通过高效力的实验，可以发现自变量对因变量极小的效应；而低效力的实验可能检测不到自变量对因变量很强的效应。

效力的大小介于0~1之间。效力为0，表示自变量对因变量有效应，但实验检测不到；效力为0.25，表示自变量对因变量有效应，实验有25%的概率检测到，即100次重复研究中只有25次能够观察到实验效应；效力为0.70，表示实验有70%的概率检测到自变量对因变量的效应。一般情况下，效力值达到0.70以上，实验设计才有现实意义。

理论上增加实验效力的方法包括：增加效应大小、放宽显著性水平、采用单尾检验、使用参数检验、增加参与者数量、使用重复测量设计等。使用重复测量设计可以增加实验效力，这是因为这可以减少背景变异，增加实验对效应的检测能力，即增加了效力。增加参与者的数量是增加效力的一种直接方法，尤其适用于独立组设计。经常利用效力计算来估算所需的参与者数量，也可通过样本量的大小对效应大小做一些推测。此外，可通过软件或查表获得效应大小、效力、以及样本数量。

9.3 两个平均数比较与效应大小

9.3.1 两个平均数比较

（1）概述

两个平均数的比较分为两种情况，分别是独立样本的t检验和重复测量的t检验。当比较两组被试的平均数时，最恰当的推论统计检验方法是独立样本的t检验。当比较同一组被试的两个平均数时，最恰当的推论统计检验方法是重复测量的t检验。

（2）案例

对某产品的两个不同设计方案，围绕用户满意度进行研究，实验采用独立组实验设计方法，共邀请了60位实验参与者，将其随机分成2组，每组30名实验参与者，每组实验参与者测试一种设计方案，实验结果如表9-5所示。

表9-5　针对两个不同设计方案的实验数据

设计方案A			设计方案B		
9	3	8	8	3	6
2	4	10	5	5	4
1	2	1	9	7	7
10	3	6	9	4	2
1	5	4	7	5	4
2	5	8	4	6	3
8	7	5	6	7	8
7	5	5	5	6	8
3	4	1	2	4	7
3	5	1	5	2	8

设计方案A测试数据的平均数为4.600，方差为7.697；设计方案B测试数据的平均数为5.533，方差为4.257。

对上述数据采用独立样本的t检验进行分析，结果如下：

$$t(58)=-1.479，p=0.145$$

其中，p为0.145，大于0.05，表示对零假设的任何检验来说，两个群体的差异是由于随机因素的可能性大于5%，即差异非显著。

9.3.2 效应大小

效应大小（Effect Size）是指实验中不同条件之间的差异幅度。在保证其他实验条件相同的条件下，自变量影响越大，分数之间的差异就会越大，效应就会越大。效应大小就是自变量对因变量的影响程度。在两种条件的实验研究中，效应大小是指不施加自变量操作与施加自变量操作这两种条件下的差异。

当做实验时，研究人员感兴趣的是自变量到底有没有效果，如果有效果的话，效果到底有多大。对效应大小的测量是非常重要的，因为它使研究人员能够了解在排除了样本大小作用的情况下，自变量与因变量之间的关系强度究竟如何。

在实验研究中，常用的测量效应大小的方法是Cohen（1988）提出的d值，它是将自变量水平平均数之间的差异除以组内标准差得到的一个比率。

$$d = \frac{\overline{X}_1 - \overline{X}_2}{\sigma} \tag{9-4}$$

如果有很大的组内变异，即组内标准差很大时，d的分母就会很大。为了能够观察到自变量的效应，在较大组内变异的情况下，两组平均值之间的差异一定要大。当组内变异比较小，同等大小的均数差异就会产生较大的效应大小。Cohen（1992）将效应大小分为小、中、大三类，其中d=0.20是小效应，d=0.50是中效应，d=0.80是大效应。

对于独立样本t检验，计算科恩d值公式中的标准差为合并后的标准差，即通过将各组组内变异相加，再除以两组样本总数（N）得到。用样本方差估计总体标准差的公式如下：

$$\sigma = \sqrt{\frac{(n_1 - 1)s_1^2 + (n_2 - 1)s_2^2}{N}} \tag{9-5}$$

式中，n_1为样本1的个数；n_2为样本2的个数；s_1^2为样本1的方差；s_2^2为样本2的方差；$N = n_1 + n_2$。

对于表9-5中的数据，

$$d = \frac{\overline{X}_1 - \overline{X}_2}{\sigma} = \frac{5.533 - 4.600}{\sqrt{\frac{(30-1) \times 7.697 + (30-1) \times 4.257}{60}}} = 0.388$$

为了解释0.388这个值，可以使用Cohen对效应大小的分类，因为所得到d值比0.50小，所以能够得出结论：设计方案A和设计方案B的用户满意度差异不大。

9.4 多重条件的数据分析

多重条件的数据分析情况较多，其中最为常见的是单因素独立组设计的方差分析和单因素重复测量设计的方差分析，这两种数据分析的具体情况如下。

9.4.1 单因素独立组设计的方差分析

统计推论要求检验实验结果是否在统计上显著。在人因工程研究中，最常用的推论统计检验方法是方差分析（Analysis of Variance，ANOVA），方差分析是以实验中不同变异来源的分析为基础的。在随机组实验中存在两个变异源，一个是组间变异，一个是组内变异。

（1）*F*检验

*F*检验的定义如下：

$$F=\frac{组间变异}{组内变异}=\frac{误差变异+系统变异}{误差变异} \tag{9-6}$$

如果零假设为真，组间的系统变异为0，此时自变量没有效应，*F*值为1.00，即误差变异除以误差变异等于1.00。然而，随着系统变异的增加，则*F*值越来越大于1.00，当达到统计显著性时，则确信真实的系统变异是由于自变量引起的。

单因素独立组设计的方差分析用*F*检验进行推论检验的第一步是确定统计分析所要回答的研究问题，通常问题的形式是"自变量对因变量是否存在效应"。一旦确定了要研究的问题，接着就是要建立零假设。

（2）案例

探讨不同设计对产品美感评价值的影响。实验的自变量有3个水平，分别对应3款设计，选取了3组被试，每组代表一个总体。零假设是这3组的总体平均数相等，即假设自变量没有效应。正式的零假设（H_0）按总体特性表述，总体平均数用μ表示，据此可将零假设记为：

$$H_0:\ \mu_1=\mu_2=\mu_3$$

与零假设相对立的是不同总体的平均数不相等。也就是说，备择假设（H_1）认为H_0是错误的，平均数之间存在差异。因此，备择假设应该为：

$$H_1:\ H_0为假$$

如果不同设计确实影响美感评价值，即自变量产生了系统变异，那么将拒绝零假设。

表9-6是针对3款设计的美感评价值，被试被随机分成3组，每组有15名被试，控制组对原设计进行评价，其他2组对改良后设计进行评价。自变量是3款设计，用字母A表示，自变量不同水平分别用a_1、a_2、a_3表示，每组的被试数量用*n*表示，*n*=15，整个实验的被试数量用*N*表示，*N*=45。

表9-6　针对不同设计的实验结果

原设计（a_1）		第一次改良设计（a_2）		第二次改良设计（a_3）	
被试	评价值	被试	评价值	被试	评价值
1	38	16	32	31	43
2	24	17	31	32	42
3	21	18	29	33	47
4	28	19	47	34	48
5	27	20	36	35	49
6	24	21	35	36	50
7	40	22	34	37	41
8	19	23	37	38	40
9	28	24	38	39	28
10	31	25	39	40	29
11	27	26	31	41	47
12	29	27	30	42	48

续表

原设计 (a_1)		第一次改良设计 (a_2)		第二次改良设计 (a_3)	
被试	评价值	被试	评价值	被试	评价值
13	17	28	27	43	46
14	21	29	38	44	41
15	37	30	41	45	43
平均数	27.40		35.00		42.80
标准差	6.88		5.25		6.62
全距	23		20		22

在进行任何推论统计的显著性检验之前，都应该对大致的统计结果有所了解。通过对汇总的统计结果进行检查发现，原设计的平均数（27.40）和第二次改良设计的平均数（42.80）差异最大，并且所有组的全距和标准差都相似，这说明组间方差具有同质性，平均数之间存在系统变异。

方差分析结果见表9-7，表的左栏中列出两个变异源，自变量的不同水平是一个组间变异源，组内变异可以作为对误差变异的估计，总变异是组间和组内变异之和。第3列是自由度，通常情况下，自由度被定义为数据总数减1。自变量有3个水平，所以组间自由度为2；每组中有15名被试，所以每组中的自由度为14；因为3组人数相同，所以组内自由度就等于每个组内的自由度乘以组数，即3×14=42；总自由度等于被试总数减1，即45–1=44，或者等于组间自由度与组内自由度之和，即2+42=44。

表9-7 方差分析表

来源	平方和	自由度	均方	F值	p
组间	1778.800	2	889.400	22.449	0.000
误差	1664.000	42	39.619		
总和	3442.800	44			

平方和与均方是计算F值所必需的。组间均方等于组间平方和除以组间自由度（1778.800/2=889.400），误差均方，即组内均方，等于误差平方和除以误差自由度（1664.000/42=39.619），F值就等于组间均方除以误差均方（889.400/39.619=22.449）。表中的最后列中是零假设为真的概率（0.000），此概率小于显著性水平（α=0.05）。因此，拒绝零假设，并且得出改良设计效应在统计上是显著的。

使用方差分析进行零假设显著性检验的最终结果可表述为：

$$F(2, 42) = 22.449, p=0.000$$

当方差分析在统计上显著时，可以说对自变量的操纵引起了因变量（在本例中为美感评价值）的变化。统计显著性需要结合描述统计的结果去解释，只有通过了解各组平均数的变化模式，才能够明确实验中自变量与因变量之间的函数关系。方差分析的统计结果达到显著仅表示自变量的不同水平之间至少有一对在平均数上有显著差异，要确定差异的性质意义，研究者可结合多重事后比较进行更为深入的分析，在此不再赘述。

需要注意的是，即使知道F检验结果显著，并不能说明自变量和因变量之间的关系程度，需要计算自变量的效应大小。

（3）效应大小的计算

三个及以上独立组设计实验中，使用的效应大小计算方法是基于联系强度，这种方法可以估计出总变异中有多大比例的变异来自自变量对因变量的效应，因此被广泛使用。最常用的联系强度指标是η^2，它可以利用方差分析表中的信息非常容易地计算出来，η^2的计算公式为：

$$\eta^2 = \frac{\text{组间平方和}}{\text{总平方和}} \tag{9-7}$$

对于本例

$$\eta^2 = \frac{1778.800}{1778.800 + 1664.000} = \frac{1778.800}{3442.800} = 0.517$$

Cohen（1988）提出了效应大小指标f，它是针对三个及以上独立组实验设计的，f和d一样，也是一个标准化的效应值。d值是根据两组平均数的差值计算而来，f值则是通过不同组的平均数的离散程度计算的。小、中、大的效应值f分别为0.10、0.25和0.40。

f值可以通过η^2来计算，公式为：

$$f = \sqrt{\frac{\eta^2}{1-\eta^2}} \tag{9-8}$$

在本例中

$$f = \sqrt{\frac{0.517}{1-0.517}} = 1.035$$

可以得出以下结论：设计的不同可以解释因变量中51.7%的变异，标准化的效应大小f值为1.035。根据科恩解释f值的原则，不同设计在美感评价分数上的效应很大。

9.4.2 单因素重复测量设计的方差分析

单因素重复测量设计的方差分析与单因素独立组设计的方差分析相似，在进行单因素重复测量设计的方差分析之前，必须计算所有被试在每个自变量水平上的描述统计数据。二者的不同点在于对误差变异（也称残差变异）的估计，在单因素重复测量设计的方差分析中，误差变异是指把由自变量和被试引起的系统变异从总变异估计中剔除后的剩余部分。

（1）案例

采用单因素重复测量实验设计，邀请20位被试对4款设计方案的美感进行评价，数据如表9-8所示。

表9-8 针对4款设计方案的评价数据

被试	设计方案1	设计方案2	设计方案3	设计方案4
1	32	38	25	38
2	35	37	32	35
3	29	25	34	39
4	25	35	37	40
5	25	25	47	41
6	41	34	42	25
7	21	47	41	48
8	15	42	25	50
9	49	33	38	38
10	27	40	19	37
11	45	50	35	36

续表

被试	设计方案1	设计方案2	设计方案3	设计方案4
12	32	49	41	32
13	21	45	32	34
14	21	46	19	31
15	25	39	28	49
16	24	32	47	19
17	29	38	32	29
18	32	41	15	42
19	19	47	20	45
20	28	25	28	39
平均数	28.75	38.40	31.85	37.35
标准差	8.67	7.82	9.42	7.82
全距	34	25	32	31

为了进行数据分析，需要计算描述性统计量，用来描述被试在不同实验条件下的分数，见表9-8的最后三行。

方差分析结果见表9-9，表中自下而上列出了单因素重复测量设计的四个变异源，分别是被试、设计方案、误差、总体。

表9-9　方差分析表

变异来源	自由度	平方和	均方	F值	p
被试	19	862.638	—	—	—
设计方案	3	1254.738	418.246	5.211	0.003
误差	57	4575.013	80.263		
总体	79	6692.389			

在方差分析表中，最重要的部分是反映自变量效应的F值和假定零假设成立的概率。在表9-9中，F值的分子是设计方案变异的均方，F值的分母是误差变异的均方。因为有4款设计方案，所以分子的自由度为3。误差变异的自由度为57，它是总自由度减去被试自由度和设计方案自由度（79−19−3=57），F值为5.211，所对应的零假设成立的概率为0.003，小于显著性水平0.05。因此，拒绝零假设，得出不同设计方案是系统变异来源的结论。

使用方差分析进行零假设显著性检验的最终结果可表述为：

$$F(3, 57)=5.211, \ p=0.003$$

（2）效应大小的计算

效应大小的指标采用表示变量间联系强度的η^2，它是通过将效应的平方和除以总平方和获得，表示自变量效应占总变异的比例。在本例中

$$\eta^2 = \frac{SS_{效应}}{SS_{总}} = \frac{1254.738}{1254.738 + 4575.013 + 862.638} = \frac{1254.738}{6692.389} = 0.187$$

此外，η_P^2也经常用来表示效应的大小，η_P^2的计算公式如下：

$$\eta_P^2 = \frac{SS_{效应}}{SS_{总} - SS_{被试间}} = \frac{SS_{效应}}{SS_{效应} + SS_{误差}} \tag{9-9}$$

在本例中

$$\eta_P^2 = \frac{1254.738}{1254.738 + 4575.013} = 0.215$$

一般情况下，η_P^2大于η^2，但在单因素独立组实验设计中二者相等。

9.5 实验结果的撰写

为了验证假设，通过实验获得了定量的数据，这就意味着结果中包含两个部分：第一，用相关的描述统计量描述所得数据的关键特征；第二，对这些数据进行推论性统计分析，并说明推论性统计分析的类型和结果。在撰写实验结果时，需总结收集的数据和数据的统计处理，一般不包括个体的原始分数和原始数据，当然也有例外，如单样本设计或者例证性的样本。

实验结果的撰写步骤如下：

第1步：用简洁的语言介绍实验目的。

第2步：明确用哪些描述性统计指标来概括数据。

第3步：总结各种条件下的描述性统计结果，可能需要用到表或图，但不能既用表又用图呈现相同的数据结果。

第4步：引导读者注意表或图中的重要数据，特别是与引言中提出的假设一致或存在差异的结果数据。

第5步：呈现推理统计检验的结果，包括检验名称、自由度、检验结果、概率、效应大小。

第6步：简单概括各项统计检验可得出的结论。

实验结果撰写应注意的事项：

① 不要简单地将表格、统计值、图形堆砌在结果部分，这一部分必须包含有效的文字说明。

② 无需给出推论性统计过程的细节，如无需给出t检验的基本原理和计算过程。

③ 确保在介绍推论结果前，呈现了描述性数据。

④ 给出将在后期需要加以讨论的所有数据，但不包括对于统计分析来说没有多大意义的数据。

⑤ 避免涉及无关或无用的分析，即不要将所有与数据相关的信息都报告出来。

⑥ 结果部分的撰写应逻辑清楚。

综上所述，结果部分撰写的关键是用恰当的方式报告研究结果，此部分不对结果做出解释，即应分清楚事实与评论，不能在描述结果（“事实”）之外还讨论结果意味着什么（“评论”），这些评论应该出现在讨论部分。讨论部分的主要任务是评价研究结果并解释其意义，特别是要讨论与最初假设有关的结果，在此不再赘述。

针对“9.4.1 单因素独立组设计的方差分析”中的案例，实验结果的撰写如下：

为了考察3款产品在美感方面是否存在显著差异，实验记录了不同被试对产品美感的评价值。原设计、第一次改良设计、第二次改良设计美感评价的平均值（标准差）分别是：27.40（6.88）、35.00（5.25）、42.80（6.62）。95%置信区间值分别是：原设计，23.59~31.21；第一次改良设计，32.09~37.91；第二次改良设计，39.13~46.47。可见，3款产品美感评价值的置信区间之间没有重叠。采用0.05的α水平，利用单因素独立组设计的方差分析对数据进行分析，分析结果在统计上达到显著水平，$F(2, 42)=22.449$，$p=0.000$，$\eta^2=0.517$。在事后比较中，三款设计两两之间均存在显著差异。这表明，第二次改良设计的美感评价值要显著高于第一次改良设计的美感评价值，同时第一次改良设计的美感评价值要显著高于原设计的美感评价值。

思考与练习

1. 数据分析有哪三个阶段？在每个阶段，研究者需要做哪些具体的工作？

2. 什么是统计检验的效力？

3. 什么是效应大小？

4. 试针对两个平均数比较、单因素独立组方差分析、以及重复测量的方差分析等分别进行数据分析，并计算效应大小。

5. 试简述实验结果的撰写步骤，并围绕某一实验的统计数据撰写实验结果。

拓展学习

1. Shaughnessy J J，Zechmeister E B，Zechmeister J S. Research methods in psychology [M]. New York：Michael Sugarman，2012.

2. Harris P. Designing and reporting experiments in psychology [M]. Maidenhead：Open University Press，2008.

3. Evans J. Your psychology project：the essential guide [M]. Los Angeles：SAGE Publications，2007.

4. Gravetter F J，Wallnau L B. Statistics for the behavioral sciences [M]. Boston，MA：Cengage Learning，2015.

5. Sauro J，Lewis J. Quantifying the user experience：practical statistics for user research [M]. Cambridge，MA：Morgan Kaufmann，2016.

6. Albert B，Tullis T. Measuring the user experience：collecting，analyzing，and presenting UX metrics [M]. Cambridge，MA：Morgan Kaufmann，2022.

7. Fritz M，Berger P D. Improving the user experience through practical data analytics：gain meaningful insight and increase your bottom line [M]. Amsterdam：Morgan Kaufmann，2015.

8. American Psychological Association. Publication manual of the American psychological association [M]. Washington，DC：American Psychological Association，2010.

9. 舒华，张亚旭. 心理学研究方法：实验设计和数据分析 [M]. 北京：人民教育出版社，2008.

第4篇

评价研究

第10章 多变量分析

10.1 多变量分析概述

所谓多变量分析，是指用3个及以上的变量进行预测、判别、分类和综合等的统计方法的总称。根据分析的目的，多变量数据分析的方法可分为2类：基准变量分析，相互依存变量分析。

（1）基准变量分析

基准变量分析既有目标变量，也有解释变量，主要用于想采用多个要素预测、解释、判别某个项目，即想要用数学公式描述由多个原因引起的结果。基准变量分析可用式（10-1）加以表示。

$$\begin{array}{c}\text{目标变量}\\ \left(\begin{array}{l}\text{非解释变量}\\ \text{因变量}\\ \text{外部基准}\end{array}\right)\end{array} = f\left\{\begin{array}{c}\text{解释变量}\\ (\text{独立变量})\end{array}\right\} \qquad (10\text{-}1)$$

式中，左边为目标变量（也称为非解释变量、因变量、外部基准）；右边为解释变量（也称为独立变量）。

基准变量分析的目标变量有2种类型（定量数据、定性数据），解释变量也有2种类型（定量数据、定性数据），因此基准变量分析共有4种情况，如图10-1所示。例如，其中一种情况为目标变量的数据类型为定量数据、解释变量的数据类型为定量数据。

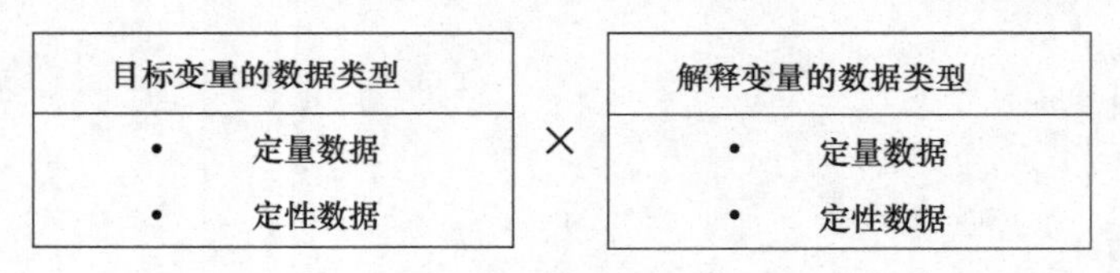

图10-1 基准变量分析4种情况

（2）相互依存变量分析

相互依存变量分析没有目标变量，只有解释变量，其用途包括：

① 想要归并、集中相似者。

② 想要用图解释变量之间的关联性。

③ 想要概括变量之间的关系。

④ 想要知道解释项目之间相关关系的潜在结构。

（3）多变量分析的方法

多变量分析的方法较多，如多元回归分析、数量化理论Ⅰ、结合分析、Logistic回归分析、因子分析、聚类分析、多维尺度分析等，如表10-1所示。每种方法都有其适用的条件，研究中应该选择哪种方法？如果研究属于基准变量分析，则方法的选择流程见图10-2，如果研究属于相互依存变量分析，则方法的选择流程见图10-3。

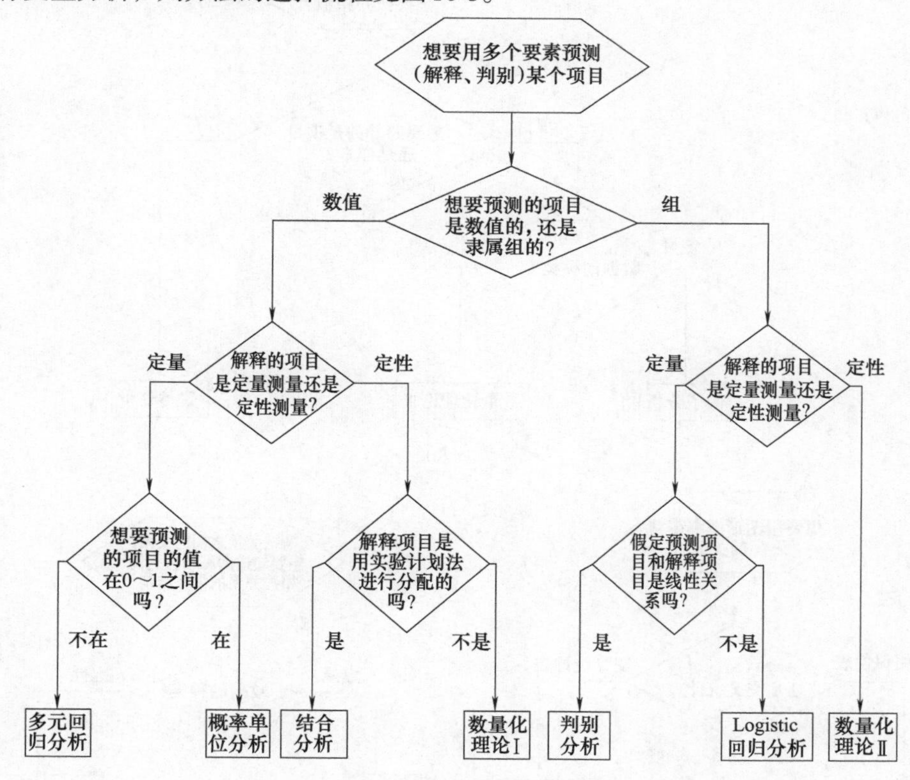

图10-2　基准变量分析方法的选择流程

表10-1　多变量分析的方法

分析目的	有无目标变量	目标变量的数据类型	解释变量的数据类型	具有代表性的多变量分析方法
基准变量分析： 想要用多个要素预测、解释、判别某个项目（想要用数学公式描述由多个原因引起的结果）	有	定量数据	定量数据	• 多元回归分析 • 概率单位分析
			定性数据	• 数量化理论Ⅰ • 结合分析
基准变量分析： 想要用多个要素预测、解释、判别某个项目（想要用数学公式描述由多个原因引起的结果）	有	定性数据	定量数据	• 判别分析 • Logistic回归分析
			定性数据	• 数量化理论Ⅱ
相互依存变量分析： • 想要归并相似者 • 想要用图形解释变量之间的关联性 • 概括变量之间的关系 • 想要知道解释项目之间相关关系的潜在结构	无	—	定量数据	• 因子分析 • 聚类分析
			定性数据	• 数量化理论Ⅲ • 对应分析 • 多维尺度法

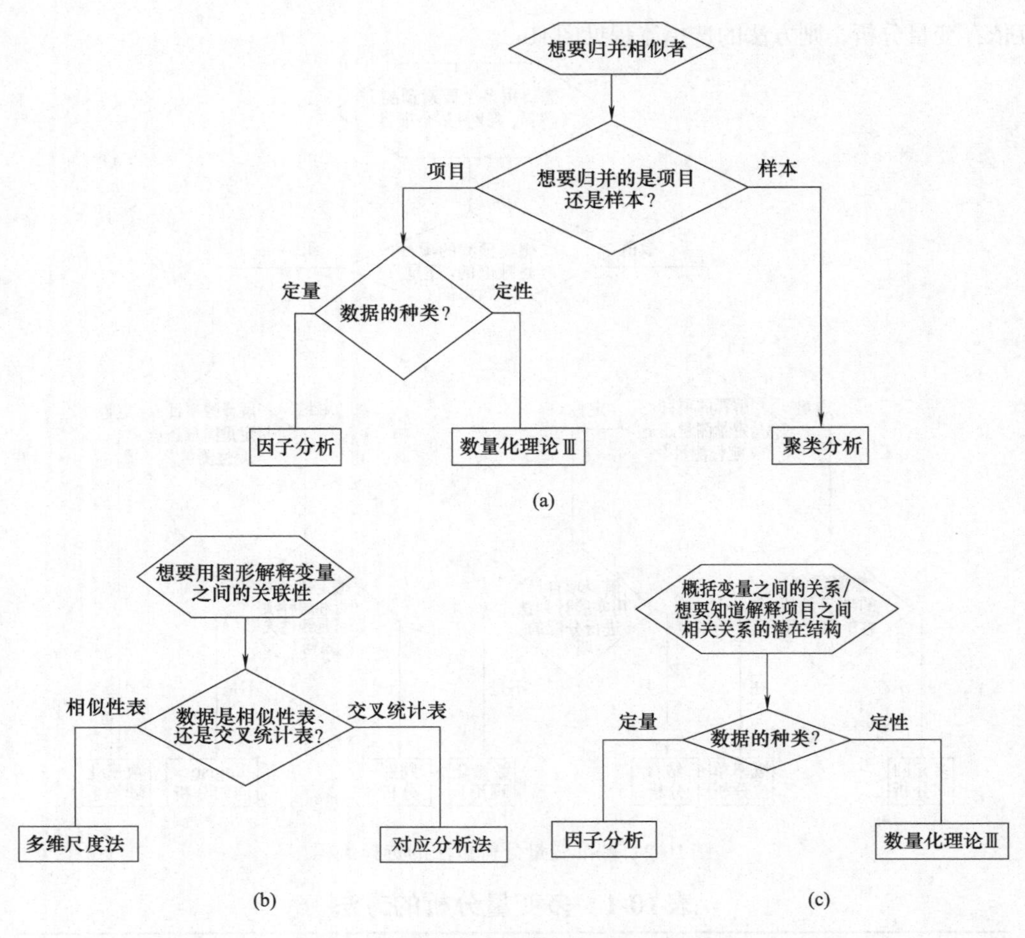

图10-3　相互依存变量分析方法的选择流程

10.2　多元回归分析

（1）多元回归分析的模型

多元回归分析的模型如式（10-2）所示：

$$y = a_1x_1 + a_2x_2 + \cdots + a_nx_n + b \tag{10-2}$$

式中，y为目标变量或预测值；x_1，x_2，…，x_n为解释变量；a_1，a_2，…，a_n为偏回归系数；b为常数项。

模型求解可采用最小二乘法，有关最小二乘法的原理请参考相关书籍，在此不再赘述。

（2）案例

通过问卷调查，询问用户对产品的造型评价、功能评价、以及满意度，调查时采用7等级语义差异量表，1表示很低，7表示很高。调查结果如表10-2所示。

表10-2　针对某产品的调查结果

用户	造型评价	功能评价	满意度
A	2	2	2

续表

用户	造型评价	功能评价	满意度
B	2	3	3
C	3	2	3
D	4	3	4
E	5	5	5
F	6	5	6

结合调查数据，对于三个变量之间的关系做出以下两个假设：

① 造型评价高，满意度就高。

② 功能评价高，满意度就高。

针对上述假设，建立满意度与造型评价和功能评价之间的多元回归分析模型，采用SPSS软件对调查数据进行分析，可得到以下结果。

方差分析见表10-3，可以发现，显著性概率小于0.05，因此拒绝零假设（求出的多元回归方程式的自变量不对预测产生作用），可以认为自变量对预测产生影响。

表10-3　方差分析

项目	平方和	自由度	平均平方	F值	显著性概率
回归	10.538	2	5.269	53.455	0.005
残差	0.296	3	0.099		
总体	10.833	5			

回归系数的计算结果见表10-4，据此所得到多元回归方程式为

$$y=0.602\times\text{造型评价}+0.376\times\text{功能评价}+0.371$$

在多元回归方程式中，显著性概率小于0.05的自变量，会对因变量产生效果。在该模型中，造型评价显著性概率小于0.05，因此造型评价会对满意度产生效果。

表10-4　回归系数

项目	非标准化系数		标准化系数	t检验	显著性概率
	B(偏回归系数)	标准误差	Beta		
（常数）	0.371	0.368		1.009	0.387
造型评价	0.602	0.172	0.668	3.495	0.040
功能评价	0.376	0.206	0.349	1.828	0.165

通过上述多元回归方程式，只要用户给出产品的造型评价值和功能评价值，就可以预测产品的满意度。针对六位用户的造型评价值和功能评价值所得到的满意度预测结果如表10-5所示，其中的残差等于实际满意度值减去满意度预测值。

表10-5　预测结果

用户	实际满意度值	满意度预测值	残差
A	2	2.327	−0.327
B	3	2.703	0.297
C	3	2.929	0.071
D	4	3.907	0.093
E	5	5.261	−0.261
F	6	5.863	0.137

实际满意度值与满意度预测值之间的相关系数为0.986，决定系数（相关系数的平方）为0.973。当决定系数在0.8以上时，可以说预测精度高，在0.5以上，可以说精度尚可。本例中的决定系数大于0.8，因此所得到的模型预测精度高。

10.3 数量化理论Ⅰ

数量化理论始于20世纪50年代，由日本林知己夫教授提出，该理论根据研究问题目的的不同分为4种，分别称为数量化理论Ⅰ、Ⅱ、Ⅲ、Ⅳ。数量化理论Ⅰ主要用于想要用多个要素预测、解释某个项目，其目标变量为定量数据，解释变量为定性数据。应用该理论可以充分利用收集到的定性、定量信息，使难以详细定量研究的问题定量化，从而更全面地研究并发现事物间的联系和规律。

（1）数量化理论Ⅰ的数学模型

在数量化理论Ⅰ中，把定性变量称为项目（Item），把定性变量的各种不同的取值称为类目（Category）。设n个样品中，第1个项目x_1有r_1个类目c_{11}，c_{12}，…，c_{1r_1}，第2个项目x_2有r_2个类目c_{21}，c_{22}，…，c_{2r_2}，第m个项目x_m有r_m个类目c_{m1}，c_{m2}，…，c_{mr_m}，总共有$\sum_{j=1}^{m} r_j = p$个类目。

称$\delta_i(j, k)(i=1, \cdots, n; j=1, 2, \cdots, m; k=1, 2, \cdots, r_j)$为$j$项目之$k$类目在第$i$个样品中的反应，并按式（10-3）取值。

$$\delta_i(j, k)=\begin{cases}1，当第i个样品中j项目的定性数据为k类目时\\0，其他\end{cases} \tag{10-3}$$

由所有$\delta_i(j, k)$构成的$n \times p$阶矩阵记为

$$\boldsymbol{X}=\begin{bmatrix}\delta_1(1, 1)\cdots\delta_1(1, r_1) & \delta_1(2, 1)\cdots\delta_1(2, r_2)\cdots\delta_1(m, 1)\cdots\delta_1(m, r_m)\\ \delta_2(1, 1)\cdots\delta_2(1, r_1) & \delta_2(2, 1)\cdots\delta_2(2, r_2)\cdots\delta_2(m, 1)\cdots\delta_2(m, r_m)\\ \vdots \quad\quad \vdots & \vdots \quad\quad \vdots \quad\quad \vdots \quad\quad \vdots\\ \delta_n(1, 1)\cdots\delta_n(1, r_1) & \delta_n(2, 1)\cdots\delta_n(2, r_2)\cdots\delta_n(m, 1)\cdots\delta_n(m, r_m)\end{bmatrix} \tag{10-4}$$

称为反应矩阵。

评价值y与各项目的反应间可建立如下的数学模型：

$$y_i=\sum_{j=1}^{m}\sum_{k=1}^{r_j}\delta_i(j, k)b_{jk}+\varepsilon_i,\ i=1, 2, \cdots, n \tag{10-5}$$

式中，b_{jk}是仅依赖于j项目之k类目的待定系数；ε_i是第i次抽样的随机误差。

通过最小二乘法求解模型，并进行标准化处理，可得到以下结果：

$$y=\bar{y}+\sum_{j=1}^{m}\sum_{k=1}^{r_i}\delta(j, k)\hat{b}_{jk}^{*} \tag{10-6}$$

式中，$\bar{y}=\frac{1}{n}\sum_{i=1}^{n}y_i$，称为常数项；$\hat{b}_{jk}^{*}=\hat{b}_{jk}-\frac{1}{n}\sum_{k=1}^{r_j}n_{jk}\hat{b}_{jk}$，称为标准系数，也称为类目得分，$n_{jk}$为全部的$n$个样品中第$j$个项目之第$k$个类目的反应次数。

（2）案例

在问卷调查中，将座椅的舒适度，以椅腿（弓字形或四腿式）和扶手（有扶手或无扶手）这两项条件进行多重组合，调查结果如表10-6所示。

表 10-6　样本的组合方式

样本	椅腿 （1—弓字形；2—四腿式）	扶手 （1—有扶手；2—无扶手）	舒适度 （1~7）
1	1	1	5.86
2	1	1	5.47
3	1	2	4.10
4	2	1	2.62
5	2	2	2.14
6	2	2	2.09

采用数量化理论Ⅰ对数据进行分析，结果见表10-7，其图形化的展示见图10-4。

表 10-7　数量化理论Ⅰ的计算结果

项目名称	选项名称	选项分数	偏相关
椅腿	1—弓字形 2—四腿式	1.2575 −1.2575	0.9742
扶手	1—有扶手 2—无扶手	0.5175 −0.5175	0.8716

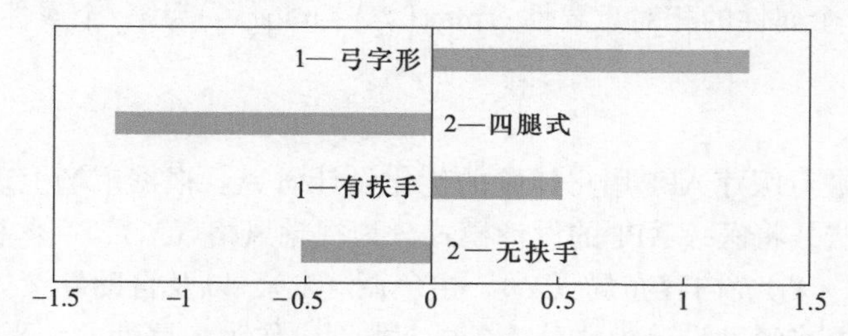

图 10-4　数量化理论Ⅰ计算结果的呈现

从结果中可以得到如下的数学模型：

$$舒适度 = 1.2575 \times 弓字形 - 1.2575 \times 四腿式 + 0.5175 \times 有扶手 - 0.5175 \times 无扶手 + 3.7133$$

式中，3.7133为调查结果中所有座椅舒适度的平均值。该模型的相关系数为0.9839，决定系数为0.9681。

10.4　结合分析

结合分析（Conjoint Analysis）又称联合分析，由数理心理学家Luce和统计学家Tukey于1964年提出，该方法是在已知消费者对轮廓评价结果的基础上，经过分解去估计其偏好结构的一种方法，已被广泛应用于消费品、工业产品和商业服务等相关领域的研究中。

结合分析可以看成是实验设计法与数量化理论Ⅰ相结合的系统化分析方法。在实施时，可先通过实验设计法，将问卷调查中询问的解释变量加以组合，得到最小组合数；在此基础上，根据评价得分或次序探讨各变量的效用以及具有最高评价的组合。结合分析所需要的数据有两个部分：提问要素的组合表；评价得分或次序。

（1）结合分析模型

结合分析中属性水平的效用计算是以消费者对轮廓的偏好为因变量，以属性水平作为预测变量，引入哑变量，采用最小二乘法得到。

计算模型轮廓效用最常用的模式是加法效用模式，该模式认为属性具有兑换关系，不考虑属性之间交互效果的影响，只是把每个属性的效用值相加以得到某种属性组合的轮廓效用，计算公式如下：

$$U(x)=\beta_0+\sum_{j=1}^{J}\sum_{i=1}^{I_j}v_{ij}x_{ij} \tag{10-7}$$

式中，$U(x)$为轮廓效用；β_0为常数项；v_{ij}为第j个属性的第i个水平的效用值，$x_{ij}=\begin{cases}1，如果第j个属性的第i个水平出现\\0，其他\end{cases}$；$J$为属性的数量；$I_j$为第$j$个属性的水平数量。

属性的相对重要性以百分比的形式表示，其计算公式为：

$$w_j=\frac{\max\left(v_{ij}\right)-\min\left(v_{ij}\right)}{\sum_{j=1}^{J}\left[\max\left(v_{ij}\right)-\min\left(v_{ij}\right)\right]}\times 100\% \tag{10-8}$$

式中，w_j为第j个属性的相对重要性；$\max\left(v_{ij}\right)-\min\left(v_{ij}\right)$为第$j$个属性的效用全距，代表该属性的重要性。

（2）案例

使用结合分析进行医疗APP用户体验的优化设计研究。根据市场上现有主流医疗APP，通过文献研究等方法，将医疗APP的设计模式分为视觉风格（X_1）、字体样式（X_2）、字体大小（X_3）、首页导航（X_4）、内容布局（X_5）、主色调（X_6）、以及自助导诊（X_7）等7种，作为结合分析的属性，再将每种设计模式分为2~3个类别，作为各属性的水平。其中，自助导诊（X_7）是指用户使用哪种导诊方式达到预约挂号的目的，“科室优先”是科室分类的导诊方式，“主诉-文本键入”是主动搜索的导诊方式，“主诉-问答”是问答的导诊方式。所有设计模式及其类型如表10-8所示。

表10-8　医疗APP设计模式及其类型

设计模式	水平		
	1	2	3
视觉风格(X_1)	扁平化(X_{11})	拟物化(X_{12})	
字体式样(X_2)	微软雅黑(X_{21})	宋体(X_{22})	楷体(X_{23})
字体大小(X_3)	55 px(X_{31})	60 px(X_{32})	65 px(X_{33})
首页导航(X_4)	标签式(X_{41})	列表式(X_{42})	仪表盘(X_{43})

续表

设计模式	水平		
	1	2	3
内容布局(X_5)	竖型(X_{51})	多面板(X_{52})	九宫格(X_{53})
主色调(X_6)	暖色调(X_{61})	中间色调(X_{62})	冷色调(X_{63})
自助导诊(X_7)	科室优先(X_{71})	主诉-文本键入(X_{72})	主诉-问答(X_{73})

根据表10-8所确定的医疗APP的设计模式及其类型，可共产生1458（2×3×3×3×3×3×3=1458）种样本。通过$L_{18}(2^1 \times 3^7)$正交表，构建了18款样本组合，如表10-9所示。

表10-9　移动医疗APP的样本组合

样本序号	设计模式						
	视觉风格(X_1)	字体样式(X_2)	字体大小(X_3)	首页导航(X_4)	内容布局(X_5)	主色调(X_6)	自助导诊(X_7)
1	1	1	1	1	1	1	1
2	1	1	2	2	2	2	2
3	1	1	3	3	3	3	3
4	1	2	1	1	2	2	3
5	1	2	2	2	3	3	1
6	1	2	3	3	1	1	2
7	1	3	1	2	1	3	2
8	1	3	2	3	2	1	3
9	1	3	3	1	3	2	1
10	2	1	1	3	3	2	2
11	2	1	2	1	1	3	3
12	2	1	3	2	2	1	1
13	2	2	1	2	3	1	3
14	2	2	2	3	1	2	1
15	2	2	3	1	2	3	2
16	2	3	1	3	2	3	1
17	2	3	2	1	3	1	2
18	2	3	3	2	1	2	3

根据表10-9样本组合方式，制作18个高保真原型，在小米Note3上进行实验，手机屏幕为5.5英寸。图10-5为样本1设计原型的部分界面。

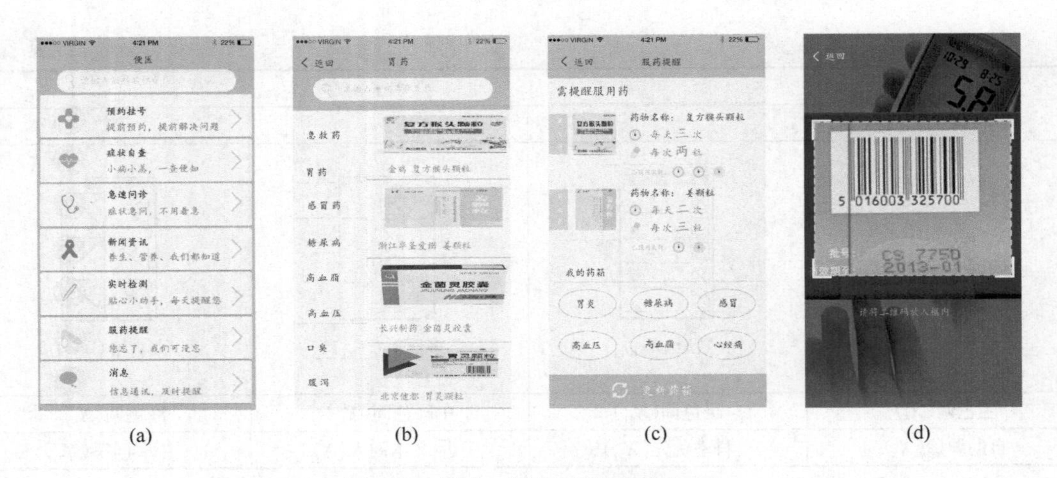

图10-5　样本1设计原型的部分界面

以Park（2013）评价量表为基础构建用户体验的评价体系，见图10-6。围绕该评价体系制作问卷，问卷的Cronbach's α系数为0.885，信度较高，适合进行用户体验评价。根据医疗APP的特点，围绕预约挂号、症状自查、服药提醒等3个任务，采用测试后评分的方式进行用户体验评价。

针对18个样本，邀请40名具有1~2年智能手机使用经验的用户进行问卷调查，用户体验评价的结果见表10-10，其中最后一列为所有评价指标的平均值。

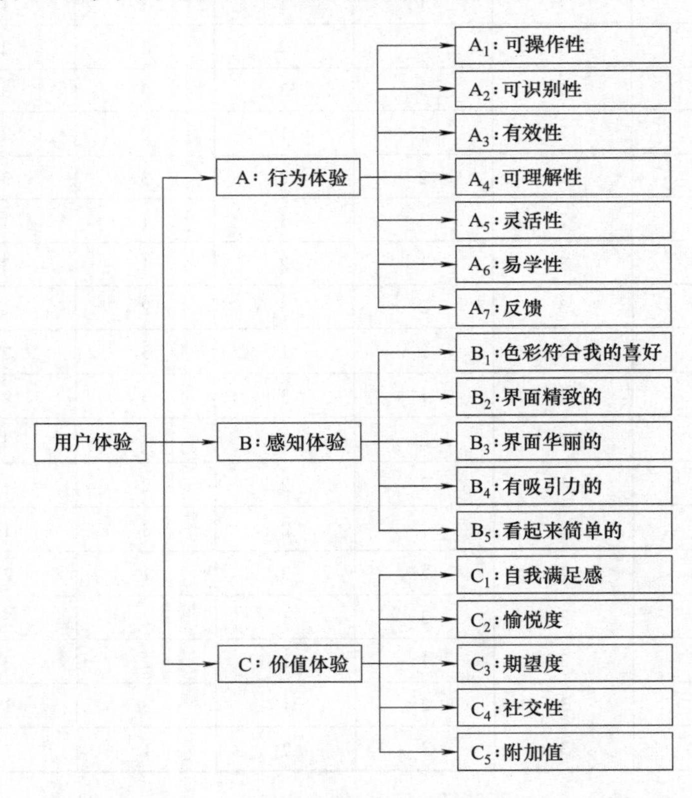

图10-6　用户体验评价体系

表 10-10　用户体验评价值

序号	A_1	A_2	A_3	A_4	A_5	A_6	A_7	B_1	B_2	B_3	B_4	B_5	C_1	C_2	C_3	C_4	C_5	UX
1	3.43	3.43	3.33	3.67	3.43	4.29	3.36	5.19	3.76	2.90	4.05	3.62	3.67	3.98	4.60	4.36	3.69	3.81
2	4.48	4.29	4.45	4.81	4.60	4.48	4.48	4.71	5.24	2.07	4.55	4.17	4.76	4.98	4.86	4.69	4.40	4.47
3	3.43	3.48	3.43	2.40	3.31	3.43	3.33	4.10	4.12	2.31	2.83	4.93	3.48	3.69	3.81	3.69	2.98	3.46
4	2.19	2.12	2.07	1.90	1.81	3.31	2.55	4.57	2.36	1.95	4.24	3.93	2.81	2.83	2.95	3.55	2.62	2.81
5	5.17	4.71	4.90	5.10	5.31	5.14	4.95	4.12	4.81	2.67	3.90	4.38	4.10	4.36	5.14	4.67	5.07	4.62
6	5.64	5.64	5.76	5.69	5.64	5.31	4.90	5.24	4.64	3.10	5.60	5.19	4.90	5.19	5.24	5.10	5.50	5.19
7	5.33	5.24	5.38	5.55	5.12	5.43	5.17	4.36	5.07	2.71	3.05	4.05	4.86	5.12	5.05	4.76	5.52	4.81
8	2.79	2.67	2.71	2.64	3.12	3.95	3.17	5.38	3.98	3.12	3.79	4.86	3.21	3.14	3.60	4.00	3.36	3.50
9	3.36	3.19	3.31	3.12	3.26	4.21	3.31	4.40	2.81	2.10	2.07	3.79	3.81	3.86	4.40	4.33	3.38	3.45
10	5.45	5.43	5.69	5.36	5.79	4.93	5.24	3.81	3.86	3.21	5.38	3.24	5.07	5.29	5.19	5.12	5.29	4.90
11	2.10	1.83	1.79	2.45	3.57	3.07	2.19	2.98	2.10	3.98	1.98	2.10	2.79	2.31	3.02	3.55	3.14	2.64
12	4.33	4.21	4.38	4.64	2.71	4.07	3.76	3.19	2.69	4.98	3.81	3.02	4.24	4.48	4.19	4.05	3.98	3.93
13	3.31	3.21	3.10	2.88	4.57	3.21	2.81	3.71	2.95	4.21	3.83	3.10	3.10	2.93	3.17	3.14	2.90	3.30
14	4.64	4.55	4.69	4.14	2.69	4.40	4.40	4.05	2.26	3.36	4.31	3.36	4.45	4.79	4.43	4.60	4.12	4.07
15	2.29	2.26	2.14	3.40	2.10	3.26	2.52	3.10	1.98	3.76	2.57	1.93	3.93	4.19	3.36	2.81	2.17	2.81
16	3.48	3.52	3.48	3.86	4.40	4.02	3.52	2.86	3.81	5.05	2.98	3.14	4.38	4.74	3.90	4.50	4.43	3.89
17	3.71	3.83	3.60	3.71	3.48	4.90	3.81	3.21	2.07	4.07	1.76	1.98	3.57	3.74	4.88	4.48	4.45	3.60
18	2.45	2.57	2.55	2.26	2.19	3.40	2.76	3.98	3.64	3.60	4.12	2.98	2.93	2.90	3.21	4.05	3.05	3.10

针对评价指标的平均值，采用结合分析建立用户体验与医疗APP设计模式之间的关系模型，结果如表10-11所示。可以发现，对医疗APP用户体验影响最大的属性是自助导诊方式，重要性为32.883%；其次是首页导航模式和视觉风格，重要性分别为27.787%和12.203%；接着是内容布局，重要性为10.426%；最后是字体大小、主色调、字体样式，其重要性都为10%以下，分别是7.454%、5.189%、4.057%。

表 10-11　结合分析结果

属性	相对重要性/%	水平		效用
视觉风格（X_1）	12.203	1	扁平化	0.216
		2	拟物化	−0.216
字体式样（X_2）	4.057	1	微软雅黑	0.071
		2	宋体	0.020
		3	楷体	−0.073
字体大小（X_3）	7.454	1	55px	0.122
		2	60px	0.019
		3	65px	−0.141
首页导航（X_4）	27.787	1	标签式	−0.611
		2	列表式	0.241
		3	仪表盘	0.371
内容布局（X_5）	10.426	1	竖型	0.139
		2	多面板	−0.229
		3	九宫格	0.091

续表

属性	相对重要性/%	水平		效用
主色调（X_6）	5.189	1	暖色调	0.091
		2	中间色调	0.002
		3	冷色调	−0.093
自助导诊（X_7）	32.883	1	科室优先	0.164
		2	主诉-文本键入	0.499
		3	主诉-问答	−0.663
常数			3.798	

根据表10-11，总轮廓效用值计算公式为：

$$
\begin{aligned}
y = {} & 0.216X_{11} - 0.216X_{12} + 0.071X_{21} + 0.002X_{22} - 0.073X_{23} + 0.122X_{31} + 0.019X_{32} \\
& - 0.141X_{33} - 0.611X_{41} + 0.241X_{42} + 0.371X_{43} + 0.139X_{51} - 0.229X_{52} + 0.091X_{53} \\
& + 0.091X_{61} + 0.002X_{62} - 0.093X_{63} + 0.164X_{71} + 0.499X_{72} - 0.663X_{73} + 3.798
\end{aligned}
$$

最优产品的组合可通过选取各属性中水平效用值最高的水平来确定。因此，最优组合为$X_{11}X_{21}X_{31}X_{43}X_{51}X_{61}X_{72}$，即视觉风格为扁平化、字体样式为微软雅黑、字体大小为55像素、首页导航为仪表盘模式、内容布局为列表式、主色调为暖色调、自助导诊方式为主诉-文本键入，如图10-7所示。

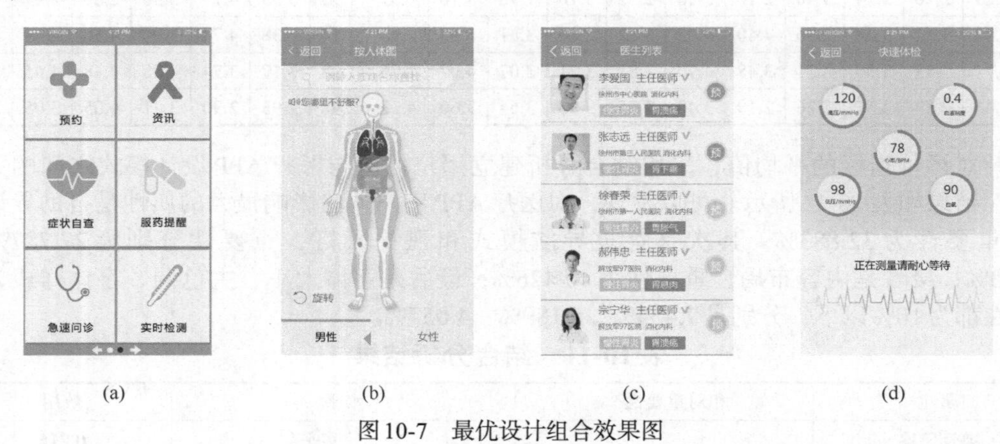

图10-7　最优设计组合效果图

10.5 Logistic回归分析

Logistic回归分析是一种广义的线性回归分析模型，常用于数据挖掘、疾病自动诊断、经济预测等领域。Logistic回归分析的因变量为二分类或多分类变量，自变量既可以为分类变量，也可以为连续变量。

（1）Logistic回归模型

Logistic回归模型如下

$$\ln\frac{y}{1-y} = z = \alpha_1 x_1 + \alpha_2 x_2 + \cdots + \alpha_k x_k + \beta \tag{10-9}$$

对此进行数学变化，可得

$$y = \frac{e^z}{1+e^z} = \frac{1}{1+e^{-z}} = \frac{1}{1+e^{-(\alpha_1 x_1 + \alpha_2 x_2 + \cdots + \alpha_k x_k + \beta)}} \tag{10-10}$$

Logistic回归分析用于研究因变量为分类变量的情况，能识别对因变量有显著影响的因素，并能对因变量的类别进行预测。Logistic回归可依据因变量将其分为3类，当因变量为名目尺度，且类别数为2时，称为二项Logistic回归；当因变量为名目尺度，且类别数为3个及以上时，称为多项Logistic回归；当因变量为顺序尺度时，称为序次Logistic回归（Ordinal Logistic Regression）。序次Logistic回归可对感性意象、用户体验等的评价等级进行预测，在人因工程领域应用较多。

需要注意的是，在序次Logistic回归中，模型的常数项之前的符号应当是减号而不是加号，原因在于此处的常数项表示低级别和高级别相比的情况，与前面的常数项含义不同。

（2）案例一

对消费者观看某广告后希望购买产品的情况进行调查，结果如表10-12，请据此建立Logistic回归分析模型。

表10-12　针对某广告的调查结果

性别 Q_1(1:女;0:男)	年龄 Q_2	观看广告后希望购买 Q_3(1:想购买;0:不想购买)
1	16	0
1	25	1
1	31	1
1	45	1
1	55	1
0	18	0
0	22	0
0	39	0
0	41	1
0	51	1
1	29	0

使用SPSS软件进行计算，结果见表10-13。

表10-13　计算结果

项目	回归系数	标准误差	Wald检验统计量	自由度	显著性	胜算比
性别(Q_1)	4.213	3.756	1.258	1	0.262	67.534
年龄(Q_2)	0.305	0.245	1.544	1	0.214	1.357
常数	−12.144	10.019	1.469	1	0.226	0.000

根据表10-13，可有以下方程式：

$$\ln\frac{p}{1-p}=z=-12.144+4.213\times Q_1+0.305\times Q_2$$

基于上述方程式进行预测，以第1笔数据为例，即“女性，16岁”，则

$$z=-12.144+4.213\times 1+0.305\times 16=-3.051$$

$$p=\frac{1}{1+e^{-z}}=\frac{1}{1+e^{-(-3.051)}}=0.045$$

由于p值小于0.5，因此判定为“不想购买”，同理可对其他数据进行预测，结果如表10-14所示，从表中可以看出，编号为2和11的预测错误。

表 10-14　预测结果

编号	性别 Q_1(1:女;0:男)	年龄 Q_2	观看广告后希望购买 Q_3（1:想购买;0:不想购买）	购买概率	预测（1:想购买;0:不想购买）
1	1	16	0	0.045	0
2	1	25	1	0.424	0
3	1	31	1	0.821	1
4	1	45	1	0.997	1
5	1	55	1	1.000	1
6	0	18	0	0.001	0
7	0	22	0	0.004	0
8	0	39	0	0.438	0
9	0	41	1	0.589	1
10	0	51	1	0.968	1
11	1	29	0	0.713	1

可利用判别命中率表对所有预测结果进行整理，见表10-15，本例中的全体判别命中率为81.8%。

表 10-15　判别命中率表

项目		预测值		判别命中率
		不想购买	想购买	
观察值	不想购买	4	1	80.0%
	想购买	1	5	83.3%
全体的判别命中率				81.8%

（3）案例二

对某产品进行调研，并收集了相关数据。

（Q_1）您的性别。男　女

（Q_2）您对产品的哪个方面印象深刻？

A.造型　B.功能　C.人机

（Q_3）您的年龄。（　　）

（Q_4）您对产品的满意度。

1.不满　2.稍微不满　3.稍微满意　4.满意

调查数据如表10-16所示，请据此建立序次Logistic回归模型。

表 10-16　针对某产品的调研结果

编号	Q_1	Q_2	Q_3	Q_4
1	男	B	21	3
2	女	C	21	3
3	女	A	22	4
4	女	B	23	4
5	男	B	28	2
6	男	A	21	4

续表

编号	Q_1	Q_2	Q_3	Q_4
7	男	B	29	2
8	男	C	28	1
9	女	B	23	3
10	男	A	22	2
11	女	B	28	4
12	女	C	22	3
13	男	A	22	3
14	女	C	27	2
15	男	C	27	1
16	女	A	23	4
17	男	C	28	2
18	男	A	21	3
19	女	B	24	3
20	女	A	21	4

使用SPSS软件进行计算，结果如表10-17所示。

表10-17　参数估计值

项目		估计值	标准误差	Wald检验统计量	自由度	显著性	95%置信区间	
							下限	上限
阈值	[Q_4=1]	−15.740	8.075	3.800	1.000	0.051	−31.566	0.086
	[Q_4=2]	−10.000	6.552	2.329	1.000	0.127	−22.842	2.843
	[Q_4=3]	−6.276	6.458	0.944	1.000	0.331	−18.933	6.382
位置	Q_3	−0.412	0.275	2.249	1.000	0.134	−0.950	0.126
	[Q_1=男]	−4.889	1.803	7.350	1.000	0.007	−8.423	-1.355
	[Q_1=女]	0①			0			
	[Q_2=A]	5.805	2.382	5.939	1.000	0.015	1.136	10.474
	[Q_2=B]	4.094	1.725	5.634	1.000	0.018	0.714	7.474
	[Q_2=C]	0①			0			

① 由于这个参数重复，所以将它设成零。

令

$$\Delta = -0.412 \times Q_3 + \begin{bmatrix} -4.889 & (\text{男}) \\ 0 & (\text{女}) \end{bmatrix} + \begin{bmatrix} 5.805 & (\text{A}) \\ 4.094 & (\text{B}) \\ 0 & (\text{C}) \end{bmatrix}$$

根据SPSS软件的输出，结合公式

$$P = \frac{e^z}{1 + e^z} = \frac{1}{1 + e^{-z}} = \frac{1}{1 + \exp\left(-\left(\beta - \left(\alpha_1 x_1 + \alpha_2 x_2 + \cdots + \alpha_k x_k\right)\right)\right)} \tag{10-11}$$

预测（Q_4）的满意度为1的概率P_1的公式为：

$$P_1 = \frac{1}{1 + e^{-z}} = \frac{1}{1 + \exp\left(-\left((-15.740) - \Delta\right)\right)}$$

预测（Q_4）的满意度为1和2的概率P_{1+2}的公式为：

$$P_{1+2} = \frac{1}{1+e^{-z}} = \frac{1}{1+\exp\left(-\left((-10.000)-\varDelta\right)\right)}$$

预测（Q_4）的满意度为1、2以及3的概率P_{1+2+3}的公式为：

$$P_{1+2+3} = \frac{1}{1+e^{-z}} = \frac{1}{1+\exp\left(-\left((-6.276)-\varDelta\right)\right)}$$

预测（Q_4）的满意度为4的概率P_4的公式为：

$$P_4 = 1 - P_{1+2+3}$$

对于第1笔数据：

$$\varDelta = -0.412 \times 21 - 4.889 + 4.094 = -9.447$$

$$P_1 = \frac{1}{1+e^{-z}} = \frac{1}{1+\exp\left(-\left((-15.740)-(-9.447)\right)\right)} = \frac{1}{1+\exp(6.293)} = 0.00$$

$$P_{1+2} = \frac{1}{1+e^{-z}} = \frac{1}{1+\exp\left(-\left((-10.000)-(-9.447)\right)\right)} = \frac{1}{1+\exp(0.553)} = 0.36$$

$$P_2 = P_{1+2} - P_1 = 0.36 - 0.00 = 0.36$$

$$P_{1+2+3} = \frac{1}{1+e^{-z}} = \frac{1}{1+\exp\left(-\left((-6.276)\right)-(-9.447)\right)} = \frac{1}{1+\exp(-3.171)} = 0.96$$

$$P_3 = P_{1+2+3} - P_{1+2} = 0.96 - 0.36 = 0.60$$

$$P_4 = 1 - P_{1+2+3} = 1 - 0.96 = 0.04$$

在P_1、P_2、P_3、P_4中，最大的是P_3，因此预测结果为“3.稍微满意”，即预测值为3。同理可对其他数据进行预测，结果如表10-18所示，判别命中情况见表10-19。

表10-18　预测结果

编号	Q_4观测值	1.不满	2.稍微不满	3.稍微满意	4.满意	预测值
1	3	0.00	0.36	0.60	0.04	3
2	3	0.00	0.20	0.71	0.09	3
3	4	0.00	0.00	0.05	0.95	4
4	4	0.00	0.01	0.28	0.71	4
5	2	0.03	0.88	0.09	0.00	2
6	4	0.00	0.09	0.72	0.19	3
7	2	0.05	0.89	0.06	0.00	2
8	1	0.66	0.33	0.00	0.00	1
9	3	0.00	0.01	0.28	0.71	4
10	2	0.00	0.13	0.73	0.13	3
11	4	0.00	0.07	0.69	0.24	3
12	3	0.00	0.28	0.66	0.06	3
13	3	0.00	0.13	0.73	0.13	3
14	2	0.01	0.74	0.24	0.01	2
15	1	0.57	0.43	0.00	0.00	1
16	4	0.00	0.00	0.07	0.93	4
17	2	0.66	0.33	0.00	0.00	1
18	3	0.00	0.09	0.72	0.19	3
19	3	0.00	0.01	0.37	0.62	4

续表

编号	Q_4观测值	1.不满	2.稍微不满	3.稍微满意	4.满意	预测值
20	4	0.00	0.00	0.03	0.97	4

表10-19　判别命中率表

项目		预测的反应类别				总计
		1.不满	2.稍微不满	3.稍微满意	4.满意	
Q_4	1.不满	2	0	0	0	2
	2.稍微不满	1	3	1	0	5
	3.稍微满意	0	0	5	2	7
	4.满意	0	0	2	4	6
总计		3	3	8	6	20

10.6　因子分析

因子分析是指从变量群中提取共性因子的统计技术，主要用于描述隐藏在一组测量到的变量中的一些更基本的，但又无法直接测量到的潜在因子。因子分析的主要作用在于通过对变量间相关关系的探测，对原始变量进行分类，即将相关性高的变量分为一组，用共同的潜在因子代替该组变量；也就是说，因子分析是从研究变量内部相关的依赖关系出发，把一些具有错综复杂关系的变量归结为少数几个综合因子的一种多变量统计分析方法。因子分析于20世纪初提出，最初用于心理、智力测验的统计分析，如今已广泛应用于人因工程研究领域。

（1）因子分析的数学模型

因子分析的数学模型如下：

设有p个原始变量x_1，x_2，…，x_p；m个因子f_1，f_2，…，f_m，其中$m<p$，则它们之间的关系可以表示为：

$$\begin{cases} x_1 = \mu_1 + a_{11}f_1 + a_{12}f_2 + \cdots + a_{1m}f_m + e_1 \\ x_2 = \mu_2 + a_{21}f_1 + a_{22}f_2 + \cdots + a_{2m}f_m + e_2 \\ \cdots \\ x_p = \mu_p + a_{p1}f_1 + a_{p2}f_2 + \cdots + a_{pm}f_m + e_p \end{cases} \tag{10-12}$$

式中，a_{ij}为第i个变量x_i和第j个因子f_j之间的线性相关系数，也称因子载荷；μ_i为x_i的期望值；e_i为误差项，也称为特殊因子。由于此处的理论较为复杂，而该理论在其他书籍中已有详细论述，在此不再赘述。

从数据经过因子分析得到的因子得分函数如下：

$$\begin{cases} f_1 = b_{11}x_1 + b_{12}x_2 + \cdots + b_{1p}x_p \\ f_2 = b_{21}x_1 + b_{22}x_2 + \cdots + b_{2p}x_p \\ \cdots \\ f_m = b_{m1}x_1 + b_{m2}x_2 + \cdots + b_{mp}x_p \end{cases} \tag{10-13}$$

可根据上式计算所有观测值的因子得分。

（2）案例

对某产品的专卖店进行调查，调查内容包括六个方面：专卖店设计、店内氛围、服务质量、产品的可用性、产品的价格、产品的美观性。调查时采用7等级语义差异量表，1表示很不满意，7表示很满意。调查结果如表10-20所示。

表10-20　针对某产品专卖店的调查结果

被试	专卖店设计	店内氛围	服务质量	产品的可用性	产品的价格	产品的美观性
A	7	7	6	5	5	2
B	6	5	6	3	3	3
C	5	5	5	5	5	5
D	3	4	5	4	4	4
E	4	4	4	4	5	2
F	6	5	7	4	3	4
G	6	6	6	5	6	6
H	4	1	3	6	5	5
I	5	2	4	4	3	4
J	1	3	3	3	3	3
K	4	3	4	1	2	1
L	5	4	5	5	4	5
M	4	3	4	5	6	6
N	5	4	5	6	5	6
O	3	3	4	7	7	5

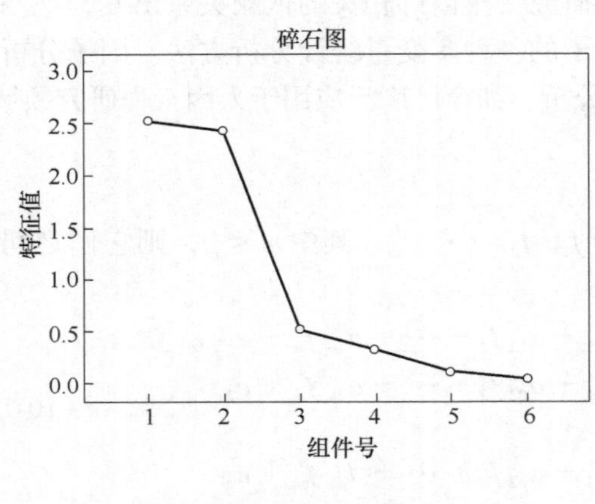

图10-8　碎石图

应用SPSS软件进行计算，使用主成分分析法（Principal Components Factoring）萃取共同因素，采用最大旋转法（Varimax Rotation）作为因素旋转的方法。碎石图见图10-8，可以看出，从第二个因子以后，坡线变得平缓，因而保留两个因子较为适宜。各主成分方差占总方差的百分比见表10-21，可以发现，特征值大于1的因素共有两个，这两个因子对方差的贡献分别为42.174%、40.483%，累计贡献为82.656%。

表10-21　各主成分方差占总方差的百分比

成分	初始特征值			提取平方和载入			旋转平方和载入		
	合计	方差解释率/%	累计/%	合计	方差解释率/%	累计/%	合计	方差解释率/%	累计/%
1	2.530	42.174	42.174	2.530	42.174	42.174	2.501	41.690	41.690
2	2.429	40.483	82.656	2.429	40.483	82.656	2.458	40.967	82.656
3	0.525	8.758	91.414						
4	0.333	5.554	96.969						
5	0.125	2.079	99.047						
6	0.057	0.953	100.000						

旋转后的因子载荷见表10-22，共有两个因子，第1个因子可归纳为环境因子，第2个因子可归纳为产品因子。

表10-22　旋转后的因子载荷

项目	成分	
	1	2
专卖店设计	0.878	0.065
店内氛围	0.903	−0.021
服务质量	0.955	−0.020
产品的可用性	0.023	0.954
产品的价格	0.023	0.903
产品的美观性	−0.018	0.852

表10-22说明6个变量和因子的关系，用x_1，x_2，…，x_6表示6个变量，相应的系数称为因子载荷，则因子f_1和f_2与这些变量之间的关系如下：

$$x_1 = 0.878f_1 + 0.065f_2$$
$$x_2 = 0.903f_1 - 0.021f_2$$
$$x_3 = 0.955f_1 - 0.020f_2$$
$$x_4 = 0.023f_1 + 0.954f_2$$
$$x_5 = 0.023f_1 + 0.903f_2$$
$$x_6 = -0.018f_1 + 0.852f_2$$

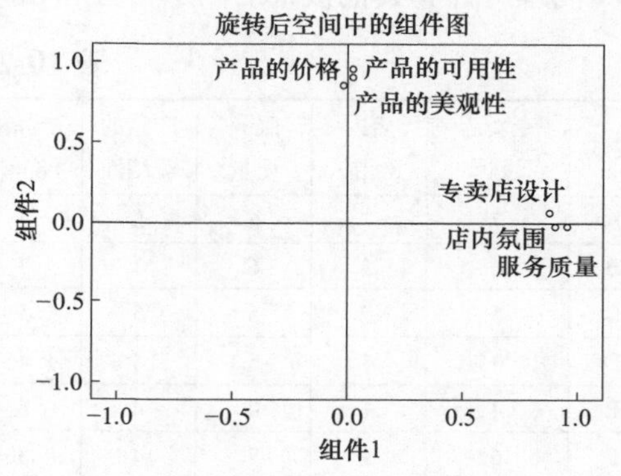

图10-9　因子载荷图

因子载荷所形成的散点图如图10-9所示。

SPSS软件输出的另一个重要结果是因子得分系数，见表10-23。

表10-23　因子得分系数

项目	成分	
	1	2
专卖店设计	0.351	0.020
店内氛围	0.361	−0.015
服务质量	0.382	−0.015
产品的可用性	0.002	0.388
产品的价格	0.002	0.367
产品的美观性	−0.014	0.347

根据表10-23，第一主因子和第二主因子可以按照下面的函数式计算：

$$f_1 = 0.351x_1 + 0.361x_2 + 0.382x_3 + 0.002x_4 + 0.002x_5 - 0.014x_6$$
$$f_2 = 0.020x_1 - 0.015x_2 - 0.015x_3 + 0.388x_4 + 0.367x_5 + 0.347x_6$$

根据上面的公式，可以计算每名被试的第一个因子和第二个因子的得分值，例如对于被试A，因子1得分为：

$$0.351 \times 7 + 0.361 \times 7 + 0.382 \times 6 + 0.002 \times 5 + 0.002 \times 5 - 0.014 \times 2 = 7.274$$

因子2得分为：

$$0.020 \times 7 - 0.015 \times 7 - 0.015 \times 6 + 0.388 \times 5 + 0.367 \times 5 + 0.347 \times 2 = 4.411$$

可将因子得分转化为Z分数，即进行标准化，公式如下：

$$Z = \left(X - \overline{X} \right) / s \tag{10-14}$$

式中，Z为该因子得分转化后的Z分数；X为某一具体的因子得分；$\overline{X}$为所有因子得分的平均值；s为所有因子得分的标准差。Z分数代表原始分数与总体平均值之间的距离，是以标准差为单位计算，当原始分数低于平均值时，Z分数为负数，反之为正数。

本例中因子1的平均值和标准差分别为4.785和1.390，因此对于被试A，因子1的Z分数为

$$\frac{7.274 - 4.785}{1.390} = 1.790$$

因子2的平均值和标准差分别为4.411和4.719，因此对于被试A，因子2的Z分数为

$$\frac{4.411 - 4.719}{1.476} = -0.208$$

同理可计算其他被试的因子得分和相应的Z分数，结果见表10-24。

表10-24　因子得分

被试	专卖店设计	店内氛围	服务质量	产品的可用性	产品的价格	产品的美观性	因子1得分	因子2得分	因子1 Z分数	因子2 Z分数	综合评分
A	7	7	6	5	5	2	7.274	4.411	1.790	−0.208	0.811
B	6	5	6	3	3	3	6.178	3.258	1.001	−0.989	0.026
C	5	5	5	5	5	5	5.426	5.459	0.461	0.501	0.481
D	3	4	5	4	4	4	4.373	4.332	−0.297	−0.262	−0.280
E	4	4	4	4	5	2	4.371	4.040	−0.298	−0.460	−0.377
F	6	5	7	4	3	4	6.548	3.978	1.268	−0.502	0.401
G	6	6	6	5	6	6	6.510	6.162	1.240	0.978	1.112
H	4	1	3	6	5	5	2.868	5.919	−1.379	0.813	−0.305
I	5	2	4	4	3	4	3.967	4.050	−0.589	−0.453	−0.522
J	1	3	3	3	3	3	2.554	3.236	−1.605	−1.004	−1.311
K	4	3	4	1	2	1	4.009	1.442	−0.558	−2.220	−1.372
L	5	4	5	5	4	5	5.063	5.107	0.199	0.263	0.231
M	4	3	4	5	6	6	3.959	6.199	−0.594	1.003	0.188
N	5	4	5	6	5	6	5.054	6.209	0.193	1.010	0.593
O	3	3	4	7	7	5	3.629	6.976	−0.832	1.529	0.325

可在上述基础上，结合方差解释率计算每个被试的综合评分。在本例中，2个因子的方差解释率分别为42.174%、40.483%（见表10-21），对应的权重分别为42.174%/(42.174%+40.483%)=51.023%、40.483%/（42.174% + 40.483%）=48.977%，对于被试A，其综合评分为1.790 × 51.023% + (−0.208) × 48.977% = 0.811，同理可计算其他被试的综合评分。

10.7　聚类分析

（1）概述

聚类分析是借助于相似性指标，从持有的各种样本中归并相似者，将其分成几个类型群

的方法的总称。聚类分析无法掌握每群中是由什么特征的样本所组成，需要研究人员的主观解释。聚类过程需要明确如何度量距离的远近，这涉及两种情况，第一种情况是点与点之间的距离，第二种情况是类与类之间的距离。点与点之间的距离有多种定义方式，最简单的是欧几里得距离。

由一个点组成的类是最基本的类，如果每一类都由一个点组成，则点与点之间的距离就是类与类之间的距离。当某一类包含不止一个点时，就要确定类与类之间的距离。类与类之间的距离是基于点与点之间的距离定义的，它有多种定义方法，如用类中心之间的距离作为类与类之间的距离、用类之间最近点之间的距离作为类与类之间的距离、用类之间最远点之间的距离作为类与类之间的距离等。根据距离来进行聚类是最自然不过的方式了，当然也有一些和距离不同，但起类似作用的概念，如相似性等，两点越相似，就相当于距离越近。

在人因工程领域，常用的聚类方法是层次聚类分析（Hierarchical Cluster Analysis）和*K*均值聚类分析（K-means Cluster Analysis）。

① 层次聚类分析　层次聚类分析法是指从每个点都看成一类开始进行两两合并，每次合并距离最近的两类直到只有一类为止，最后根据需要，结合树状图得到分类。

② *K*均值聚类分析　*K*均值聚类分析法是指先决定将观测值分成*K*类，然后以*K*个点为“种子”，按照到它们的距离远近把所有点分成*K*类，再以这*K*类的均值为新的“种子”再重新分类，如此下去，直到收敛或达到预定的迭代次数，得到最终的*K*类。

层次聚类分析适用于事先不能确定分多少类的情况，*K*均值聚类则适用于事先需要确定分成多少类的情况。下面将通过具体案例介绍这两种方法的使用。

（2）案例

邀请18位实验参与者作为样本，进行用户体验方面的研究，让其使用某产品执行2个任务，实验参与者在这2个任务上所用的时间数据如表10-25所示，试据此对实验参与者进行分类。

表10-25　18位实验参与者在2个任务上所用的时间　s

样本编号	任务1	任务2
1	76	72
2	68	41
3	46	75
4	59	61
5	32	49
6	95	75
7	73	47
8	52	82
9	42	66
10	81	74
11	56	55
12	90	57
13	46	55
14	31	60
15	32	59
16	40	36
17	64	54
18	36	69

采用SPSS软件进行聚类分析，首先进行层次聚类分析，层次聚类分析可选择的方法较多，如最近相邻法、最远相邻法、群内平均法、重心法、中位数法、Ward法等，具体采用哪种方法，可先观察各群组的平均人数，结合调查数据，对各群组中的数据进行交叉统计，然后加以确定。本例采用Ward法，该方法样本间的距离采用欧几里得距离的平方，如样本1和样本2之间的距离为：$(76-68)^2+(72-41)^2=1025$，同理可计算其他样本间的距离，结果见表10-26。

表10-26　样本间的距离

项目	1	2	3	4	5	6	7	8	9	10	11	12	13	14	15	16	17	18
1	0	1025	909	410	2465	370	634	676	1192	29	689	421	1189	2169	2105	2592	468	1609
2	1025	0	1640	481	1360	1885	61	1937	1301	1258	340	740	680	1730	1620	809	185	1808
3	909	1640	0	365	872	2401	1513	85	97	1226	500	2260	400	450	452	1557	765	136
4	410	481	365	0	873	1492	392	490	314	653	45	977	205	785	733	986	74	593
5	2465	1360	872	873	0	4645	1685	1489	389	3026	612	3428	232	122	100	233	1049	416
6	370	1885	2401	1492	4645	0	1268	1898	2890	197	1921	349	2801	4321	4225	4546	1402	3517
7	634	61	1513	392	1685	1268	0	1666	1322	793	353	389	793	1933	1825	1210	130	1853
8	676	1937	85	490	1489	1898	1666	0	356	905	745	2069	765	925	929	2260	928	425
9	1192	1301	97	314	389	2890	1322	356	0	1585	317	2385	137	157	149	904	628	45
10	29	1258	1226	653	3026	197	793	905	1585	0	986	370	1586	2696	2626	3125	689	2050
11	689	340	500	45	612	1921	353	745	317	986	0	1160	100	650	592	617	65	596
12	421	740	2260	977	3428	349	389	2069	2385	370	1160	0	1940	3490	3368	2941	685	3060
13	1189	680	400	205	232	2801	793	765	137	1586	100	1940	0	250	212	397	325	296
14	2169	1730	450	785	122	4321	1933	925	157	2696	650	3490	250	0	2	657	1125	106
15	2105	1620	452	733	100	4225	1825	929	149	2626	592	3368	212	2	0	593	1049	116
16	2592	809	1557	986	233	4546	1210	2260	904	3125	617	2941	397	657	593	0	900	1105
17	468	185	765	74	1049	1402	130	928	628	689	65	685	325	1125	1049	900	0	1009
18	1609	1808	136	593	416	3517	1853	425	45	2050	596	3060	296	106	116	1105	1009	0

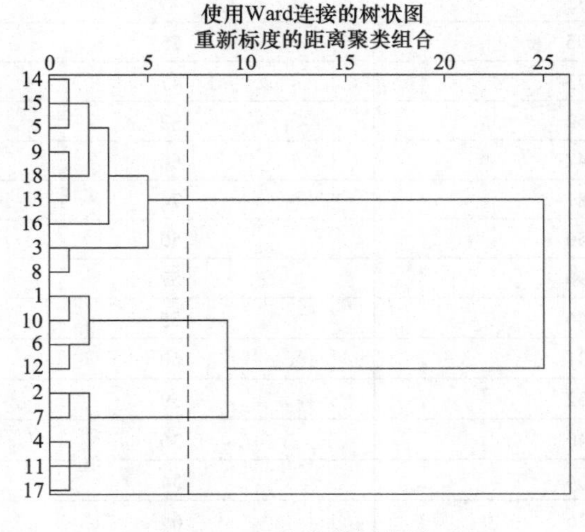

图10-10　聚类的树状图

聚类过程通常根据样本间的距离进行，如样本14和样本15之间的距离最小，其值为2，因此先将这两个样本分成一类，然后再依次往下进行，结果如图10-10所示。根据树状图确定分类数量时，可结合调查过程的分类状况，本例中将群体分成3类时较为合适，分类情况如图中的虚线所示。

接着使用SPSS软件进行K均值聚类分析，将类数量设定为3，运算结果如下：表10-27列出了每个类中的样本数量，表10-28给出了每个类的类中心，表10-29呈现了每个类中样本的情况。

表 10-27　每个类中的样本数量

类	1	4
	2	6
	3	8
有效的样本数量		18
缺失的样本数量		0

表 10-28　最终的类中心

项目	类		
	1	2	3
任务 1/s	85.50	60.00	39.63
任务 2/s	69.50	49.00	64.38

表 10-29　每个类中样本的情况

样本编号	任务 1/s	任务 2/s	分类	距离
10	81	74	1	6.36
1	76	72	1	9.82
6	95	75	1	10.98
12	90	57	1	13.29
17	64	54	2	6.40
11	56	55	2	7.21
2	68	41	2	11.31
4	59	61	2	12.04
7	73	47	2	13.15
16	40	36	2	23.85
9	42	66	3	2.88
18	36	69	3	5.88
15	32	59	3	9.33
14	31	60	3	9.67
13	46	55	3	11.34
3	46	75	3	12.39
5	32	49	3	17.16
8	52	82	3	21.54

*K*均值聚类法中的距离为欧几里得距离，从表中可以发现，样本10为距离类1中心最近的样本，其距离为6.36（$\sqrt{(81-85.50)^2+(74-69.50)^2}=6.36$）；样本17为距离类2中心最近的样本，其距离为6.40（$\sqrt{(64-60.00)^2+(54-49.00)^2}=6.40$）；样本9为距离类3中心最近的样本，其距离为2.88（$\sqrt{(42-39.63)^2+(66-64.38)^2}=2.88$）。

10.8　多维尺度分析

（1）概述

多维尺度分析（Multidimensional Scaling，也称多元尺度分析）将个体间的相异程度转换成个体间的距离，然后利用个体间的距离去寻找每个个体在低维空间中的坐标位置，将所有个体呈现在低维空间中，在低维空间描述相似性和不相似性，以得到对象关系的“空间”理解，因此多维尺度分析有时也被称为知觉构图技术（Perceptual Mapping Technique）。

多维尺度分析的基本计算可归纳为以下4个步骤：

第一步：求配对项目间的相似性，将其作为初始分析的数据。若有N个项目，不同配对项目间共有$M = N(N-1)/2$个相似程度，将其距离从大到小排列。

第二步：计算N个项目在q个维度的构形图，其中成对项目在构形图中的距离与第一步得到的距离数量一致。

第三步：计算压力系数，判断前两步得到的距离的匹配程度。

第四步：根据压力系数等指标，选择最合适的构形图模式。

下面结合案例介绍多维尺度法的应用。

（2）案例一

对4款汽车的相似性进行调查，其中1表示“非常相似”，2表示“略微相似”，3表示“没意见”，4表示“不太相似”，5表示“完全不相似”。对3位被试的调查数据进行整理，结果如表10-30所示，试据此进行多维尺度分析。

表10-30　针对4款汽车相似性的调查结果

		汽车A	汽车B	汽车C	汽车D
被试1	汽车A	0			
	汽车B	2	0		
	汽车C	5	2	0	
	汽车D	5	3	2	0
被试2	汽车A	0			
	汽车B	4	0		
	汽车C	4	3	0	
	汽车D	4	2	2	0
被试3	汽车A	0			
	汽车B	5	0		
	汽车C	4	3	0	
	汽车D	3	3	2	0

需要注意的是，多维尺度法中的数值代表两个样本的认知差距，最大相似性配对最小等级数字，即输入数据为相异性矩阵。如果调查的规则为“同一类时相应的矩阵元素记1分，否则记零分”，则需要用总数减去调查所得的相似性矩阵。

使用SPSS软件对上述数据进行计算，结果如表10-31所示。

表10-31　多元尺度分析表

维度	Stress	RSQ
1	0.255	0.324
2	0.139	0.802
3	0.126	0.836

在多元尺度分析的结果中，Stress为Kruskal压力系数，数值越接近0，表示配合度愈好；RSQ即R平方（R-Square），表示组间平方和除以总变异平方和，该值越接近1，表示解释能力越强。在本例中，当维度为2时，Stress和RSQ的值表现均较好，各样本在2维空间中的坐标如表10-32所示，分布情况见图10-11。

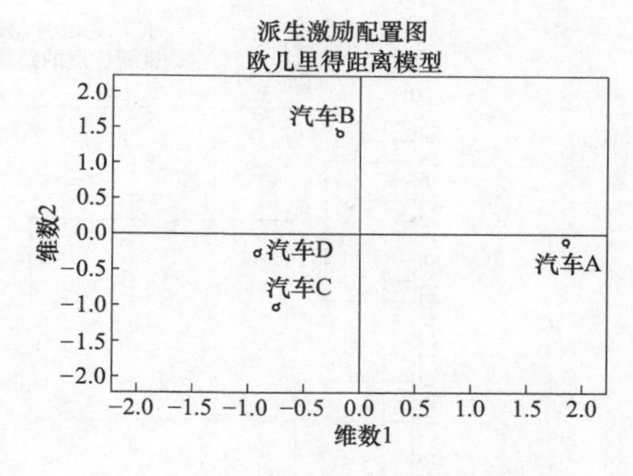

图10-11　样本在2维空间的分布图

表10-32　样本在2维空间中的坐标

样本序号	样本名称	维度1	维度2
1	汽车A	1.8527	−0.105
2	汽车B	−0.1846	1.4079
3	汽车C	−0.7493	−1.0295
4	汽车D	−0.9188	−0.2734

多维尺度法与聚类分析等方法结合使用时，有助于解决产品的差异化战略或新产品开发时的概念探索等问题。

（3）案例二（多元尺度法与聚类分析法的结合）

收集125个办公座椅的图片样本，删除造型奇怪、特殊或相似的样本，最终确定62个样本进行多元尺度分析。表10-33为62个样本在不同维度的多元尺度分析结果，当维度为6时，Stress的值为0.10445，RSQ的值为0.83976，能够满足相关要求，可见6维空间对数据的拟合程度较好，因此选用6维作为分析基础。

表10-33　多元尺度分析表

维度	Stress	RSQ
2	0.31419	0.49575
3	0.20931	0.65766
4	0.16144	0.74676
5	0.12589	0.80206
6	0.10445	0.83976

对62个样本在6维空间中的坐标值进行聚类分析，以寻找各类中的典型样本。先应用层次聚类，其分析方法采用Ward's Method，结果如图10-12所示，当分类多时，类间的区别不明显，当分类少时，类间的距离过大，可以发现分为6类时较为妥当，如图中的虚线所示。

再应用K均值聚类，设定聚类数为6，对坐标值进行分析，确定各个样本到聚类中心的距离，每一类中距离最小者为该类的典型样本。以第3类为例，其分类结果如表10-34所示，其中第32个样本到类中心的距离最小，为该类的典型样本。同理可确定其他类的典型样本，最终确定的6个典型样本如图10-13所示。

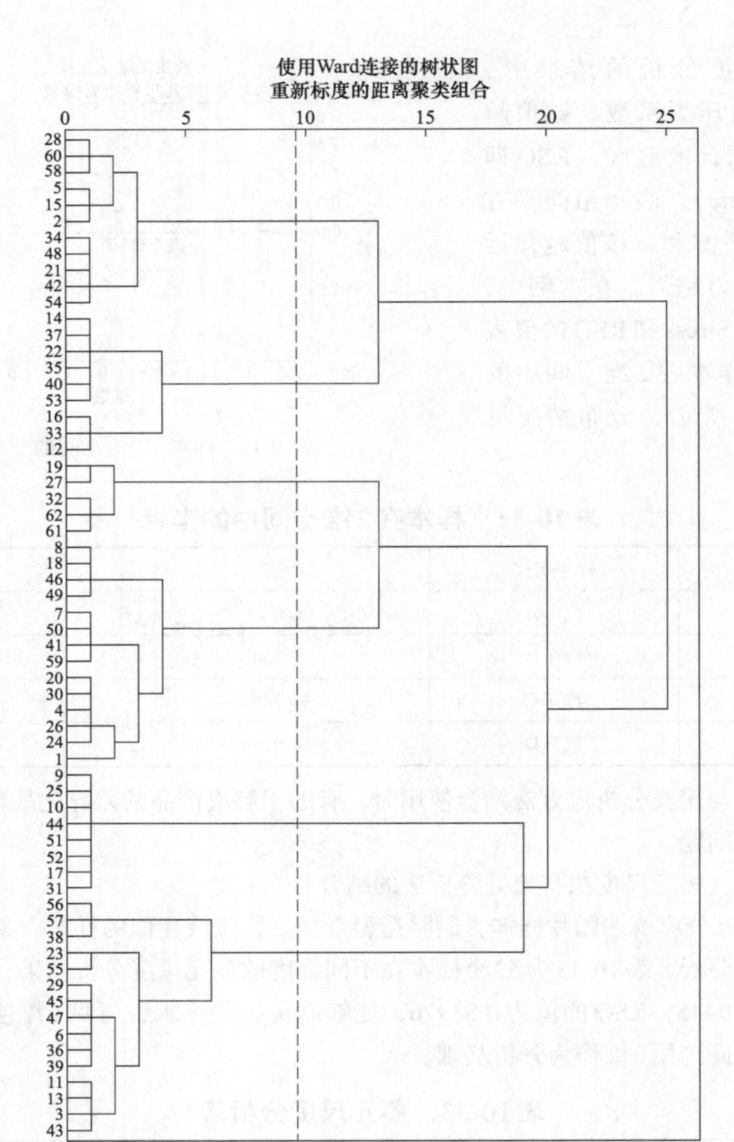

图10-12　层次聚类分析结果

图10-13　最终确定的6个代表性样本

表10-34　第3类各样本到类中心的距离

样本	类别	到类中心的距离
32	3	0.65528
61	3	0.88490
62	3	0.98244
19	3	1.09293
27	3	1.19231

思考与练习

1. 多变量分析可以分为哪些类型？多变量分析的方法有哪些？
2. 试采用多元回归分析对调查或测试数据进行分析。
3. 试采用数量化理论Ⅰ对调查或测试数据进行分析。
4. 试采用结合分析对调查或测试数据进行分析。
5. 试采用Logistic回归分析对调查或测试数据进行分析。
6. 试采用因子分析对调查或测试数据进行分析。
7. 试采用聚类分析对调查或测试数据进行分析。
8. 试采用多维尺度分析对调查或测试数据进行分析。

拓展学习

1. ［日］酒井隆．图解市场调查指南［M］．郑文艺，陈菲，译．广州：中山大学出版社，2008.

2. ［德］克劳斯·巴克豪斯，［德］本德·埃里克森，［德］伍尔夫·普林克，等．多元统计分析方法：用SPSS工具．第2版［M］．上海：格致出版社，2017.

3. 董文泉，周光亚，夏立显．数量化理论及其应用［M］．长春：吉林人民出版社，1979.

4. 吴喜之．统计学：从数据到结论．第4版［M］．北京：中国统计出版社，2013.

5. 费宇．多元统计分析——基于R．第2版［M］．北京：中国人民大学出版社，2020.

6. 林震岩．多变量分析：SPSS的操作与应用［M］．北京：北京大学出版社，2007.

7. 张文彤，董伟．SPSS统计分析高级教程．第3版［M］．北京：高等教育出版社，2018.

8. Hair J F，Black W C，Babin B J，et al. Multivariate data analysis［M］. Andover，Hampshire：Cengage，2019.

9. Johnson D E. Applied multivariate methods for data analysts［M］. Pacific Grove，California：Duxbury Press，1998.

第11章 常用评价方法

11.1 简单加权法

11.1.1 简单加权法概述

简单加权法（Simple Additive Weighting，SAW）是多属性决策方法中，最常被使用的方法。简单加权法的计算方法为决策者对每个方案的每一个属性决定评价分数后，与对应的属性权重相乘，得到一个属性分数，再将方案的每个属性分数相加，得到每个方案的最终分数，并以此排序，分数最高的方案为第一优选方案。简单加权法具有理论基础简单、计算容易的优点。

简单加权法的基本假设是每个评估属性之间需要完全独立，其意义为单一属性对方案总分的贡献是独立于其他属性的价值。因此，决策者在使用简单加权法时，最好能确认各属性间的相互独立性。

11.1.2 简单加权法的步骤

（1）将决策问题转换成决策矩阵

假设有m个方案，n个评估指标，则决策矩阵$\boldsymbol{A}$可表示为

$$\boldsymbol{A}=\left[x_{ij}\right]_{m\times n}=\begin{bmatrix} x_{11} & x_{12} & \cdots & x_{1n} \\ x_{21} & x_{22} & \cdots & x_{2n} \\ \vdots & \vdots & & \vdots \\ x_{m1} & x_{m2} & \cdots & x_{mn} \end{bmatrix} \tag{11-1}$$

式中，x_{ij}为第i个方案第j个属性的值。

（2）将决策矩阵标准化

决策矩阵的标准化也称为正规化，其目的是将数据映射到［0，1］区间，并且方向相同，决策矩阵的标准化可分为两种情况：

① 当属性为效益型（正向）时，标准化的方法为

$$r_{ij}=\frac{x_{ij}}{x_j^{\max}}，j=1，2，\cdots，n \tag{11-2}$$

② 当属性为成本型（逆向）时，标准化的方法为

$$r_{ij}=\frac{x_j^{\min}}{x_{ij}}，j=1，2，\cdots，n \tag{11-3}$$

需要注意的是，如果分母为0时，采用上面的方法进行标准化时没有意义，此时可采用本章后面部分提到的标准化方法。

（3）确定最优方案

最优方案的选择，可通过下式定义：

$$Z^* = \left\{ Z_i \middle| \max \left\{ \frac{\sum_{j=1}^{n} w_j \times r_{ij}}{\sum_{j=1}^{n} w_j} \right\} \right\} \tag{11-4}$$

式中，Z^*为最优方案；Z_i为方案i的综合评价值；$\sum_{j=1}^{n} w_j = 1$。

11.1.3 简单加权法的应用案例

现有4款战机，共有6个评价指标，分别是飞行速度、战斗距离、最大载重、价格、可靠度、操控能力，相关数据见表11-1，采用简单加权法对4款战机进行评价。

表11-1 评价指标值

型号	飞行速度/马赫	战斗距离/km	最大载重/kg	价格/10^6 美元	可靠度	操控能力
A_1	2.0	1500	20000	5.5	5	9
A_2	2.5	2700	18000	6.5	3	5
A_3	1.8	2000	21000	4.5	7	7
A_4	2.2	1800	20000	5.0	5	5

根据4款战机在6个评价指标上的值，决策矩阵$\boldsymbol{A}$为

$$\boldsymbol{A} = \left[x_{ij} \right]_{4 \times 6} = \begin{bmatrix} 2.0 & 1500 & 20000 & 5.5 & 5 & 9 \\ 2.5 & 2700 & 18000 & 6.5 & 3 & 5 \\ 1.8 & 2000 & 21000 & 4.5 & 7 & 7 \\ 2.2 & 1800 & 20000 & 5.0 & 5 & 5 \end{bmatrix}$$

对决策矩阵$\boldsymbol{A}$中的数据进行标准化，第4个指标“价格”属于成本型，根据式（11-3）进行标准化；其余为效益型，根据式（11-2）进行标准化。标准化后的矩阵$\boldsymbol{R}$为

$$\boldsymbol{R} = \left[r_{ij} \right]_{4 \times 6} = \begin{bmatrix} 0.80 & 0.56 & 0.95 & 0.82 & 0.71 & 1.00 \\ 1.00 & 1.00 & 0.86 & 0.69 & 0.43 & 0.56 \\ 0.72 & 0.74 & 1.00 & 1.00 & 1.00 & 0.78 \\ 0.88 & 0.67 & 0.95 & 0.90 & 0.70 & 0.56 \end{bmatrix}$$

假设本案例中$w = (0.2, 0.1, 0.1, 0.1, 0.2, 0.3)$，则每个方案的综合评价值如下：

$$Z_1 = \sum_{j=1}^{6} w_j \times r_{1j} = 0.835$$

$$Z_2 = \sum_{j=1}^{6} w_j \times r_{2j} = 0.707$$

$$Z_3 = \sum_{j=1}^{6} w_j \times r_{3j} = 0.851$$

$$Z_4 = \sum_{j=1}^{6} w_j \times r_{4j} = 0.737$$

根据综合评价值，方案的优劣排序为$A_3 > A_1 > A_4 > A_2$，因此战机A_3最优。

11.2 TOPSIS

11.2.1 TOPSIS概述

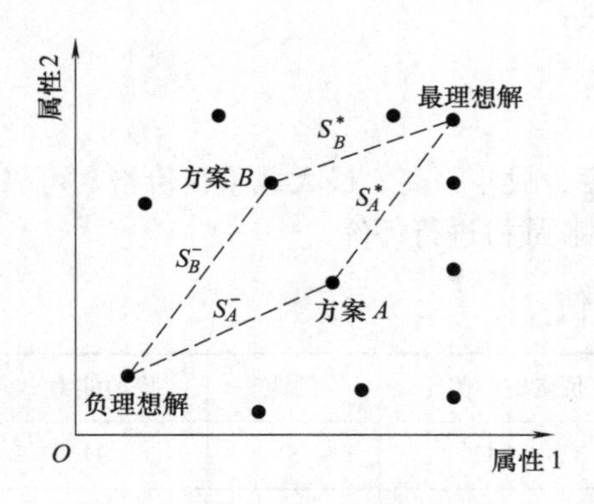

图 11-1 TOPSIS方案评价示意图

理想解类似度偏好顺序评估法（Technique for Order Preference by Similarity to Ideal Solution，TOPSIS）是由 Hwang 和 Yoon 于 1981 年提出。在TOPSIS中，每个方案的评估可以通过该方案与最理想解和负理想解的距离来衡量，最理想解和负理想解未必真实存在，但可依此为基准，采用“趋吉避凶”的观念来选择方案。TOPSIS方案评价的示意图如图11-1所示，方案j与最理想解的距离为S_j^*，与负理想解的距离为S_j^-，方案A与方案B的S_A^*、S_A^-、S_B^*、S_B^-在图中均以虚线表示。距最理想解越近（S_j^*越小）而距负理想解越远（S_j^-越大）的方案越佳。

11.2.2 TOPSIS的步骤

（1）架构问题与分清决策元素

先定义问题，了解问题的本质，分清相关的决策元素。然后建立目标层级架构，确定对应的评价属性。接着产生设计方案，建立方案集合。

（2）建立各方案对各属性的评分矩阵并予以标准化

设有m个方案n个属性，方案i在属性j的评分为x_{ij}，则评分矩阵为

$$\boldsymbol{A}=\begin{bmatrix} x_{11} & x_{12} & \cdots & x_{1n} \\ x_{21} & x_{22} & \cdots & x_{2n} \\ \vdots & \vdots & & \vdots \\ x_{m1} & x_{m2} & \cdots & x_{mn} \end{bmatrix} \tag{11-5}$$

对数据进行标准化处理

$$r_{ij}=\frac{x_{ij}}{\sqrt{\sum_{i=1}^{m} x_{ij}^2}} \tag{11-6}$$

（3）决定各属性相对权重，并将标准化评分矩阵乘以属性权重

令w_j为属性j的相对权重，v_{ij}为标准化评分与属性权重的乘积，即

$$v_{ij}=w_j r_{ij} \tag{11-7}$$

$$\begin{bmatrix} v_{11} & v_{12} & \cdots & v_{1n} \\ v_{21} & v_{22} & \cdots & v_{2n} \\ \vdots & \vdots & & \vdots \\ v_{m1} & v_{m2} & \cdots & v_{mn} \end{bmatrix}=\begin{bmatrix} w_1 r_{11} & w_2 r_{12} & \cdots & w_n r_{1n} \\ w_1 r_{21} & w_2 r_{22} & \cdots & w_n r_{2n} \\ \vdots & \vdots & & \vdots \\ w_1 r_{m1} & w_2 r_{m2} & \cdots & w_n r_{mn} \end{bmatrix} \tag{11-8}$$

（4）方案衡量

最理想解在望大属性上达到最大值，在望小属性上达到最小值，属性值为v_j^*。负理想解在

望大属性上达到最小值，在望小属性上达到最大值，属性值为v_j^-。

方案i到最理想解距离为分离度S_i^*，到负理想解距离为分离度S_i^-。

$$S_i^* = \sqrt{\sum_{j=1}^{n}\left(v_{ij} - v_j^*\right)^2}，\ i = 1，2，\cdots，m \tag{11-9}$$

$$S_i^- = \sqrt{\sum_{j=1}^{n}\left(v_{ij} - v_j^-\right)^2}，\ i = 1，2，\cdots，m \tag{11-10}$$

（5）汇总模式

TOPSIS以相对接近度C_i^*来整合方案i到最理想解和负理想解的两种距离度量，采用比例方式来汇总两种分离度，公式为

$$C_i^* = \frac{S_i^-}{S_i^* + S_i^-} \tag{11-11}$$

（6）根据相对接近度选择最佳方案

根据C_i^*的值选择最佳设计方案，C_i^*越接近1，表示该方案距最理想解越近，距负理想解越远，从而方案越佳。

11.2.3 TOPSIS的应用案例

针对表11-1中的案例，采用TOPSIS进行评价决策。

4款战机在6个评价指标上的得分情况为

$$\boldsymbol{A} = \begin{bmatrix} 2.0 & 1500 & 20000 & 5.5 & 5 & 9 \\ 2.5 & 2700 & 18000 & 6.5 & 3 & 5 \\ 1.8 & 2000 & 21000 & 4.5 & 7 & 7 \\ 2.2 & 1800 & 20000 & 5.0 & 5 & 5 \end{bmatrix}$$

采用式（11-6）对数据进行标准化，如对于x_{11}，有

$$2.0 \Big/ \sqrt{2.0^2 + 2.5^2 + 1.8^2 + 2.2^2} = 0.467$$

同理可对其他数据进行标准化，结果为

$$\boldsymbol{R} = [r_{ij}]_{4\times 6} = \begin{bmatrix} 0.467 & 0.366 & 0.506 & 0.506 & 0.481 & 0.671 \\ 0.584 & 0.659 & 0.455 & 0.598 & 0.289 & 0.373 \\ 0.420 & 0.488 & 0.531 & 0.414 & 0.674 & 0.522 \\ 0.514 & 0.439 & 0.506 & 0.460 & 0.481 & 0.373 \end{bmatrix}$$

假设决策者的偏好权重为

$$\boldsymbol{W} = \left[w_1，w_2，w_3，w_4，w_5，w_6\right] = \left[0.2，0.1，0.1，0.1，0.2，0.3\right]$$

则加权后的标准化矩阵为

$$\boldsymbol{V} = [v_{ij}]_{4\times 6} = \begin{bmatrix} 0.093 & 0.037 & 0.056 & 0.051 & 0.096 & 0.201 \\ 0.117 & 0.066 & 0.046 & 0.060 & 0.058 & 0.111 \\ 0.084 & 0.049 & 0.053 & 0.041 & 0.135 & 0.157 \\ 0.103 & 0.044 & 0.051 & 0.046 & 0.096 & 0.112 \end{bmatrix}$$

求最理想解和负理想解，第4个指标是价格，属于望小型，其余指标均为望大型，则

$$\begin{aligned} \boldsymbol{A}^* &= \left[\max_i v_{i1}，\max_i v_{i2}，\max_i v_{i3}，\min_i v_{i4}，\max_i v_{i5}，\max_i v_{i6}\right] \\ &= \left[0.117，0.066，0.053，0.041，0.135，0.201\right] \end{aligned}$$

$$A^- = \left[\min_i v_{i1},\ \min_i v_{i2},\ \min_i v_{i3},\ \max_i v_{i4},\ \min_i v_{i5},\ \min_i v_{i6}\right]$$
$$= [0.084,\ 0.037,\ 0.046,\ 0.060,\ 0.058,\ 0.112]$$

计算分离度S_i^*和S_i^-

$$S_1^* = \sqrt{\sum_{j=1}^{6}\left(v_{1j} - v_j^*\right)^2}$$
$$= \sqrt{(0.093 - 0.117)^2 + (0.037 - 0.066)^2 + \cdots + (0.201 - 0.201)^2} = 0.055$$
$$S_1^- = \sqrt{\sum_{j=1}^{6}\left(v_{1j} - v_j^-\right)^2}$$
$$= \sqrt{(0.093 - 0.084)^2 + (0.037 - 0.037)^2 + \cdots + (0.201 - 0.112)^2} = 0.098$$

同理可得

$$S_2^* = 0.120,\ S_3^* = 0.058,\ S_4^* = 0.101$$
$$S_2^- = 0.044,\ S_3^- = 0.092,\ S_4^- = 0.046$$

计算对理想解的相对接近度

$$C_1^* = \frac{S_1^-}{S_1^* + S_1^-} = \frac{0.098}{0.055 + 0.098} = 0.641$$

同理可得，$C_2^* = 0.268$，$C_3^* = 0.613$，$C_4^* = 0.312$。

按计算出的C_i^*进行大小排序，选出最优者。C_i^*值越接近1，表示所评价的样本越佳。据此，4款战机的优劣顺序为$A_1 > A_3 > A_4 > A_2$，因此战机A_1最优。

11.3 层次分析法

11.3.1 层次分析法概述

层次分析法（Analytic Hierarchy Process，AHP）是Saaty教授于1971年提出的一个实用的多属性评价方法，其目的在于利用一个层级的结构将复杂问题系统化，将决策元素划分成不同维度，并由不同维度将问题加以层级分解和架构，使大型复杂的决策问题解构成多个小问题，然后分别进行比较评价，最后再加以整合。层次分析法特色在于基于评估属性之间的成对比较，构建成对比较矩阵，以反映决策者的主观偏好架构，再利用特征向量的计算来确定各属性间的相对权重。

基于层次分析法的设计评价分析架构如图11-2所示，其中计算各属性的相对权重和各方案的相对评价值，使用的方法都是以成对比较矩阵计算特征向量而得到的，都包括3个子步骤：建立成对比较矩阵；计算特征向量；验证一致性。下面将对层次分析法应用于设计评价的步骤进行详细说明。

11.3.2 层次分析法的步骤

（1）架构问题与分清决策元素

可利用头脑风暴法、焦点访谈、Delphi法等方法，将影响决策的元素逐一列出。

（2）目标定义与层级架构

产生目标集合，并将其发展为层级架构。图11-3为产品设计评价的层级架构图，总目标“产品设计评价”被分解为2个根本目标，每个根本目标又被分解为可衡量该目标的属性。

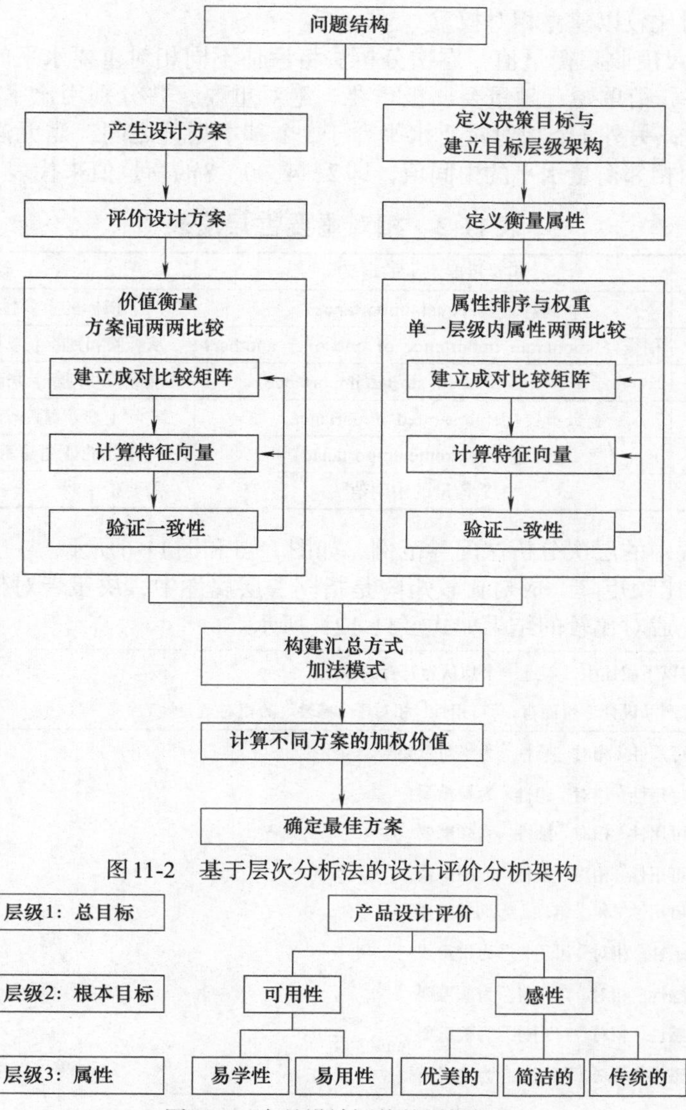

图11-2　基于层次分析法的设计评价分析架构

图11-3　产品设计评价的层级架构

（3）方案产生与层级架构

层次分析法层级架构的最底层元素为该决策的待选方案，如对于产品设计评价，其层级架构与待选方案如图11-4所示。

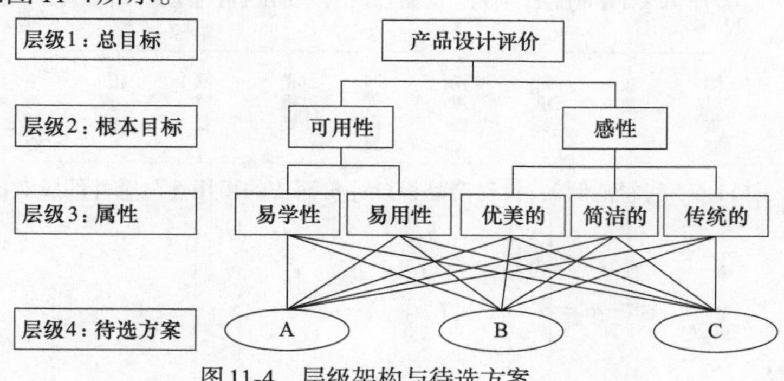

图11-4　层级架构与待选方案

（4）属性成对比较以建立相对权重

① 根据评估尺度收集衡量值　层次分析法将评估不同相对重要水平的基本划分设定为5级，即同等重要、稍重要、颇重要、极重要、绝对重要，并分别用比率尺度1、3、5、7、9的衡量值来代表；另外4个相对重要水平介于5个基本划分之间，当无法进一步区分而需要折中时，可以用相邻衡量水平的中间值，即2、4、6、8的衡量值来代表，如表11-2所示。

表11-2　相对重要性尺度表

相对重要性程度	相对重要水平的定义	说明
1	同等重要(equal importance)	两个指标的重要性一样
3	稍重要(moderate importance of one over another)	从经验和判断上来看,某一个指标稍微重要
5	颇重要(essential or strong importance)	从经验和判断上来看,某一个指标颇为重要
7	极重要(demonstrated importance)	实际上显示某一个指标极为重要
9	绝对重要(extreme importance)	有充分的证据显示某一个指标绝对重要
2,4,6,8	相邻衡量的中间值	需要折中时

设计评价过程中的层次分析法问卷范例，如图11-5和图11-6所示。

② 建立成对比较矩阵　成对比较矩阵是指同一层属性中，决策者对任意两个属性的相对重要性的判断，成对比较的结果如式（11-12）所示。

请在以下叙述中，勾选一个您认为符合的叙述。

针对产品设计评价而言，“可用性”相对于“感性”的相对重要性为：

□ **“可用性”相对“感性”为绝对重要**

□ **“可用性”相对“感性”为极重要**

□ **“可用性”相对“感性”为颇重要**

□ **“可用性”相对“感性”为稍重要**

□ **“可用性”和“感性”为同等重要**

□ **“感性”相对“可用性”为稍重要**

□ **“感性”相对“可用性”为颇重要**

□ **“感性”相对“可用性”为极重要**

□ **“感性”相对“可用性”为绝对重要**

图11-5　问卷范例1：针对产品设计评价而言的可用性与感性的成对比较

针对产品设计评价而言，可用性与感性的相对重要性为何？请勾选一个您认为复合的叙述：

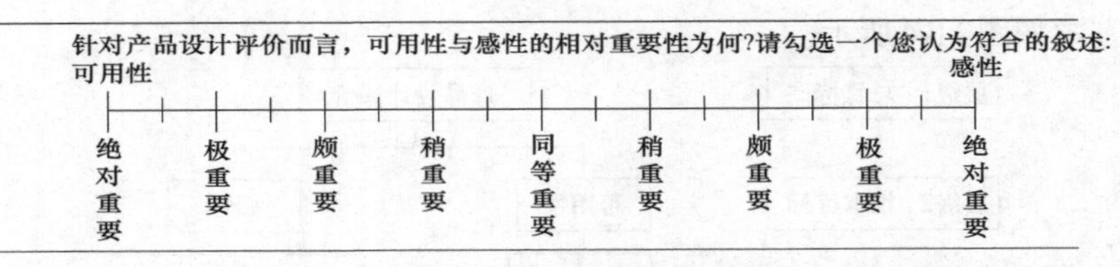

图11-6　问卷范例2：针对产品设计评价而言的可用性与感性的成对比较

$$\boldsymbol{A}=\begin{bmatrix} 1 & a_{12} & \cdots & \cdots & a_{1n} \\ 1/a_{12} & 1 & a_{23} & \cdots & a_{2n} \\ \cdots & 1/a_{23} & \cdots & \cdots & \cdots \\ \vdots & \vdots & & & \vdots \\ 1/a_{1n} & 1/a_{2n} & \cdots & \cdots & 1 \end{bmatrix} \tag{11-12}$$

式中，a_{12}代表属性1相对于属性2的相对重要性，矩阵的下三角部分的数值为上三角相对位置数值的倒数，即$a_{12}=1/a_{21}$。主对角线的部分为指标自己与自己比较，也就是说a_{11}，a_{22}，…，a_{nn}的值均为1。

③ 计算特征值与特征向量　特征值λ与特征向量$\boldsymbol{X}$的关系为

$$\boldsymbol{AX}=\lambda\boldsymbol{X} \tag{11-13}$$

经移项后，可得

$$(\boldsymbol{A}-\lambda\boldsymbol{I})\boldsymbol{X}=0 \tag{11-14}$$

式（11-14）成立的条件是特征向量$\boldsymbol{X}$为非零向量，且

$$\det(\boldsymbol{A}-\lambda\boldsymbol{I})=0 \tag{11-15}$$

求解上述行列式，即可求得矩阵$\boldsymbol{A}$的n个特征值λ，其中最大特征值为$\lambda_{\max}$，其对应的特征向量即为权重向量$\boldsymbol{W}$。

案例：假设成对比较矩阵$\boldsymbol{A}$如下，试计算特征值与特征向量。

$$\boldsymbol{A}=\begin{bmatrix}1 & 4 & 9\\ 1/4 & 1 & 3\\ 1/9 & 1/3 & 1\end{bmatrix}$$

根据式（11-15），可得

$$\det(\boldsymbol{A}-\lambda\boldsymbol{I})=\begin{bmatrix}1-\lambda & 4 & 9\\ 1/4 & 1-\lambda & 3\\ 1/9 & 1/3 & 1-\lambda\end{bmatrix}=0$$

对行列式进行求解，可得

$$(1-\lambda)^3-3(1-\lambda)+\frac{225}{108}=0$$

最大特征值$\lambda_{\max}=3.009$，其对应的特征向量，即权重向量如下：

$$\boldsymbol{W}=[w_1\quad w_2\quad w_3]^{\mathrm{T}}=[0.727\quad 0.200\quad 0.073]^{\mathrm{T}}$$

④ 验证一致性　理性决策者的偏好架构应该满足传递性，因此，理想情况下决策者进行成对比较的结果应该满足传递性。然而，人的主观判断所构成的成对比较矩阵不容易完全满足传递性，需要测试其偏好的一致性程度。

为了验证决策者在进行成对比较时，给定的衡量值是否满足一致性，可使用一致性指标（Consistency Index，C.I.），其计算公式与含义如下：

$$\text{C.I.}=\frac{\lambda_{\max}-n}{n-1}\begin{cases}=0, & \text{表示前后判断具有完全一致性}\\ \leqslant 0.1, & \text{表示前后虽不完全一致，但为可接受的偏误}\\ >0.1, & \text{表示前后判断有偏差，不连贯}\end{cases} \tag{11-16}$$

当决策问题比较复杂，两两比较的判断变多时，成对比较矩阵的阶数会增加，因而不容易维持判断的一致性。此时，可采用一致性比率（Consistency Ratio，C.R.），一致性比率利用随机指数（Random Index，R.I.）调整不同阶数下产生不同程度的C.I.值的变化，随机指数见表11-3。

表11-3　随机指数表

阶数	1	2	3	4	5	6	7	8	9	10	11	12	13	14	15
R.I.	N.A.	N.A.	0.58	0.90	1.12	1.24	1.32	1.41	1.45	1.49	1.51	1.48	1.56	1.57	1.58

在不同阶数的矩阵下，C.I.值经过R.I.值调整后，可以得到C.R.值，即

$$\text{C.R.} = \frac{\text{C.I.}}{\text{R.I.}} \tag{11-17}$$

当C.R. ≤0.1时，矩阵的一致性程度才是令人满意的。当C.R.的值超过可接受的上限0.1时，表示成对比较矩阵的结果不符合一致性要求。

（5）方案成对比较以建立各属性下的方案衡量

方案间的两两比较必须在每个属性下都进行一次，操作过程与建立属性间相对权重的过程相同，包括：根据评价尺度收集衡量值、建立方案间的成对比较矩阵、计算特征值与特征向量、验证一致性。

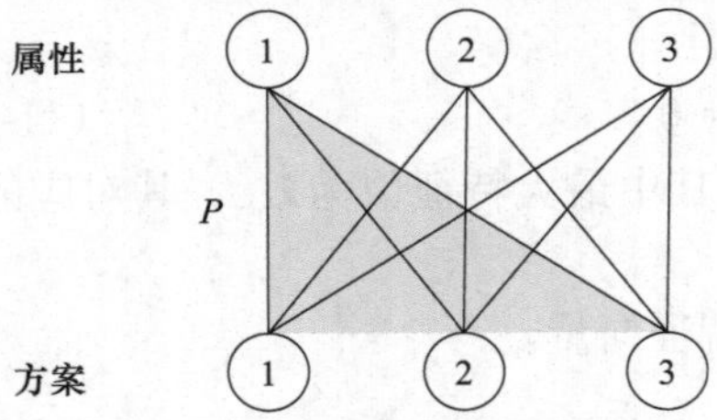

属性
1 2 3
P
方案
1 2 3

图11-7　3个属性3个方案的层级架构

案例：假设有3个属性与3个方案，其层级架构如图11-7所示。

① 根据评价尺度收集衡量值　采取问卷调查的方式，以两两比较的问题作为媒介，萃取决策者在一个属性下对两个方案符合该属性的相对程度作评价。图11-8为针对属性1时，方案1与方案2的成对比较。

请在以下叙述中，勾选一个您认为符合的叙述。 针对属性1而言，“方案1”相对于“方案2”的相对价值为：
□“方案1”相对“方案2”为绝对符合
□“方案1”相对“方案2”为极符合
□“方案1”相对“方案2”为颇符合
□“方案1”相对“方案2”为稍符合
□“方案1”和“方案2”为同等符合
□“方案2”相对“方案1”为稍符合
□“方案2”相对“方案1”为颇符合
□“方案2”相对“方案1”为极符合
□“方案2”相对“方案1”为绝对符合

图11-8　问卷范例：针对属性1时方案1与方案2的成对比较

② 建立方案间的成对比较矩阵　令矩阵$\boldsymbol{P}$为考虑属性1下3个方案间的成对比较矩阵

$$\boldsymbol{P} = \begin{bmatrix} 1 & p_{12} & p_{13} \\ 1/p_{12} & 1 & p_{23} \\ 1/p_{13} & 1/p_{23} & 1 \end{bmatrix}$$

式中，p_{12}表示方案1相较于方案2符合属性1的程度；p_{13}表示方案1相较于方案3符合属性1的程度；p_{23}表示方案2相较于方案3符合属性1的程度。

同理，令矩阵$\boldsymbol{Q}$为考虑属性2下3个方案间的成对比较矩阵，矩阵$\boldsymbol{R}$为考虑属性3下3个方案间的成对比较矩阵。

③ 计算特征值与特征向量　由成对比较矩阵$\boldsymbol{P}$可求得特征向量$\boldsymbol{\omega}_P=[\omega_{p1},\ \omega_{p2},\ \omega_{p3}]^{\mathrm{T}}$，其中$\omega_{p1}$、$\omega_{p2}$、$\omega_{p3}$为考虑属性1下，方案1、方案2、方案3间的相对评估值。若有3个属性，则分别如下：

$$\boldsymbol{\omega}_P = [\omega_{p1},\ \omega_{p2},\ \omega_{p3}]^{\mathrm{T}}$$

$$\boldsymbol{\omega}_Q = [\omega_{q1},\ \omega_{q2},\ \omega_{q3}]^{\mathrm{T}}$$

$$\boldsymbol{\omega}_R = [\omega_{r1},\ \omega_{r2},\ \omega_{r3}]^{\mathrm{T}}$$

将3个方案在3个属性下的特征向量合并为总评分矩阵$\boldsymbol{\omega}$，即

$$\boldsymbol{\omega} = [\omega_P \quad \omega_Q \quad \omega_R] = \begin{bmatrix} \omega_{p1} & \omega_{q1} & \omega_{r1} \\ \omega_{p2} & \omega_{q2} & \omega_{r2} \\ \omega_{p3} & \omega_{q3} & \omega_{r3} \end{bmatrix}$$

④ 验证一致性　分别验证各成对比较矩阵的一致性。

（6）汇总模式与方案总排序

根据属性间成对比较矩阵$\boldsymbol{A}$所求出的特征向量$\boldsymbol{W}$，即为各属性的相对重要性权重。根据3个属性下各方案间成对比较矩阵$\boldsymbol{P}$、$\boldsymbol{Q}$、$\boldsymbol{R}$求出的总评分矩阵$\boldsymbol{\omega}$，即为所有方案的相对评估值。采取线性汇总模式，将权重矩阵$\boldsymbol{W}$与评分矩阵做$\boldsymbol{\omega}$内积，即可计算每个方案的综合评分，并据此作为总排序的结果。

$$\boldsymbol{\omega W} = \begin{bmatrix} \omega_{p1} & \omega_{q1} & \omega_{r1} \\ \omega_{p2} & \omega_{q2} & \omega_{r2} \\ \omega_{p3} & \omega_{q3} & \omega_{r3} \end{bmatrix} \begin{bmatrix} w_1 \\ w_2 \\ w_3 \end{bmatrix} = \begin{bmatrix} w_1\omega_{p1} + w_2\omega_{q1} + w_3\omega_{r1} \\ w_1\omega_{p2} + w_2\omega_{q2} + w_3\omega_{r2} \\ w_1\omega_{p3} + w_2\omega_{q3} + w_3\omega_{r3} \end{bmatrix} \begin{matrix} \text{方案1} \\ \text{方案2} \\ \text{方案3} \end{matrix}$$

层次分析法汇总模式由下而上，计算最底层的各方案对整个目标层级各层属性的优先顺序，由逐层加权后的总和决定各个方案的优劣。

11.3.3 使用层次分析法进行设计方案评价

使用层次分析法进行设计方案的选择，其中的层级架构和待选方案如图11-4所示。

（1）子目标、属性间的成对比较

建立子目标“可用性”与“感性”的成对比较矩阵：

$$\begin{matrix} & \text{可用性} & \text{感性} \\ \text{可用性} & 1 & 1/4 \\ \text{感性} & 4 & 1 \end{matrix}$$

经计算后可得特征向量$\lambda_{\max}$=2.0000，权重向量$\boldsymbol{W}$= [0.2000，0.8000]^{T}，由于只有两个子目标相互比较，所以没有一致性问题。

建立子目标“可用性”下属性间的成对比较矩阵：

$$\begin{matrix} & \text{易学性} & \text{易用性} \\ \text{易学性} & 1 & 1/2 \\ \text{易用性} & 2 & 1 \end{matrix}$$

经计算后可得特征向量$\lambda_{\max}$=2.0000，权重向量$\boldsymbol{W}_{\text{可用性}}$= [0.3333，0.6667]^{T}，由于只有两个子目标相互比较，所以没有一致性问题。

建立子目标“感性”下属性间的成对比较矩阵：

$$\begin{matrix} & \text{优美的} & \text{简洁的} & \text{传统的} \\ \text{优美的} & 1 & 1 & 1/5 \\ \text{简洁的} & 1 & 1 & 1/3 \\ \text{传统的} & 5 & 3 & 1 \end{matrix}$$

经计算后可得特征向量$\lambda_{\max}$=3.0287，权重向量$\boldsymbol{W}_{\text{感性}}$= [0.1562，0.1851，0.6587]^{T}，C.R.=0.0247，C.I.=0.0143，通过一致性检验。

（2）方案的成对比较

在各评估目标下，建立A、B、C 3个产品的成对比较矩阵，并计算特征值、特征向量、一致性指标、一致性比率。

对于“易学性”指标，3个产品的成对比较矩阵及计算结果为

	A	B	C
A	1	1/2	1/3
B	2	1	1/2
C	3	2	1

$\lambda_{max}=3.006$

$\boldsymbol{\omega}_{易学性}=[0.1629，0.2971，0.5400]^T$

C.I.=0.0028

C.R.=0.0048

对于“易用性”指标，3个产品的成对比较矩阵及计算结果为

	A	B	C
A	1	3	2
B	1/3	1	1/2
C	1/2	2	1

$\lambda_{max}=3.009$

$\boldsymbol{\omega}_{易用性}=[0.5396，0.1634，0.2970]^T$

C.I.=0.0046

C.R.=0.0079

对于“优美的”指标，3个产品的成对比较矩阵及计算结果为

	A	B	C
A	1	3	7
B	1/3	1	5
C	1/7	1/5	1

$\lambda_{max}=3.0649$

$\boldsymbol{\omega}_{优美的}=[0.6491，0.2790，0.0719]^T$

C.I.=0.0324

C.R.=0.0559

对于“简洁性”指标，3个产品的成对比较矩阵及计算结果为

	A	B	C
A	1	1	1
B	1	1	1
C	1	1	1

$\lambda_{max}=3.0000$

$\boldsymbol{\omega}_{简洁的}=[0.3333，0.3333，0.3333]^T$

C.I.=0

C.R.=0

对于“传统的”指标，3个产品的成对比较矩阵及计算结果为

	A	B	C
A	1	1/3	3
B	3	1	5
C	1/3	1/5	1

$\lambda_{max}=3.0385$

$\boldsymbol{\omega}_{传统的}=[0.2583，0.6370，0.1047]^T$

C.I.=0.0193

C.R.=0.0332

（3）计算各方案的加权价值

由前面的计算可知

$$\boldsymbol{W}_{可用性}=\begin{bmatrix}0.3333\\0.6667\end{bmatrix}\begin{matrix}易学性\\易用性\end{matrix}$$

$$\boldsymbol{W}_{感性}=\begin{bmatrix}0.1562\\0.1851\\0.6587\end{bmatrix}\begin{matrix}优美的\\简洁的\\传统的\end{matrix}$$

$$\boldsymbol{\omega}_{\text{可用性}}=\left[\boldsymbol{\omega}_{\text{易学性}} \quad \boldsymbol{\omega}_{\text{易用性}}\right]=\begin{bmatrix}0.1629 & 0.5396\\0.2971 & 0.1634\\0.5400 & 0.2970\end{bmatrix}$$

$$\boldsymbol{\omega}_{\text{感性}}=\left[\boldsymbol{\omega}_{\text{优美的}} \quad \boldsymbol{\omega}_{\text{简洁的}} \quad \boldsymbol{\omega}_{\text{传统的}}\right]=\begin{bmatrix}0.6491 & 0.3333 & 0.2583\\0.2790 & 0.3333 & 0.6370\\0.0719 & 0.3333 & 0.1047\end{bmatrix}$$

将A、B、C 3个产品的评分矩阵$\boldsymbol{\omega}_{\text{可用性}}$与$\boldsymbol{\omega}_{\text{感性}}$，分别与权重矩阵$\boldsymbol{W}_{\text{可用性}}$与$\boldsymbol{W}_{\text{感性}}$进行内积，即可得出A、B、C 3个产品在子目标“可用性”“感性”的加权评分，即

$$\boldsymbol{\omega}_{\text{可用性}}\boldsymbol{W}_{\text{可用性}}=\begin{bmatrix}0.1629 & 0.5396\\0.2971 & 0.1634\\0.5400 & 0.2970\end{bmatrix}\begin{bmatrix}0.3333\\0.6667\end{bmatrix}=\begin{bmatrix}0.4140\\0.2080\\0.3780\end{bmatrix}$$

$$\boldsymbol{\omega}_{\text{感性}}\boldsymbol{W}_{\text{感性}}=\begin{bmatrix}0.6491 & 0.3333 & 0.2583\\0.2790 & 0.3333 & 0.6370\\0.0719 & 0.3333 & 0.1047\end{bmatrix}\begin{bmatrix}0.1562\\0.1851\\0.6587\end{bmatrix}=\begin{bmatrix}0.3332\\0.5249\\0.1419\end{bmatrix}$$

考虑两个子目标对总目标的权重矩阵$\boldsymbol{W}=\left[0.2000, \quad 0.8000\right]^{\mathrm{T}}$，将两个子目标的加权评分再予以汇总，就可得出A、B、C 3个产品的总评分，即

$$\boldsymbol{\omega W}=\begin{bmatrix}0.4140 & 0.3332\\0.2080 & 0.5249\\0.3780 & 0.1419\end{bmatrix}\begin{bmatrix}0.2000\\0.8000\end{bmatrix}=\begin{bmatrix}0.3494\\0.4615\\0.1891\end{bmatrix}\begin{matrix}\text{产品A}\\\text{产品B}\\\text{产品C}\end{matrix}$$

从上面的过程可以看出，产品B是最优的产品。由于层次分析法的计算比较复杂，在实际应用中，可采用Super Decisions等软件加以辅助。

11.3.4 使用层次分析法确定用户需求重要度

使用层次分析法确定用户需求重要度的方法如下：

针对同一级的用户需求，进行两两比较，建立用户需求项目对满足用户总体需求的重要度判断矩阵$\boldsymbol{C}=\left[c_{ij}\right]_{m\times m}$，其中，$c_{ij}$表示需求$i$相对于需求$j$对实现用户满意的重要程度，显然，$c_{ij}=1/c_{ji}$。

判断矩阵元素c_{ij}的赋值评分准则为：

1表示需求i与需求j相比同等重要；

3表示需求i比需求j相比稍重要；

5表示需求i与需求j相比颇重要；

7表示需求i与需求j相比极重要；

9表示需求i与需求j相比绝对重要；

2、4、6、8为可取的中间值。

由于高次多项式不易求解，因此可用近似方法进行求解，其中一种常用的近似方法是行向量几何平均值标准化法，其过程如下：

将用户需求两两对比，建立用户需求重要度判断矩阵，然后计算特征向量$\boldsymbol{W}=\left[w_1, w_2, \cdots, w_i, \cdots, w_m\right]^{\mathrm{T}}$，公式为：

$$\overline{w}_i = \sqrt[m]{\prod_{j=1}^{m} c_{ij}} \tag{11-18}$$

$$w_i = \overline{w}_i \Big/ \sum_{i=1}^{m} \overline{w}_i \tag{11-19}$$

式中，w_i就是用户需求i的重要度值。

考虑到事物的复杂性以及人对重要度矩阵的主观评定可能会有较大偏差，在求出特征向量后，应进行一致性检验。为此，计算重要度矩阵$\boldsymbol{C}$的最大特征值$\lambda_{\max}$：

$$\lambda_{\max} = \frac{1}{m} \cdot \sum_{i=1}^{m} \frac{(\boldsymbol{C} \cdot \boldsymbol{W})_i}{w_i} \tag{11-20}$$

一致性指数C.I.的计算见式（11-16），一致性比率C.R.的计算见式（11-17）。

以手提箱开发为例，共有6项需求，分别为易于使用、维护方便、造型美观、安全可靠、价格适中、适度耐用，需求重要度的计算过程如下：

首先通过两两比较，建立判断矩阵表，如表11-4所示。

表11-4　需求重要度判断矩阵表

	易于使用	维护方便	造型美观	安全可靠	价格适中	适度耐用
易于使用	1	3	2	4	5	5
维护方便	1/3	1	1/3	2	2	3
造型美观	1/2	3	1	2	4	3
安全可靠	1/4	1/2	1/2	1	2	3
价格适中	1/5	1/3	1/4	1/2	1	1/3
适度耐用	1/5	1/3	1/3	1/3	3	1

根据判断矩阵表，可得判断矩阵$\boldsymbol{C}$为

$$\boldsymbol{C} = \begin{bmatrix} 1 & 3 & 2 & 4 & 5 & 5 \\ 1/3 & 1 & 1/3 & 2 & 2 & 3 \\ 1/2 & 3 & 1 & 2 & 4 & 3 \\ 1/4 & 1/2 & 1/2 & 1 & 2 & 3 \\ 1/5 & 1/3 & 1/4 & 1/2 & 1 & 1/3 \\ 1/5 & 1/3 & 1/3 & 1/3 & 3 & 1 \end{bmatrix}$$

接着计算权重，有

$$\begin{bmatrix} \overline{w}_1 \\ \overline{w}_2 \\ \overline{w}_3 \\ \overline{w}_4 \\ \overline{w}_5 \\ \overline{w}_6 \end{bmatrix} = \begin{bmatrix} \sqrt[6]{1 \times 3 \times 2 \times 4 \times 5 \times 5} \\ \sqrt[6]{\frac{1}{3} \times 1 \times \frac{1}{3} \times 2 \times 2 \times 3} \\ \sqrt[6]{\frac{1}{2} \times 3 \times 1 \times 2 \times 4 \times 3} \\ \sqrt[6]{\frac{1}{4} \times \frac{1}{2} \times \frac{1}{2} \times 1 \times 2 \times 3} \\ \sqrt[6]{\frac{1}{5} \times \frac{1}{3} \times \frac{1}{4} \times \frac{1}{2} \times 1 \times \frac{1}{3}} \\ \sqrt[6]{\frac{1}{5} \times \frac{1}{3} \times \frac{1}{3} \times \frac{1}{3} \times 3 \times 1} \end{bmatrix} = \begin{bmatrix} 2.90 \\ 1.05 \\ 1.82 \\ 0.85 \\ 0.37 \\ 0.53 \end{bmatrix}$$

$$W=\begin{bmatrix}w_1\\w_2\\w_3\\w_4\\w_5\\w_6\end{bmatrix}=\begin{bmatrix}\dfrac{2.90}{2.90+1.05+1.82+0.85+0.37+0.53}\\\dfrac{1.05}{2.90+1.05+1.82+0.85+0.37+0.53}\\\dfrac{1.82}{2.90+1.05+1.82+0.85+0.37+0.53}\\\dfrac{0.85}{2.90+1.05+1.82+0.85+0.37+0.53}\\\dfrac{0.37}{2.90+1.05+1.82+0.85+0.37+0.53}\\\dfrac{0.53}{2.90+1.05+1.82+0.85+0.37+0.53}\end{bmatrix}=\begin{bmatrix}0.39\\0.14\\0.24\\0.11\\0.05\\0.07\end{bmatrix}$$

6项需求的权重见表11-5。

表11-5　需求的权重

	易于使用	维护方便	造型美观	安全可靠	价格适中	适度耐用
$\bar{w}_i$	2.90	1.05	1.82	0.85	0.37	0.53
w_i	0.39	0.14	0.24	0.11	0.05	0.07

最后进行一致性检验，$\boldsymbol{C}\cdot\boldsymbol{W}=(2.34, 0.89, 1.49, 0.71, 0.31, 0.46)^{\mathrm{T}}$，根据式(11-20)，可得$\lambda_{\max}=6.29$，C.I. = 0.058，C.R. = 0.046，可见一致性满足要求。

对于较复杂的产品，用户需求一般为分层结构。首先，用层次分析法确定各项第一级用户需求（父需求）的重要度W_i；然后，再用层次分析法确定同属于某父需求的所有第二级用户需求（子需求）的重要度W_{ik}，k=1，2，…，m。W_{ik}表示属于父需求i的第k项子需求相对于父需求i的重要度，称为局部重要度，若属于第i项父需求的第二级用户需求只有一项，则$W_{ik}=W_i$。确定了所有子用户需求的局部重要度后，可求每一项子需求的总体重要度，其值为对应的父需求重要度与该子需求局部重要度的乘积，如第k项子需求的总体重要度为$W_i\times W_{ik}$。如果还有更低层次的用户需求，则以上一级用户需求为父需求，下一级用户需求为子需求，以此类推，可求出各项子需求的局部重要度和总体重要度，将子需求的总体重要度作为最终的需求权重。

11.4　熵值权重法

11.4.1　熵值权重法概述

熵（Entropy）是用来度量混乱的，熵总结了宇宙的基本发展规律：宇宙中的事物都有自发变得混乱的倾向，也就是说熵会不断增加。1948年，美国数学家香农（Claude Elwood Shannon）将熵引入到信息论，提出了信息熵的概念，其定义如下：

$$H=-K\sum_{i=1}^{n}p_i\log_2(p_i) \tag{11-21}$$

式中，H为信息熵；p_i为信息源中第i种信号出现的概率；$-\log_2(p_i)$是它带来的信息量；K为比例系数。

信息熵可作为一个系统复杂程度的度量，如果系统越复杂，出现不同情况的种类越多，那么信息熵就越大。信息熵可表示某一事件的不确定性，此时信息的作用就是用于降低这种不确定性。因此，信息量越大，信息熵就越小；信息量越小，信息熵就越大。信息和熵数量相等，意义相反，获取信息意味着减少熵。可将信息熵理论应用到评价指标权重上，即根据各评价指标具体数值所包含信息量的大小来确定其权重。

11.4.2 熵值权重法的步骤

（1）数据标准化

当指标度量的单位不同或指标的方向不同时，需要进行数据的标准化。设有m个方案，n个指标，x_{ij}为第i方案在第j指标的评价值，则数据标准化的方法如下。

对于望大指标，即正向指标或效益型指标：

$$v_{ij}=\frac{x_{ij}-\min\limits_{j}\left\{x_{ij}\right\}}{\max\limits_{j}\left\{x_{ij}\right\}-\min\limits_{j}\left\{x_{ij}\right\}} \tag{11-22}$$

对于望小指标，即负向指标或成本型指标：

$$v_{ij}=\frac{\max\limits_{j}\left\{x_{ij}\right\}-x_{ij}}{\max\limits_{j}\left\{x_{ij}\right\}-\min\limits_{j}\left\{x_{ij}\right\}} \tag{11-23}$$

对于望目指标：

$$v_{ij}=1-\frac{\left|x_{ij}-OB\right|}{\max\left\{\max\limits_{j}\left\{x_{ij}\right\}-OB,\ OB-\min\limits_{j}\left\{x_{ij}\right\}\right\}} \tag{11-24}$$

式中，v_{ij}为标准化后的值；OB为目标值。

（2）计算第j个指标下第i个方案占该指标的比重

记第j个指标下第i个方案占该指标的比重为P_{ij}，则

$$P_{ij}=\frac{v_{ij}}{\sum\limits_{x=1}^{m}v_{ij}} \tag{11-25}$$

式中，v_{ij}为第i方案在第j指标的标准化后的评价值；m为方案的数量。

（3）计算指标的熵值

第j项指标的熵值e_j计算方法为

$$e_j=-K\sum_{i=1}^{m}P_{ij}\ln P_{ij},\quad K=\frac{1}{\ln m} \tag{11-26}$$

式中，e_j为熵值，且$0\leqslant e_j\leqslant 1$，当$P_{ij}$=0时，$P_{ij}\ln P_{ij}=0$。$e_j$代表第$j$个属性所能传达决策信息程度的不确定性，$e_j$的值越大，则表示第$j$个指标所能传达的信息越少，当$e_j$的值等于1时，则说明该指标完全无法传达任何信息，可从评价体系中除去，不会影响最后的决策结果。

需要指出的是，计算熵值时，取哪一种对数系统的底是无关紧要的，并不影响最终的权重。这是因为根据公式$\log_b k=\log_b a\log_a k$，即只要用常数$\log_b a$乘函数$\log_a k$，即相当于不确定性程度的度量单位的转换。

（4）计算指标的权重

在计算每个指标的相对权重时，必须将各指标信息传达能力的不确定性减去，即指标传

达信息的确定程度为$1-e_j$，则各指标相对权重的计算公式为

$$w_j = \frac{1-e_j}{\sum_{j=1}^{n}(1-e_j)} = \frac{1-e_j}{n-E},\quad E=\sum_{j=1}^{n}e_j \tag{11-27}$$

式中，w_j为指标的权重值；n为评价指标的数量；$1-e_j$为第j个指标所能传达决策信息的确定程度；E为总熵值；$n-E$为所有指标能传达决策信息的确定程度。

11.4.3　熵值权重法的应用案例

对某产品的6款设计方案（A_1~A_6），基于7个评价指标（分别为配色、创新、材质、功能、价格、造型、用户体验），采用5等级语义差异量表（1表示非常不满意，5表示非常满意）进行评价，评价结果如表11-6所示，试确定各指标的权重。

表11-6　针对6款设计方案的评价结果

方案	配色	创新	材质	功能	价格	造型	用户体验
A_1	3.5717	3.9184	4.0981	3.9439	3.6258	3.9888	3.4261
A_2	3.5539	2.7977	3.5516	3.3891	3.0671	3.4308	3.5644
A_3	3.8018	4.6062	4.0251	3.7625	4.2137	3.7187	3.9938
A_4	3.5231	3.3970	2.7437	3.0451	3.2629	3.5872	3.0871
A_5	4.0628	3.3649	3.5975	3.7187	3.4569	4.1970	3.8398
A_6	3.8219	4.0268	3.4482	3.1549	3.4227	3.2639	3.0917

在本例中，所有指标的数值均采用5等级语义差异量表，且均是正向指标，因此无需标准化。

第1步：根据式（11-25），计算第j个指标下第i个方案占该指标的比重，结果见表11-7。

表11-7　指标的比重

方案	配色	创新	材质	功能	价格	造型	用户体验
A_1	0.1599	0.1772	0.1909	0.1877	0.1723	0.1798	0.1631
A_2	0.1591	0.1265	0.1655	0.1613	0.1457	0.1546	0.1697
A_3	0.1702	0.2083	0.1875	0.1790	0.2002	0.1676	0.1902
A_4	0.1577	0.1536	0.1278	0.1449	0.1550	0.1617	0.1470
A_5	0.1819	0.1522	0.1676	0.1770	0.1642	0.1892	0.1828
A_6	0.1711	0.1821	0.1606	0.1501	0.1626	0.1471	0.1472

第2步：根据式（11-26），计算指标的熵值，结果见表11-8。

表11-8　指标熵值

配色	创新	材质	功能	价格	造型	用户体验
0.9993	0.9931	0.9955	0.9975	0.9971	0.9979	0.9973

第3步：根据式（11-27），计算指标的权重，结果见表11-9。权重最大的指标是创新，其值为0.3099，即30.99%；权重最小的指标为配色，其值为0.0335，

表11-9　指标的权重

配色	创新	材质	功能	价格	造型	用户体验
0.0335	0.3099	0.2013	0.1124	0.1291	0.0927	0.1211

即3.35%。

各评价对象在某一指标上的值相差较小时，熵值较大，熵权较小；所有指标的值完全相同时，熵值最大，熵权最小。可见，熵值权重法是一种客观赋权法。熵权较小意味着该指标提供的有用信息较少，告诉决策者，各评价对象在该指标上的差异较小，不需要对该指标做重点考察。

思考与练习

1. 什么是简单加权法？简单加权法的基本假设是什么？
2. 试采用简单加权法对设计方案进行评价。
3. 什么是TOPSIS法？TOPSIS法的步骤是什么？
4. 试采用TOPSIS法对设计方案进行评价。
5. 什么是层次分析法？层次分析法的步骤是什么？
6. 试采用层次分析法对设计方案进行评价。
7. 试采用层次分析法对用户需求进行量化评估。
8. 什么是熵值权重法？熵值权重法的步骤是什么？
9. 试采用熵值权重法确定评价指标的权重。
10. 层次分析法和熵值权重法都可以用来确定设计方案的权重，二者有何差异？

拓展学习

1. 简召全．工业设计方法学．第3版［M］．北京：北京理工大学出版社，2011.

2. 简祯富．决策分析与管理：全面决策品质提升的架构与方法．第2版［M］．北京：清华大学出版社， 2019.

3. 刘心报．决策分析与决策支持系统［M］．北京：清华大学出版社，2009.

4. 邱菀华．管理决策熵学及其应用［M］．北京：中国电力出版社，2010.

5. Roozenburg N F，Eekels J. Product design：fundamentals and methods［M］. Baffins Lane，Chichester：John Wiley & Sons Ltd，1995.

6. Tzeng G-H，Huang J-J. Multiple attribute decision making：methods and applications［M］. Boca Raton，FL：CRC Press，2011.

7. Clemen R T，Reilly T. Making hard decisions with DecisionTools［M］. Mason，OH：Cengage Learning，2014.

第12章 模糊理论在人因工程研究中的应用

12.1 模糊理论基础

人类知识是用语言来表达的，而语言中存在的模糊性，特别是因人而异所产生的主观性，也各不相同，这些模糊现象无法使用传统的数学工具，例如概率等解决，因此必须寻找另外的替代途径。

为了定量地刻画模糊概念和模糊现象，美国计算机与控制论专家Lotfi A. Zadeh于1965年提出了模糊集合（Fuzzy Set）概念。模糊理论是以模糊集合为基础，基本理念是接受模糊性现象存在的事实，以处理概念模糊不确定的事物为研究目标，并将其严密地量化成计算机可以处理的数据。模糊理论的应用比较偏重于人类的经验及对问题特性的掌握程度。

（1）模糊集合

普通集合，也称明确集合，是描述非此即彼的清晰概念，而模糊集合是描述亦此亦彼的中间状态，模糊集合往往是特定的一个论域的子集。图12-1展示了模糊集合和明确集合对区间［0，100］的划分情况，可以看出，模糊集合非常适合于表达亦此亦彼的中间状态。

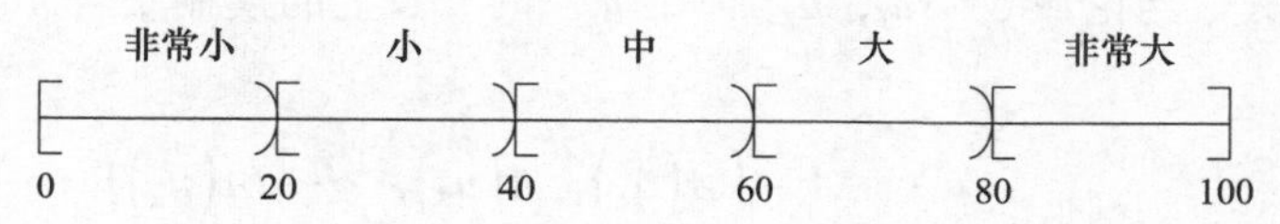

(a) 明确集合划分

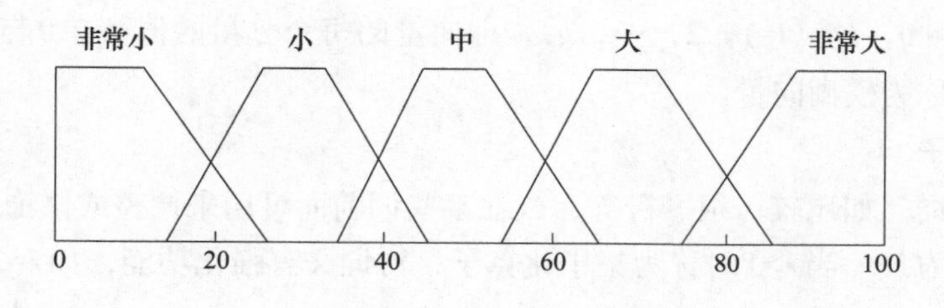

(b) 模糊集合划分

图12-1　对区间［0，100］的划分

（2）隶属函数与隶属度

模糊集合的特征函数称为隶属函数，它是论域U至［0，1］上的一个映射μ，即

$$\mu : U \to [0,\ 1]$$

隶属函数的确定可采用模糊统计、套用现成的模糊分布函数（如梯形模糊函数）等方法。设U为论域，则U上的一个模糊集合A由U上的一个实值函数

$$\mu_A: \begin{array}{l} U \to [0, 1] \\ u \mapsto \mu_A(u) \end{array}$$

来表示，对于$u \in U$，函数值$\mu_A(u)$称为u对于A的隶属度。$\mu_A(u)$的值反映了论域U中的元素u对于模糊集合A的隶属程度，$\mu_A(u)$的值越接近于1，表示u隶属于A的程度越高；$\mu_A(u)$的值越接近于0，表示u隶属于A的程度越低。

（3）模糊集合的常用表示方法

① Zadeh表示法　若论域U为有限集，即$U=\{u_1, u_2, \cdots, u_n\}$，则$U$上的模糊集合$A$可表示为

$$A = \frac{A(u_1)}{u_1} + \frac{A(u_2)}{u_2} + \cdots + \frac{A(u_n)}{u_n} \tag{12-1}$$

此处的$\frac{A(u_i)}{u_i}$不表示“分数”，而是表示元素u_i隶属于A的程度为$A(u_i)$；符号“+”也不表示“加号”，而是一种联系符号。

案例：设$U=\{u_1, u_2, u_3, u_4, u_5\}$，则

$$A = \frac{0.87}{u_1} + \frac{0.75}{u_2} + \frac{0.96}{u_3} + \frac{0.78}{u_4} + \frac{0.56}{u_5}$$

表示论域U上u_1对于A的隶属度为0.87，u_2对于A的隶属度为0.75，u_3对于A的隶属度为0.96，u_4对于A的隶属度为0.78，u_5对于A的隶属度为0.56的模糊集合。

② 向量表示法　当论域$U=\{u_1, u_2, \cdots, u_n\}$时，$U$上的模糊集合$A$也可用如下向量来表示：

$$A = \left(A(u_1), A(u_2), \cdots, A(u_n)\right) \tag{12-2}$$

例如，上例中的模糊集合A可表示为

$$A=(0.87, 0.75, 0.96, 0.78, 0.56)$$

由于$A(u_i) \in [0, 1]$（$i=1, 2, \cdots, n$），即向量的每个分量的值都在0与1之间，因此将这种特殊的向量称为模糊向量。

（4）语气算子

语言中有些词，如比较、很、极等，放在某些词前面可用来调整或修饰原来的词义，称为语气算子，记为H_λ。当$\lambda>1$时称为集中化算子，对词义有强化功能，如$\lambda=2$表示“很”，$\lambda=4$表示“极”。当$0<\lambda<1$时，称为散漫化算子，对词义有弱化作用，如$\lambda=\frac{1}{2}$表示“略”，$\lambda=\frac{1}{4}$表示“微”。

案例：设U表示年龄从1~100的论域，相关的集合可用隶属函数表述如下：

$$\mu_{老}(x) = \begin{cases} 0, & 1 \leqslant x \leqslant 50 \\ \dfrac{1}{1+\left(\dfrac{x-50}{5}\right)^{-2}}, & 50 < x \leqslant 100 \end{cases}$$

$$\mu_{中年}(x)=\begin{cases}0, & 1\leqslant x\leqslant 35\\ \dfrac{1}{1+\left(\dfrac{x-45}{4}\right)^2}, & 35<x\leqslant 45\\ \dfrac{1}{1+\left(\dfrac{x-45}{5}\right)^2}, & 45<x\leqslant 100\end{cases}$$

$$\mu_{年轻}(x)=\begin{cases}1, & 1\leqslant x\leqslant 25\\ \dfrac{1}{1+\left(\dfrac{x-25}{5}\right)^2}, & 25<x\leqslant 100\end{cases}$$

则有

$$\mu_{很老}(x)=H_2[老](x)=\left[\mu_{老}(x)\right]^2$$

$$\mu_{极老}(x)=H_4[老](x)=\left[\mu_{老}(x)\right]^4$$

$$\mu_{略老}(x)=H_{\frac{1}{2}}[老](x)=\left[\mu_{老}(x)\right]^{\frac{1}{2}}$$

$$\mu_{微老}(x)=H_{\frac{1}{4}}[老](x)=\left[\mu_{老}(x)\right]^{\frac{1}{4}}$$

当x=60岁时，$\mu_{老}(x)=0.8$，则

$$\mu_{很老}(60)=0.8^2=0.64$$

$$\mu_{极老}(60)=0.8^4=0.41$$

$$\mu_{略老}(60)=0.8^{\frac{1}{2}}=0.89$$

$$\mu_{微老}(60)=0.8^{\frac{1}{4}}=0.95$$

（5）模糊集合的运算规则

模糊集合的运算基本上是由明确集合的运算延伸而来，以模糊并集、模糊交集、模糊补集最为常见，任何运算都可用这三种运算的组合来表达。现对这三种运算加以介绍，假设A与B为两个模糊集合，且μ_A与μ_B分别为其隶属函数，则模糊集合的运算规则如下。

① 模糊并集　模糊并集的数学描述为

$$\mu_{A\cup B}(x)=\mu_A(x)\vee\mu_B(x)=\max\left[\mu_A(x),\ \mu_B(x)\right] \tag{12-3}$$

可用图12-2表示。

② 模糊交集　模糊交集的数学描述为

$$\mu_{A\cap B}(x)=\mu_A(x)\wedge\mu_B(x)=\min\left[\mu_A(x),\ \mu_B(x)\right] \tag{12-4}$$

可用图12-3表示。

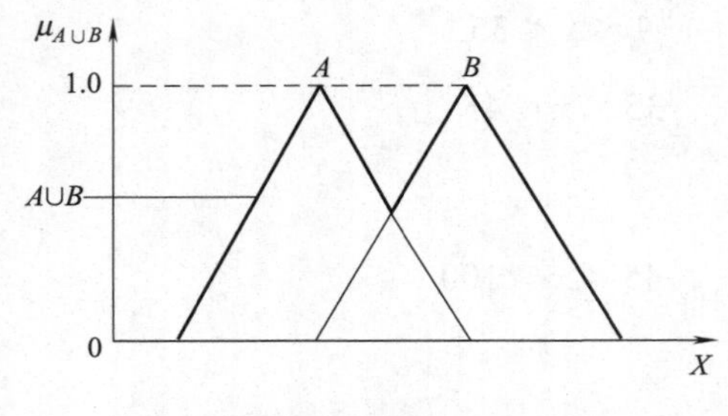

图 12-2　模糊集合A和B的并集

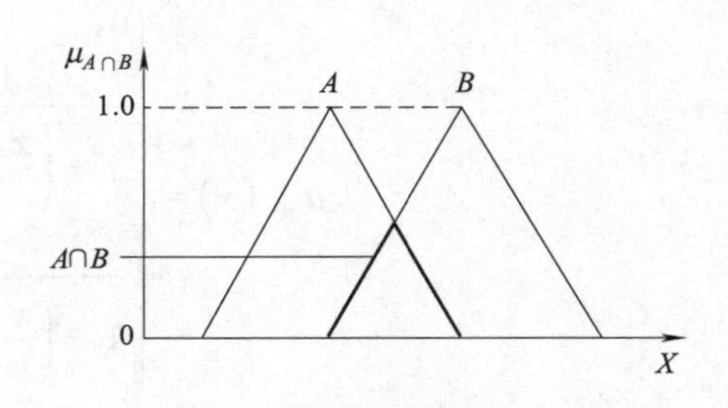

图 12-3　模糊集合A和B的交集

③ 模糊补集　模糊补集的数学描述为

$$\mu_{\bar{A}}(x)=1-\mu_{A}(x) \tag{12-5}$$

可用图12-4表示。

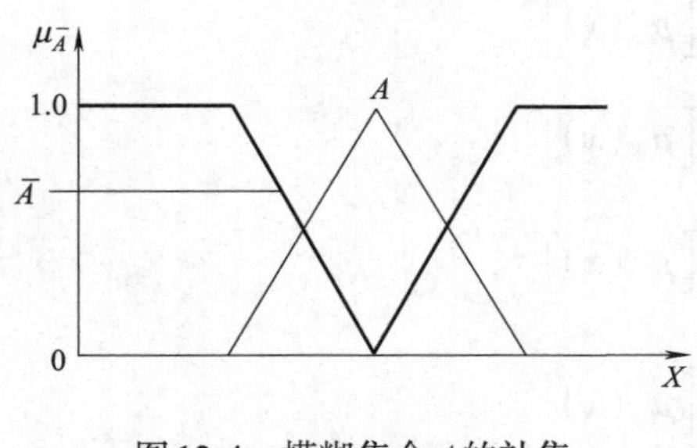

图 12-4　模糊集合A的补集

（6）模糊矩阵的合成

模糊矩阵合成的定义如下：

设$\boldsymbol{A}=\left(a_{ij}\right)_{m\times s}$，$\boldsymbol{B}=\left(b_{ij}\right)_{s\times n}$，称模糊矩阵

$$\boldsymbol{A}\circ\boldsymbol{B}=\left(c_{ij}\right)_{m\times n} \tag{12-6}$$

为$\boldsymbol{A}$与$\boldsymbol{B}$的合成，其中$c_{ij}=\bigvee_{k=1}^{s}\left(a_{ik}\wedge b_{kj}\right)$，这种合成称为max-min合成。

图12-5描述了max-min合成的意义，max-min合成类似于将物体从A点运输到B点的最大路径，即每条线路运输的最大值是由各线路管中的最小值所决定，在运输中选择三条线路中的最大值，用数学表达式描述为$r=\left(r_{11}\wedge r_{12}\wedge r_{13}\right)\vee\left(r_{21}\wedge r_{22}\wedge r_{23}\right)\vee\left(r_{31}\wedge r_{32}\wedge r_{33}\right)$。

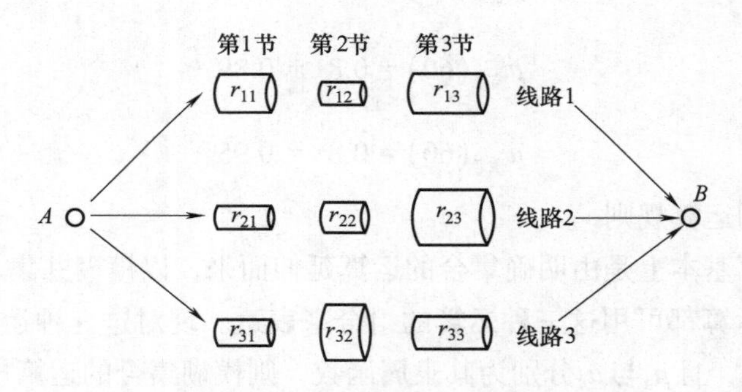

图 12-5　max-min合成的意义

（7）解模糊

解模糊是指把模糊集合转换成单个数值，即选定一个清晰数值去代表某个表述模糊事物或概念的模糊集合，也称为清晰化、反模糊化。解模糊的方法包括重心法、面积平分法、平均最大隶属度法、最大隶属度取最小值法、最大隶属度取最大值法等。最常见的解模糊方法是重心法，该方法也称为加权平均法或面积中心法，即求出模糊集合隶属函数曲线和横坐标包围区域面积的重心，以重心所对应的横坐标值作为这个模糊集合的代表值。

设论域U上的模糊集合A的隶属函数为A(u)，则重心法解模糊的计算公式为：

$$u_c = \frac{\int_U A(u)\, u\mathrm{d}u}{\int_U A(u)\,\mathrm{d}u} \tag{12-7}$$

当论域$U = \{u_1, u_2, \cdots, u_n\}$是离散的，$U_j$的隶属度为$A(u_j)$时，则解模糊的计算公式为：

$$u_c = \frac{\sum_{j=1}^{n} u_j A(u_j)}{\sum_{j=1}^{n} A(u_j)} \tag{12-8}$$

（8）λ截集与λ截矩阵

设A为U中的模糊集合，任取$\lambda \in [0, 1]$，记

$$A_\lambda = \{u \in U \mid A(u) \geqslant \lambda\} \tag{12-9}$$

称A_λ为模糊集合A的λ截集，称λ为阈值或置信水平。

模糊集的λ截集A_λ是一个经典集，由隶属度不小于λ的成员构成，它的特征函数为

$$\chi_{A_\lambda(x)} = \begin{cases} 1, & A(x) \geqslant \lambda \\ 0, & A(x) < \lambda \end{cases} \tag{12-10}$$

设$A = (a_{ij}) \in \mu_{m \times n}$，对于任意$\lambda \in [0, 1]$，称$A_\lambda = \left(a_{ij}{}^{(\lambda)}\right)$为模糊矩阵$A = (a_{ij})$的$\lambda$截矩阵，其中

$$a_{ij}^{(\lambda)} = \begin{cases} 1, & a_{ij} \geqslant \lambda \\ 0, & a_{ij} < \lambda \end{cases} \tag{12-11}$$

显然，λ截矩阵为布尔矩阵。

（9）分解定理

设A为U中的模糊集合，A_λ为模糊集合A的λ截集，则

$$A = \bigcup_{\lambda \in [0, 1]} \lambda A_\lambda \tag{12-12}$$

上式为模糊集合的分解定理，它表明模糊集可由经典集表示，反映了模糊集和经典集的密切关系，建立了模糊集与经典集的转化关系。

（10）模糊关系

描述客观事物之间联系的数学模型称作关系，不清晰的关系称为模糊关系，如关系较好、关系疏远等。模糊关系并不只考虑有关系（1）或没有关系（0）的二值逻辑，模糊关系经常用隶属度来表示，即其值存在于区间［0，1］的任何数值。

（11）模糊等价关系与传递闭包

若R为论域U上的一个模糊等价关系，则必须满足以下三个条件：

① 自反性 $R(u, u) = 1, \forall u \in U$

② 对称性 $R(u, v) = R(v, u), u, v \in U$

③ 传递性 $R \circ R = R^2 \subseteq R$

对于U上的模糊相似矩阵$\boldsymbol{R} = (r_{ij})_{n \times n}$，已满足自反性和对称性。当存在最小正整数$k$，使得$R^k \circ R^k = R^k$时，则称$R^k$为传递闭包$t(R)$，即

$$t(R) = R^k \tag{12-13}$$

式中，$k \leqslant [\log_2 n] + 1$。$t(R)$ 必然满足模糊等价关系的三个条件，因此，通过求传递闭包，可将模糊相似矩阵改造成模糊等价矩阵。

12.2 模糊综合评价法

12.2.1 模糊综合评价法的原理

模糊综合评价法是对受多种因素影响的事物作出全面评价的一种十分有效的多因素评价方法，模糊综合评价法也称为模糊多元决策法。

设因素集（也称评价指标集、评价目标集）U为

$$U = \{u_1, u_2, \cdots, u_n\} \tag{12-14}$$

评价集（也称评语集、评判集、决断集）V为

$$V = \{v_1, v_2, \cdots, v_m\} \tag{12-15}$$

则评价矩阵$\boldsymbol{R}$为

$$\boldsymbol{R} = \begin{bmatrix} r_{11} & r_{12} & \cdots & r_{1m} \\ r_{21} & r_{22} & \cdots & r_{2m} \\ \vdots & \vdots & & \vdots \\ r_{n1} & r_{n2} & \cdots & r_{nm} \end{bmatrix} \tag{12-16}$$

式中，r_{ij}为评价因素u_i具有评语v_j的程度。

令权重系数集（也称为加权系数集）A为

$$A = \{a_1, a_2, \cdots, a_n\}, \ a_i \geqslant 0, \ \sum_{i=1}^{n} a_i = 1 \tag{12-17}$$

则模糊综合评价可表示为

$$B = A \circ R = \{b_1, b_2, \cdots, b_m\} \tag{12-18}$$

式中，B称为模糊集合评判集；b_j为模糊综合评判指标。

在进行模糊合成时，常采用M（$\wedge$，$\vee$），也称主因素决定型，计算公式为

$$b_j = \bigvee_{i=1}^{n} (a_i \wedge r_{ij}) \quad (j = 1, 2, \cdots, m) \tag{12-19}$$

主因素决定型的合成方式，由于综合评判的结果b_j的值仅由a_i与r_{ij}中的某一个确定（先取小、后取大运算），着眼点是考虑主要因素，其他因素对结果影响不大，这种运算有时会出现决策结果不易分辨的情况。此时，可采用M（$\cdot$，+），也称加权平均型，计算公式为

$$b_j = \sum_{i=1}^{n} a_i r_{ij} \quad (j = 1, 2, \cdots, m) \tag{12-20}$$

加权平均型对所有因素依权重大小均衡兼顾，适用于考虑各种因素起作用的情况。

模糊合成的方式除了主因素决定型M（$\wedge$，$\vee$）、加权平均型M（$\cdot$，+）之外，还有主因素突出型M（$\cdot$，$\vee$）等方式，在此不再赘述。

12.2.2 模糊综合评价法的应用案例

（1）案例一

某产品有五个评价因素，因素集为

$$U=\{u_1,\ u_2,\ u_3,\ u_4,\ u_5\}$$

评价集为

$$V=\{v_1,\ v_2,\ v_3\}=\{优，中，差\}$$

试采用模糊综合评价法比较它的三个设计方案。

采用直接评定法（也称模糊概率法）建立三个设计方案的评价矩阵，如对于设计方案1，按因素u_1衡量，15%的人认为“优”（隶属度为0.15），35%的人认为“中”（隶属度为0.35），50%的人认为“差”（隶属度为0.50），同理可对其他四个指标进行衡量，则设计方案1的评价矩阵为

$$\boldsymbol{R}_1=\begin{bmatrix}0.15 & 0.35 & 0.50\\0.40 & 0.50 & 0.10\\0.20 & 0.25 & 0.55\\0.45 & 0.35 & 0.20\\0.52 & 0.20 & 0.28\end{bmatrix}$$

其他两个设计方案的评价矩阵分别为

$$\boldsymbol{R}_2=\begin{bmatrix}0.90 & 0.10 & 0\\0 & 0.20 & 0.80\\0.10 & 0.70 & 0.20\\0.10 & 0.30 & 0.60\\0.10 & 0.35 & 0.55\end{bmatrix}$$

$$\boldsymbol{R}_3=\begin{bmatrix}0.80 & 0.15 & 0.05\\0.70 & 0.20 & 0.10\\1.00 & 0 & 0\\0.90 & 0.10 & 0\\0.80 & 0.15 & 0.05\end{bmatrix}$$

经专家讨论后，权重系数集为

$$A=(0.20,\ 0.28,\ 0.25,\ 0.12,\ 0.15)$$

对设计方案1进行模糊综合评价，采用$M(\wedge\cdot\vee)$，即主因素决定型进行模糊合成：

$$B_1=A\circ R_1=(b_{11},\ b_{12},\ b_{13})$$

$$\begin{aligned}b_{11}&=(0.20\wedge 0.15)\vee(0.28\wedge 0.40)\vee(0.25\wedge 0.20)\vee(0.12\wedge 0.45)\vee(0.15\wedge 0.52)\\&=0.15\vee 0.28\vee 0.20\vee 0.12\vee 0.15\\&=0.28\end{aligned}$$

同理可得，$b_{12}=0.28$，$b_{13}=0.25$。

于是，

$$B_1=(0.28,\ 0.28,\ 0.25)$$

进行归一化，

$$\begin{aligned}B_1&=\left(\frac{0.28}{0.28+0.28+0.25},\ \frac{0.28}{0.28+0.28+0.25},\ \frac{0.25}{0.28+0.28+0.25}\right)\\&=(0.35,\ 0.35,\ 0.31)\end{aligned}$$

同理可求出，

$$B_2=(0.27，0.34，0.38)$$
$$B_3=(0.48，0.34，0.17)$$

为了更精确地对方案进行评价和排序，可将模糊值转换为精确值，采用参数加权平均法对模糊评价的结果进行处理，其计算与重心法解模糊相同，见式（12-8）。

对于本例，设$X=\{x_1，x_2，x_3\}=\{优，中，差\}=\{1.00，0.50，0\}$，应用参数加权平均法，对于$B_1$有

$$\frac{0.35\times1.00+0.35\times0.50+0.31\times0}{0.35+0.35+0.31}=0.525$$

同理可对其他方案进行处理，结果见表12-1。可以发现，方案的优劣顺序为：设计方案3 > 设计方案1 > 设计方案2。

需要指出的是，在参数加权平均法中，对于评价集的参数可依据具体情况进行设置。

表12-1　综合评价的结果

项目	优	中	差	参数加权平均法的计算结果
	1.00	0.50	0	
B_1	0.35	0.35	0.31	0.525
B_2	0.27	0.34	0.38	0.440
B_3	0.48	0.34	0.17	0.650

（2）案例二

针对概念设计阶段的某工业产品，其评价因素及各因素的权重如表12-2所示，试采用模糊综合评价法对设计方案进行评价。

表12-2　评价因素和加权系数

序号	评价因素	细化的评价因素	权重
1	创新性(U_1) 0.200	可行性高(u_{11})	0.380
		形态创新(u_{12})	0.180
		功能创新(u_{13})	0.240
		差异性强(u_{14})	0.200
2	美观性(U_2) 0.125	色彩搭配(u_{21})	0.150
		设计风格(u_{22})	0.300
		造型结构(u_{23})	0.350
		材质选用(u_{24})	0.200
3	实用性(U_3) 0.275	功能实用(u_{31})	0.300
		使用方便(u_{32})	0.200
		安全可靠(u_{33})	0.250
		符合人因(u_{34})	0.250
4	合理性(U_4) 0.400	价格合理(u_{41})	0.500
		切合社会(u_{42})	0.125
		内涵丰富(u_{43})	0.125
		有利环保(u_{44})	0.250

① 建立因素集　根据表12-2，可建立如下的因素集：

U_1={可行性高（u_{11}），形态创新（u_{12}），功能创新（u_{13}），差异性强（u_{14}）}

U_2={色彩搭配（u_{21}），设计风格（u_{22}），造型结构（u_{23}），材质选用（u_{24}）}

U_3={功能实用（u_{31}），使用方便（u_{32}），安全可靠（u_{33}），符合人因（u_{34}）}

U_4={价格合理（u_{41}），切合社会（u_{42}），内涵丰富（u_{43}），有利环保（u_{44}）}

② 建立评价集

V={很满意，满意，普通，不满意，很不满意}

③ 建立评价矩阵　针对某设计方案，采用直接评定法建立各一级指标的评价矩阵。

创新性一级指标的评价矩阵为：

$$\boldsymbol{R}_1 = \begin{bmatrix} 0.125 & 0.500 & 0.375 & 0 & 0 \\ 0.125 & 0.125 & 0.750 & 0 & 0 \\ 0 & 0.375 & 0.625 & 0 & 0 \\ 0 & 0.250 & 0.750 & 0 & 0 \end{bmatrix}$$

美观性一级指标的评价矩阵为：

$$\boldsymbol{R}_2 = \begin{bmatrix} 0 & 0 & 1.000 & 0 & 0 \\ 0 & 0.375 & 0.625 & 0 & 0 \\ 0 & 0.625 & 0.375 & 0 & 0 \\ 0 & 0 & 1.000 & 0 & 0 \end{bmatrix}$$

实用性一级指标的评价矩阵为：

$$\boldsymbol{R}_3 = \begin{bmatrix} 0 & 1.000 & 0 & 0 & 0 \\ 0 & 0.625 & 0.375 & 0 & 0 \\ 0 & 0.875 & 0.125 & 0 & 0 \\ 0 & 0.500 & 0.500 & 0 & 0 \end{bmatrix}$$

合理性一级指标的评价矩阵为：

$$\boldsymbol{R}_4 = \begin{bmatrix} 0.375 & 0.625 & 0 & 0 & 0 \\ 0.125 & 0.875 & 0 & 0 & 0 \\ 0 & 0 & 0.875 & 0.125 & 0 \\ 0 & 0.250 & 0.750 & 0 & 0 \end{bmatrix}$$

④ 建立权重集　根据表12-2，可建立如下的权重集：

$$A_1 = (0.380,\quad 0.180,\quad 0.240,\quad 0.200)$$
$$A_2 = (0.150,\quad 0.300,\quad 0.350,\quad 0.200)$$
$$A_3 = (0.300,\quad 0.200,\quad 0.250,\quad 0.250)$$
$$A_4 = (0.500,\quad 0.125,\quad 0.125,\quad 0.250)$$

⑤ 模糊合成　采用$M(\wedge \cdot \vee)$，即主因素决定型进行模糊合成。

对创新性一级指标进行模糊合成，由于

$$\boldsymbol{R}_1 = \begin{bmatrix} 0.125 & 0.500 & 0.375 & 0 & 0 \\ 0.125 & 0.125 & 0.750 & 0 & 0 \\ 0 & 0.375 & 0.625 & 0 & 0 \\ 0 & 0.250 & 0.750 & 0 & 0 \end{bmatrix}$$

$$A_1 = (0.380,\ 0.180,\ 0.240,\ 0.200)$$

则

$$B_1 = A_1 \circ \boldsymbol{R}_1 = (0.125,\ 0.380,\ 0.375,\ 0,\ 0)$$

归一化后为

$$B_1 = (0.142,\ 0.432,\ 0.426,\ 0,\ 0)$$

同理可得其他三个一级指标模糊合成后的结果B_2、B_3、B_4，将四个一级指标模糊合成的结果汇总如下

$$\boldsymbol{R}^* = \begin{bmatrix} B_1 \\ B_2 \\ B_3 \\ B_4 \end{bmatrix} = \begin{bmatrix} 0.142 & 0.432 & 0.426 & 0 & 0 \\ 0 & 0.500 & 0.500 & 0 & 0 \\ 0 & 0.545 & 0.455 & 0 & 0 \\ 0.300 & 0.400 & 0.200 & 0.100 & 0 \end{bmatrix}$$

采用$M(\wedge \cdot \vee)$对评价因素进行模糊合成：

$$A = (0.200,\ 0.125,\ 0.275,\ 0.400)$$

$$C = A \circ \boldsymbol{R}^* = (0.300,\ 0.400,\ 0.275,\ 0.100,\ 0)$$

归一化后为

$$C = (0.279,\ 0.372,\ 0.256,\ 0.093,\ 0)$$

根据最大隶属度原则，可认为该设计方案的评价等级为“满意”。

可采用参数加权平均法，将模糊值转换为精确值，对评价等级赋予参数$V=(1.000,\ 0.750,\ 0.500,\ 0.250,\ 0)$，则可得计算结果为0.709。

（3）案例三

某公司计划对某类产品的设计效果进行评价，拟采用的指标及分类标准如表12-3所示。

表12-3　评价指标及分类标准

项目	指标1	指标2	指标3	指标4	指标5
	u_1	u_2	u_3	u_4	u_5
优	66~70	48~54	9~10	2.9~3.1	45~50
中	63~66	43~48	10~12	3.1~3.5	50~55
差	60~63	41~43	12~14	3.5~4.8	55~65

各指标的权重由专家讨论确定，结果如下：

$$A = (0.25,\ 0.20,\ 0.18,\ 0.10,\ 0.27)$$

采用隶属函数转换计算法建立评价矩阵$\boldsymbol{R}$，具体如下：

指标1优、中、差三个等级的隶属函数分别为：

$$f_{11}(u_1) = \begin{cases} 1, & 66 \leqslant u_1 \leqslant 70 \\ \dfrac{1}{3}(u_1 - 63), & 63 < u_1 < 66 \\ 0, & 60 \leqslant u_1 \leqslant 63 \end{cases}$$

$$f_{12}(u_1) = \begin{cases} \dfrac{1}{4}(70 - u_1), & 66 \leqslant u_1 \leqslant 70 \\ 1, & 63 < u_1 < 66 \\ \dfrac{1}{3}(u_1 - 60), & 60 \leqslant u_1 \leqslant 63 \end{cases}$$

$$f_{13}(u_1)=\begin{cases}0, & 66 \leqslant u_1 \leqslant 70 \\ \frac{1}{3}(66-u_1), & 63 < u_1 < 66 \\ 1, & 60 \leqslant u_1 \leqslant 63\end{cases}$$

指标2优、中、差三个等级的隶属函数分别为：

$$f_{21}(u_2)=\begin{cases}1, & 48 \leqslant u_2 \leqslant 54 \\ \frac{1}{5}(u_2-43), & 43 < u_2 < 48 \\ 0, & 41 \leqslant u_2 \leqslant 43\end{cases}$$

$$f_{22}(u_2)=\begin{cases}\frac{1}{6}(54-u_2), & 48 \leqslant u_2 \leqslant 54 \\ 1, & 43 < u_2 < 48 \\ \frac{1}{2}(u_2-41), & 41 \leqslant u_2 \leqslant 43\end{cases}$$

$$f_{23}(u_2)=\begin{cases}0, & 48 \leqslant u_2 \leqslant 54 \\ \frac{1}{5}(48-u_2), & 43 < u_2 < 48 \\ 1, & 41 \leqslant u_2 \leqslant 43\end{cases}$$

指标3优、中、差三个等级的隶属函数分别为：

$$f_{31}(u_3)=\begin{cases}1, & 9 \leqslant u_3 \leqslant 10 \\ \frac{1}{2}(12-u_3), & 10 < u_3 < 12 \\ 0, & 12 \leqslant u_3 \leqslant 14\end{cases}$$

$$f_{32}(u_3)=\begin{cases}u_3-9, & 9 \leqslant u_3 \leqslant 10 \\ 1, & 10 < u_3 < 12 \\ \frac{1}{2}(14-u_3), & 12 \leqslant u_3 \leqslant 14\end{cases}$$

$$f_{33}(u_3)=\begin{cases}0, & 9 \leqslant u_3 \leqslant 10 \\ \frac{1}{2}(u_3-10), & 10 < u_3 < 12 \\ 1, & 12 \leqslant u_3 \leqslant 14\end{cases}$$

指标4优、中、差三个等级的隶属函数分别为：

$$f_{41}(u_4)=\begin{cases}1, & 2.9 \leqslant u_4 \leqslant 3.1 \\ \frac{5}{2}(3.5-u_4), & 3.1 < u_4 < 3.5 \\ 0, & 3.5 \leqslant u_4 \leqslant 4.8\end{cases}$$

$$f_{42}(u_4)=\begin{cases}5(u_4-2.9), & 2.9 \leqslant u_4 \leqslant 3.1 \\ 1, & 3.1 < u_4 < 3.5 \\ \frac{10}{13}(4.8-u_4), & 3.5 \leqslant u_4 \leqslant 4.8\end{cases}$$

$$f_{43}(u_4)=\begin{cases}0, & 2.9 \leqslant u_4 \leqslant 3.1\\ \frac{5}{2}(u_4-3.1), & 3.1 < u_4 < 3.5\\ 1, & 3.5 \leqslant u_4 \leqslant 4.8\end{cases}$$

指标5优、中、差三个等级的隶属函数分别为：

$$f_{51}(u_5)=\begin{cases}1, & 45 \leqslant u_5 \leqslant 50\\ \frac{1}{5}(55-u_5), & 50 < u_5 < 55\\ 0, & 55 \leqslant u_5 \leqslant 66\end{cases}$$

$$f_{52}(u_5)=\begin{cases}\frac{1}{5}(u_5-45), & 45 \leqslant u_5 \leqslant 50\\ 1, & 50 < u_5 < 55\\ \frac{1}{10}(65-u_5), & 55 \leqslant u_5 \leqslant 65\end{cases}$$

$$f_{53}(u_5)=\begin{cases}0, & 45 \leqslant u_5 \leqslant 50\\ \frac{1}{5}(u_5-50), & 50 < u_5 < 55\\ 1, & 55 \leqslant u_5 \leqslant 65\end{cases}$$

某产品在五项指标中的测试分数如表12-4所示，对该产品进行模糊综合评价。

表12-4 设计方案的测试分数

u_1	u_2	u_3	u_4	u_5
65	51	11	3.2	51

将上述数据代入隶属函数，如对指标1，有

$$r_{11}=f_{11}(u_1)=\frac{1}{3}\times(65-63)=0.67$$

$$r_{12}=f_{12}(u_1)=1.00$$

$$r_{13}=f_{13}(u_1)=\frac{1}{3}\times(66-65)=0.33$$

对其他四项指标做同样运算，可得到

$$\boldsymbol{R}=\begin{bmatrix}0.67 & 1.00 & 0.33\\ 1.00 & 0.50 & 0\\ 0.50 & 1.00 & 0.50\\ 0.75 & 1.00 & 0.25\\ 0.80 & 1.00 & 0.20\end{bmatrix}$$

采用$M(\cdot, +)$，即加权平均型进行模糊合成，可得

$$B=A\circ\boldsymbol{R}$$

$$=(0.25,\ 0.20,\ 0.18,\ 0.10,\ 0.27)\circ\begin{bmatrix}0.67 & 1.00 & 0.33\\ 1.00 & 0.50 & 0\\ 0.50 & 1.00 & 0.50\\ 0.75 & 1.00 & 0.25\\ 0.80 & 1.00 & 0.20\end{bmatrix}$$

$$=(0.75,\ 0.90,\ 0.25)$$

进行归一化处理，可得

$$B = (0.39,\ 0.47,\ 0.13)$$

根据最大隶属度原则可知，该产品设计效果的评价可定为“中”。

12.3 模糊聚类法

12.3.1 模糊聚类法的原理

在人因工程领域，设计评价、用户需求等均属于模糊信息，因此可以借用模糊聚类法，通过必要的量化评估和运算，科学地进行分析。

以下是模糊聚类法具体的实施步骤。

（1）数据规格化

为了消除特性指标单位的差别和数量级的不同，需要对各指标进行数据规格化处理，使每一个指标值统一于某种共同的数值范围。设被分类对象的集合为$U=\{x_1,\ x_2,\ \cdots,\ x_n\}$，每一个对象$x_i$有$m$个特性指标$x_i=(x_{i1},\ x_{i2},\ \cdots,\ x_{im})$，则$n$个对象的所有特性指标构成一个矩阵，记为

$$\boldsymbol{U}^* = \begin{pmatrix} x_{11} & x_{12} & \cdots & x_{1m} \\ x_{21} & x_{22} & \cdots & x_{2m} \\ \vdots & \vdots & & \vdots \\ x_{n1} & x_{n2} & \cdots & x_{nm} \end{pmatrix} \tag{12-21}$$

称$\boldsymbol{U}^*$为U的特性指标矩阵，x_{ij}表示第i个对象的第j个特性指标。

数据规格化的方法较多，此处仅介绍两种常用的方法：数据标准化法、最大值规格化法。

① 数据标准化　对特性指标矩阵$\boldsymbol{U}^*$的第j列，计算

$$\bar{x}_j = \frac{1}{n}\sum_{i=1}^{n} x_{ij},\ (j = 1,\ 2,\ \cdots,\ m) \tag{12-22}$$

$$s_j = \sqrt{\frac{1}{n}\sum_{i=1}^{n}\left(x_{ij} - \bar{x}_j\right)^2},\ (j = 1,\ 2,\ \cdots,\ m) \tag{12-23}$$

然后作变换

$$u_{ij} = \frac{x_{ij} - \bar{x}_j}{s_j},\ (i = 1,\ 2,\ \cdots,\ n;\ j = 1,\ 2,\ \cdots,\ m) \tag{12-24}$$

则$\boldsymbol{U}_0 = \left(u_{ij}\right)_{n\times m}$为规格化后的特性指标矩阵。

② 最大值规格化　对特性指标$\boldsymbol{U}^*$的第j列，计算

$$M_j = \max(x_{1j},\ x_{2j},\ \cdots,\ x_{nj}),\ (j = 1,\ 2,\ \cdots,\ m) \tag{12-25}$$

然后作变换

$$u_{ij} = \frac{x_{ij}}{M_j},\ (i = 1,\ 2,\ \ldots,\ n;\ j = 1,\ 2,\ \ldots,\ m) \tag{12-26}$$

则$\boldsymbol{U}_0 = \left(u_{ij}\right)_{n\times m}$为规格化后的特性指标矩阵。

（2）构造模糊相似矩阵

设 u_{ij}（i=1，2，…，n；j=1，2，…，m）为规格化后的特性指标值，下面用多元分析的方法来确定对象 u_i=（u_{i1}，u_{i2}，…，u_{im}）和 u_j=（u_{j1}，u_{j2}，…，u_{jm}）之间的相似程度 r_{ij}。

$$r_{ij}=R(u_i,\ u_j)\in[0,\ 1],\ (i,\ j=1,\ 2,\ \cdots,\ n) \tag{12-27}$$

从而构造出一个对象与对象之间的模糊相似矩阵：

$$\boldsymbol{R}=\begin{pmatrix} r_{11} & r_{12} & \cdots & r_{1n} \\ r_{21} & r_{22} & \cdots & r_{2n} \\ \vdots & \vdots & & \vdots \\ r_{n1} & r_{n2} & \cdots & r_{nn} \end{pmatrix} \tag{12-28}$$

构造模糊相似矩阵的方法较多，在此仅介绍常用的相似系数法、距离法、贴近度法、主观评定法。

① 相似系数法

a. 夹角余弦法

$$r_{ij}=\frac{\sum_{k=1}^{m} u_{ik}\cdot u_{jk}}{\sqrt{\sum_{k=1}^{m} u_{ik}^2}\cdot\sqrt{\sum_{k=1}^{m} u_{jk}^2}} \tag{12-29}$$

b. 相关系数法

$$r_{ij}=\frac{\sum_{k=1}^{m}\left|u_{ik}-\bar{u}_i\right|\left|u_{jk}-\bar{u}_j\right|}{\sqrt{\sum_{k=1}^{m}\left(u_{ik}-\bar{u}_i\right)^2}\cdot\sqrt{\sum_{k=1}^{m}\left(u_{jk}-\bar{u}_j\right)^2}} \tag{12-30}$$

式中，$\bar{u}_i=\frac{1}{m}\sum_{k=1}^{m} u_{ik}$，$\bar{u}_j=\frac{1}{m}\sum_{k=1}^{m} u_{jk}$。

② 距离法　设 $d(u_i,\ u_j)$ 表示对象 u_i 和 u_j 的距离，则 $d(u_i,\ u_j)$ 越大，r_{ij} 就越小，而 $d(u_i,\ u_j)$ 越小，r_{ij} 就越大。

$$r_{ij}=1-c\left(d\left(u_i,\ u_j\right)\right)^{\alpha} \tag{12-31}$$

式中，c 和 α 是两个适当选取的正数，使 $r_{ij}\in[0,\ 1]$。

a. 海明距离

$$d\left(u_i,\ u_j\right)=\sum_{k=1}^{m}\left|u_{ik}-u_{jk}\right| \tag{12-32}$$

b. 欧几里得距离

$$d\left(u_i,\ u_j\right)=\left[\sum_{k=1}^{m}\left(u_{ik}-u_{jk}\right)^2\right]^{\frac{1}{2}} \tag{12-33}$$

③ 贴近度法　u_i 与 u_j 的相似程度 r_{ij} 可看做模糊子集 u_i 和 u_j 的贴近度，计算时可采用最大最小法：

$$r_{ij}=\frac{\sum_{k=1}^{m}\left(u_{ik}\wedge u_{jk}\right)}{\sum_{k=1}^{m}\left(u_{ik}\vee u_{jk}\right)} \tag{12-34}$$

④ 主观评定法　在一些实际问题中，被分类对象的特性指标是定性指标，难以用定量

数值来表达，此时可邀请专家用评分的方式来主观评定分类对象间的相似程度。

（3）求传递闭包

利用平方自合成法求模糊相似矩阵$\boldsymbol{R}$传递闭包$t(R)$。从模糊相似矩阵$\boldsymbol{R}$出发，依次求平方：$R \to R^2 \to R^4 \to \cdots$ ，当第一次出现$R^k \circ R^k = R^k$时，表明R^k已经具有传递性，R^k就是所求的传递闭包$t(R)$。

（4）动态聚类分析

设$t(R)=\left(\bar{r}_{ij}\right)_{n\times n}$，对$t(R)$ 中互不相同的元素从大到小进行排序，即

$$1 = \lambda_1 > \lambda_2 > \cdots > \lambda_m \tag{12-35}$$

对$\lambda=\lambda_i$（i=1，2，…，m），求出$t(R)$ 的λ截矩阵

$$t(\boldsymbol{R})_\lambda = \left(\bar{r}_{ij}(\lambda)\right)_{n\times n} \tag{12-36}$$

式中，$\bar{r}_{ij}(\lambda)=\begin{cases}1, & \bar{r}_{ij} \geqslant \lambda \\ 0, & \bar{r}_{ij} < \lambda\end{cases}$。

按$t(\boldsymbol{R})_\lambda$进行分类，所得到的分类就是在$\lambda$水平上的等价分类，具体聚类原则为：若$\bar{r}_{ij}(\lambda)=1$，则在$\lambda$水平上将对象$u_i$和对象$u_j$归为同一类。

（5）画动态聚类图

为了能直观地看到被分类对象之间的相关程度，可绘制动态聚类图。让λ依次取遍$\lambda_i(i=1, 2, \cdots, m)$，得到按$t(\boldsymbol{R})_\lambda$的一系列分类，将这一系列分类画在同一张图上，即可得到动态聚类图。

12.3.2 模糊聚类法的应用案例

（1）案例一

现有五款儿童玩具，$U=\{u_1, u_2, u_3, u_4, u_5\}$，评价指标共有四个，分别是价格、功能性、趣味性、易用性。这五款玩具在这四个指标上的评价数据分别为 u_1=(82，12，7，3)，u_2=(53，2，7，5)，u_3=(89，7，4，7)，u_4=(41，4，8，2)，u_5=(12，1，1，5)，试用模糊聚类法对这五款儿童玩具进行分类。

由题设可知，特性指标矩阵为

$$\boldsymbol{U}^* = \begin{pmatrix} 82 & 12 & 7 & 3 \\ 53 & 2 & 7 & 5 \\ 89 & 7 & 4 & 7 \\ 41 & 4 & 8 & 2 \\ 12 & 1 & 1 & 5 \end{pmatrix}$$

① 数据规格化　采用最大值规格化作变换，见式（12-25）和式（12-26），可得

$$\boldsymbol{U}_0 = \begin{pmatrix} 0.92 & 1.00 & 0.88 & 0.43 \\ 0.60 & 0.17 & 0.88 & 0.71 \\ 1.00 & 0.58 & 0.50 & 1.00 \\ 0.46 & 0.33 & 1.00 & 0.29 \\ 0.13 & 0.08 & 0.13 & 0.71 \end{pmatrix}$$

② 构造模糊相似矩阵　采用最大最小法计算r_{ij}，见式（12-34），如对于r_{12}，有

$$r_{12} = \frac{(0.92 \wedge 0.60) + (1.00 \wedge 0.17) + (0.88 \wedge 0.88) + (0.43 \wedge 0.71)}{(0.92 \vee 0.60) + (1.00 \vee 0.17) + (0.88 \vee 0.88) + (0.43 \vee 0.71)} = 0.59$$

同理可计算其他数据，可得模糊相似矩阵为

$$R=\begin{pmatrix}1.00 & 0.59 & 0.63 & 0.58 & 0.22\\ 0.59 & 1.00 & 0.57 & 0.68 & 0.45\\ 0.63 & 0.57 & 1.00 & 0.44 & 0.34\\ 0.58 & 0.68 & 0.44 & 1.00 & 0.25\\ 0.22 & 0.45 & 0.34 & 0.25 & 1.00\end{pmatrix}$$

③ 求传递闭包　利用平方自合成法求传递闭包$t(\boldsymbol{R})$。因为$R^2 \not\subseteq R$，$R^4 \not\subseteq R^2$，而$R^8 = R^4$，所以

$$t(\boldsymbol{R})=\boldsymbol{R}^4=\begin{pmatrix}1.00 & 0.59 & 0.63 & 0.59 & 0.45\\ 0.59 & 1.00 & 0.59 & 0.68 & 0.45\\ 0.63 & 0.59 & 1.00 & 0.59 & 0.45\\ 0.59 & 0.68 & 0.59 & 1.00 & 0.45\\ 0.45 & 0.45 & 0.45 & 0.45 & 1.00\end{pmatrix}$$

④ 动态聚类分析　选取置信水平值$\lambda\in[0, 1]$，按λ截矩阵进行$t(\boldsymbol{R})_\lambda$的动态聚类分析。把$t(\boldsymbol{R})$中的元素从大到小排序为1.00>0.68>0.63>0.59>0.45。

a. 取λ=1.00，得

$$t(\boldsymbol{R})_{1.00}=\begin{pmatrix}1 & 0 & 0 & 0 & 0\\ 0 & 1 & 0 & 0 & 0\\ 0 & 0 & 1 & 0 & 0\\ 0 & 0 & 0 & 1 & 0\\ 0 & 0 & 0 & 0 & 1\end{pmatrix}$$

根据分类原则，U被分成五类：$\{u_1\}$，$\{u_2\}$，$\{u_3\}$，$\{u_4\}$，$\{u_5\}$。

b. 取λ=0.68，得

$$t(\boldsymbol{R})_{0.68}=\begin{pmatrix}1 & 0 & 0 & 0 & 0\\ 0 & 1 & 0 & 1 & 0\\ 0 & 0 & 1 & 0 & 0\\ 0 & 1 & 0 & 1 & 0\\ 0 & 0 & 0 & 0 & 1\end{pmatrix}$$

根据分类原则，U被分成四类：$\{u_1\}$，$\{u_2, u_4\}$，$\{u_3\}$，$\{u_5\}$。

c. 取λ=0.63，得

$$t(\boldsymbol{R})_{0.63}=\begin{pmatrix}1 & 0 & 1 & 0 & 0\\ 0 & 1 & 0 & 1 & 0\\ 1 & 0 & 1 & 0 & 0\\ 0 & 1 & 0 & 1 & 0\\ 0 & 0 & 0 & 0 & 1\end{pmatrix}$$

U被分成三类：$\{u_1, u_3\}$，$\{u_2, u_4\}$，$\{u_5\}$。

同理可得，

取λ=0.59，U被分成二类：$\{u_1, u_2, u_3, u_4\}$，$\{u_5\}$。

取λ=0.45，U被分成一类：$\{u_1, u_2, u_3, u_4, u_5\}$。

⑤ 画动态聚类图　动态聚类图如图12-6所示。

（2）案例二

某设计团队围绕台灯的设计进行调研，共整理出9项二级用户需求，具体如下：

X_1：能调整灯光强弱；

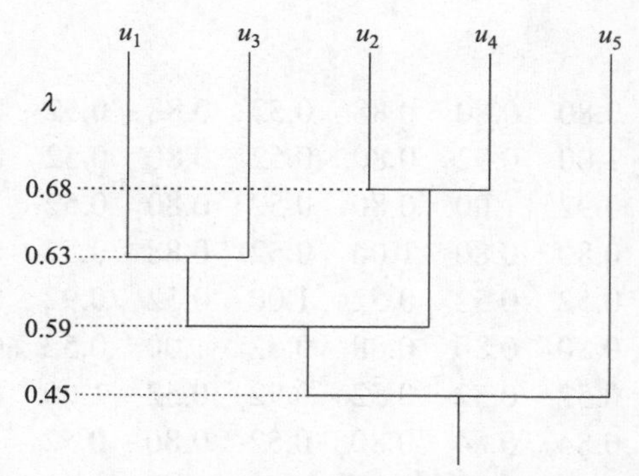

图 12-6　五款儿童玩具的模糊聚类结果

X_2：只有在必要时才能打开台灯；

X_3：只有打开灯时才能通电；

X_4：灯光安定无闪烁；

X_5：打开台灯时有音乐发出；

X_6：灯光能长时间保持稳定；

X_7：灯座及灯罩色彩亮丽；

X_8：台灯确实能关闭；

X_9：台灯造型美观别致。

对这9项用户需求进行初步分析，归纳出3项一级需求，即

A_1：安全可靠；A_2：性能稳定；A_3：品质高雅。

① 用户需求的向量表示　对任一第二级的用户需求X_i，构造一个三维向量（x_{i1}，x_{i2}，x_{i3}），分别表示该用户需求对3项第一级用户需求的隶属程度。

请有关专家对各二级用户需求对应的向量进行评分，经统计综合后记为X_i=（x_{i1}，x_{i2}，x_{i3}），如：

$$X_1=(0.7,0.6,0.1),\ X_2=(0.8,0.3,0.2),\ X_3=(0.8,0.2,0.1)$$
$$X_4=(0.6,0.7,0.2),\ X_5=(0.2,0.3,0.8),\ X_6=(0.5,0.8,0.1)$$
$$X_7=(0.2,0.1,0.9),\ X_8=(0.8,0.5,0.4),\ X_9=(0.2,0.2,0.8)$$

② 建立模糊相似矩阵　采用距离法计算r_{ij}，根据式（12-31），有

$$r_{ij}=1-c\sum_{k=1}^{m}\left|x_{ik}-x_{jk}\right|,\ (i=1,2,\cdots,n;\ j=1,2,\cdots,n)$$

取c=0.4，对于r_{12}，有

$$r_{12}=1-0.4\times\left[|0.7-0.8|+|0.6-0.3|+|0.1-0.2|\right]=0.80$$

同理可计算其他值，得到的模糊相似矩阵为

$$\boldsymbol{R}=\begin{bmatrix}1.00&0.80&0.80&0.88&0.40&0.84&0.28&0.80&0.36\\0.80&1.00&0.92&0.76&0.52&0.64&0.40&0.84&0.48\\0.80&0.92&1.00&0.68&0.44&0.64&0.40&0.76&0.48\\0.88&0.76&0.68&1.00&0.44&0.88&0.32&0.76&0.40\\0.40&0.52&0.44&0.44&1.00&0.40&0.88&0.52&0.96\\0.84&0.64&0.64&0.88&0.40&1.00&0.28&0.64&0.36\\0.28&0.40&0.40&0.32&0.88&0.28&1.00&0.40&0.92\\0.80&0.84&0.76&0.76&0.52&0.64&0.40&1.00&0.48\\0.36&0.48&0.48&0.40&0.96&0.36&0.92&0.48&1.00\end{bmatrix}$$

③ 求传递闭包　由于

$$R^4 \circ R^4 = \begin{bmatrix} 1.00 & 0.80 & 0.80 & 0.88 & 0.52 & 0.88 & 0.52 & 0.80 & 0.52 \\ 0.80 & 1.00 & 0.92 & 0.80 & 0.52 & 0.80 & 0.52 & 0.84 & 0.52 \\ 0.80 & 0.92 & 1.00 & 0.80 & 0.52 & 0.80 & 0.52 & 0.84 & 0.52 \\ 0.88 & 0.80 & 0.80 & 1.00 & 0.52 & 0.88 & 0.52 & 0.80 & 0.52 \\ 0.52 & 0.52 & 0.52 & 0.52 & 1.00 & 0.52 & 0.92 & 0.52 & 0.96 \\ 0.88 & 0.80 & 0.80 & 0.88 & 0.52 & 1.00 & 0.52 & 0.80 & 0.52 \\ 0.52 & 0.52 & 0.52 & 0.52 & 0.92 & 0.52 & 1.00 & 0.52 & 0.92 \\ 0.80 & 0.84 & 0.84 & 0.80 & 0.52 & 0.80 & 0.52 & 1.00 & 0.52 \\ 0.52 & 0.52 & 0.52 & 0.52 & 0.96 & 0.52 & 0.92 & 0.52 & 1.00 \end{bmatrix} = R^4$$

因此，$t(R) = R^4$。

④ 动态聚类分析　将$t(R)$中的元素从大到小排序为$1.00 > 0.96 > 0.92 > 0.88 > 0.84 > 0.80 > 0.52$。

a. λ=1.00

$$t(R)_{1.00} = \begin{bmatrix} 1 & 0 & 0 & 0 & 0 & 0 & 0 & 0 & 0 \\ 0 & 1 & 0 & 0 & 0 & 0 & 0 & 0 & 0 \\ 0 & 0 & 1 & 0 & 0 & 0 & 0 & 0 & 0 \\ 0 & 0 & 0 & 1 & 0 & 0 & 0 & 0 & 0 \\ 0 & 0 & 0 & 0 & 1 & 0 & 0 & 0 & 0 \\ 0 & 0 & 0 & 0 & 0 & 1 & 0 & 0 & 0 \\ 0 & 0 & 0 & 0 & 0 & 0 & 1 & 0 & 0 \\ 0 & 0 & 0 & 0 & 0 & 0 & 0 & 1 & 0 \\ 0 & 0 & 0 & 0 & 0 & 0 & 0 & 0 & 1 \end{bmatrix}$$

台灯的9项二级用户需求被划分为九个类别，每项需求为一个类别。

b. λ=0.96

$$t(R)_{0.96} = \begin{bmatrix} 1 & 0 & 0 & 0 & 0 & 0 & 0 & 0 & 0 \\ 0 & 1 & 0 & 0 & 0 & 0 & 0 & 0 & 0 \\ 0 & 0 & 1 & 0 & 0 & 0 & 0 & 0 & 0 \\ 0 & 0 & 0 & 1 & 0 & 0 & 0 & 0 & 0 \\ 0 & 0 & 0 & 0 & 1 & 0 & 0 & 0 & 1 \\ 0 & 0 & 0 & 0 & 0 & 1 & 0 & 0 & 0 \\ 0 & 0 & 0 & 0 & 0 & 0 & 1 & 0 & 0 \\ 0 & 0 & 0 & 0 & 0 & 0 & 0 & 1 & 0 \\ 0 & 0 & 0 & 0 & 1 & 0 & 0 & 0 & 1 \end{bmatrix}$$

台灯的9项二级用户需求被划分为八个类别，即：$\{X_1\}$，$\{X_2\}$，$\{X_3\}$，$\{X_4\}$，$\{X_5, X_9\}$，$\{X_6\}$，$\{X_7\}$，$\{X_8\}$。

c. λ=0.92

$$t(\boldsymbol{R})_{0.92}=\begin{bmatrix}1&0&0&0&0&0&0&0&0\\0&1&1&0&0&0&0&0&0\\0&1&1&0&0&0&0&0&0\\0&0&0&1&0&0&0&0&0\\0&0&0&0&1&0&1&0&1\\0&0&0&0&0&1&0&0&0\\0&0&0&0&1&0&1&0&1\\0&0&0&0&0&0&0&1&0\\0&0&0&0&1&0&1&0&1\end{bmatrix}$$

台灯的9项二级用户需求被划分为六个类别，即：$\{X_1\}$，$\{X_2, X_3\}$，$\{X_4\}$，$\{X_5, X_7, X_9\}$，$\{X_6\}$，$\{X_8\}$。

同理可得，

λ=0.88，台灯的9项二级用户需求被划分为四个类别，即：$\{X_1, X_4, X_6\}$，$\{X_2, X_3\}$，$\{X_5, X_7, X_9\}$，$\{X_8\}$。

λ=0.84，台灯的9项二级用户需求被划分为三个类别，即：$\{X_1, X_4, X_6\}$，$\{X_2, X_3, X_8\}$，$\{X_5, X_7, X_9\}$。

λ=0.80，台灯的9项二级用户需求被划分为二个类别，即：$\{X_1, X_2, X_3, X_4, X_6, X_8\}$，$\{X_5, X_7, X_9\}$。

λ=0.52，台灯的9项二级用户需求被划分为一个类别，即：$\{X_1, X_2, X_3, X_4, X_5, X_6, X_7, X_8, X_9\}$。

⑤ 画动态聚类图　动态聚类图如图12-7所示，可以发现，比较合适的分类为，当λ=0.84时，9项二级用户需求被划分为三个类别，即：$\{X_1, X_4, X_6\}$，$\{X_2, X_3, X_8\}$，$\{X_5, X_7, X_9\}$。

对于台灯开发，根据分类图，这两级用户需求的隶属关系如下：

安全可靠：$A_1=\{X_2, X_3, X_8\}$={只有必要时才能开台灯；只有打开灯时才能通电；台灯确实能关闭}

性能稳定：$A_2=\{X_1, X_4, X_6\}$={能调整灯光强弱；灯光安定无闪烁；灯光能长时间保持稳定}

品质高雅：$A_3=\{X_5, X_7, X_9\}$={打开台灯时有音乐发出；灯座及灯罩色彩亮丽；台灯造型美观别致}

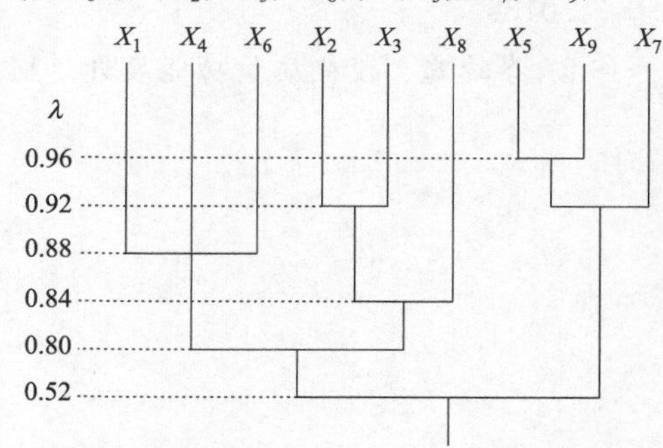

图12-7　9项用户需求的分类图

思考与练习

1. 什么是模糊理论？模糊集合与普通集合的区别是什么？
2. 什么是隶属函数？什么是隶属度？
3. 如何对模糊集合进行表示？
4. 什么是语气算子？
5. 模糊矩阵的运算规则是什么？

6. 模糊关系合成中的max-min合成的含义是什么？

7. 什么是模糊集合的截集？什么是模糊集合的分解定理？

8. 模糊等价关系的三个条件是什么？

9. 试采用模糊综合评价法进行设计评价。

10. 试采用模糊聚类法进行设计方案或用户需求的分类。

拓展学习

1. Karwowski W, Mital A. Applications of fuzzy set theory in human factors［M］. Amsterdam：Elsevier，1986.

2. Zimmermann H-J. Fuzzy set theory——and its applications［M］. Boston：Kluwer Academic Publishers，2001.

3. Chen S-J，Hwang C-L. Fuzzy multiple attribute decision making：methods and applications［M］. Berlin：Springer-Verlag，1992.

4. 简召全. 工业设计方法学. 第3版［M］. 北京：北京理工大学出版社，2011.

5. 陈水利，李敬功，王向公. 模糊集理论及其应用［M］. 北京：科学出版社，2005.

6. 李洪兴，汪群，段钦治，等. 工程模糊数学方法及应用［M］. 天津：天津科技出版社，1993.

7. 谢季坚，刘承平. 模糊数学方法及其应用. 第4版［M］. 武汉：华中科技大学出版社，2013.

8. 岑詠霆. 模糊质量功能展开［M］. 上海：上海科学技术文献出版社，1999.

第13章 灰色系统理论在人因工程研究中的应用

13.1 灰色系统理论基础

（1）概述

灰色系统理论是由我国学者邓聚龙于1982年提出，以“部分信息已知，部分信息未知”的“贫信息”不确定性系统为研究对象，主要通过对部分已知信息的挖掘，提取有价值的信息，实现对系统运行行为、演化规律的正确描述，从而使人们能够运用数学模型实现对贫信息不确定性系统的分析、评价、预测、决策和优化控制。

灰色系统理论、模糊理论、概率统计是三种最常用的不确定系统研究方法，其共同点在于研究对象均具有某种不确定性，其区别如表13-1所示。

表13-1 概率统计、模糊理论、灰色系统理论的比较

项目	概率统计	模糊理论	灰色系统理论
研究对象	随机不确定	认知不确定	贫信息不确定
基础集合	康托尔集	模糊集	灰数集
途径手段	频率统计	截集	灰序列算子
数据多寡	多数据	经验数据	少数据
数据要求	典型分布	隶属度可知	任意分布
目标	历史统计规律	认知表达	现实规律
特色	—	内涵明确，外延不明确	外延明确，内涵不明确

概率统计研究的是随机不确定现象，着重于考察随机不确定现象的历史统计规律，考察每一种结果发生的可能性大小，其出发点是大样本，并要求变量服从某种典型分布。

模糊理论着重研究的是认知不确定问题，主要通过经验，借助模糊隶属函数进行处理，其研究对象具有内涵明确，外延不明确的特点。如用户界面的设计是“易用的”，人们都清楚“易用的”内涵，但要为“易用的”划定一个确切的范围则很困难。换言之，“易用的”内涵明确，但外延是不明确的。

灰色系统理论着重研究的是少数据、贫信息的不确定性问题，通过序列算子的作用探索事物的规律，特点是少数据建模，灰色系统理论的研究对象具有外延明确、内涵不明确的特点。例如，某系统的投资回报预计在1100万到1300万之间，其中“1100万到1300万之间”就是一个灰概念，其外延是明确的，但如果要进一步问是1100万到1300万之间的哪个具体数值，则不明确。

（2）灰数

灰数是指只知道大概范围而不知道其确切值的数，也就是说在某一范围内取值的不确定数，灰数用符号$\otimes$表示。如针对某设计方案的系统可用性量表得分的灰数可记为$\otimes \in [60, 80]$。根据灰数是否有上下界，可将灰数分为以下三类：

① 有下界而无上界的灰数，记为$\otimes \in [\underline{a}, \infty)$。

② 有上界而无下界的灰数，记为$\otimes \in (-\infty, \bar{a}]$。

③ 既有上界，又有下界的灰数，记为$\otimes \in [\underline{a}, \bar{a}]$，$\underline{a} < \bar{a}$，这种灰数称为区间灰数。

当$\otimes \in (-\infty, \infty)$时，即当$\otimes$的上界和下界都是无穷时，称$\otimes$为黑数；当$\otimes \in [\underline{a}, \bar{a}]$，且$\underline{a} = \bar{a}$时，称$\otimes$为白数。可将黑数和白数看成特殊的灰数。

需要注意的是，若区间灰数$\otimes \in [\underline{a}, \bar{a}]$中取值可能性最大的数已知，则该区间灰数可表示为$\otimes \in [\underline{a}, \tilde{a}, \bar{a}]$，称之为三参数区间灰数，其中$\tilde{a}$是取值可能性最大的数。三参数区间灰数是以三个参数表示灰数信息的数据形式，丰富了区间灰数的取值信息。

（3）区间灰数的运算

设有区间灰数$\otimes_1 \in [a, b]$，$a < b$；$\otimes_2 \in [c, d]$，$c < d$，用符号*表示$\otimes_1$和$\otimes_2$之间的运算，若$\otimes_3 = \otimes_1 * \otimes_2$，则$\otimes_3$也为区间灰数，$\otimes_3 \in [e, f]$，$e < f$。针对$\otimes_1$和$\otimes_2$，相关的主要运算法则如下：

① 加法运算

$$\otimes_1 + \otimes_2 \in [a + c, b + d] \tag{13-1}$$

② 灰数的负元

$$-\otimes_1 \in [-b, -a] \tag{13-2}$$

③ 减法运算

$$\otimes_1 - \otimes_2 \in [a - d, b - c] \tag{13-3}$$

④ 乘法运算

$$\otimes_1 \cdot \otimes_2 \in [\min\{ac, ad, bc, bd\}, \max\{ac, ad, bc, bd\}] \tag{13-4}$$

⑤ 灰数的倒数

$$\otimes_1^{-1} \in \left[\frac{1}{b}, \frac{1}{a}\right] \tag{13-5}$$

式中，a，$b \neq 0$且$ab > 0$。

⑥ 除法运算

$$\frac{\otimes_1}{\otimes_2} \in \left[\min\left\{\frac{a}{c}, \frac{a}{d}, \frac{b}{c}, \frac{b}{d}\right\}, \max\left\{\frac{a}{c}, \frac{a}{d}, \frac{b}{c}, \frac{b}{d}\right\}\right] \tag{13-6}$$

式中，c，$d \neq 0$且$cd > 0$。

⑦ 数乘运算

$$k \cdot \otimes_1 \in [ka, kb] \tag{13-7}$$

式中，k为正实数。

案例：设有区间灰数$\otimes_1 \in [3, 4]$，$\otimes_2 \in [5, 10]$，则其主要运算如下。

$\otimes_1 + \otimes_2 \in [3 + 5, 4 + 10] = [8, 14]$

$-\otimes_1 \in [-4, -3]$

$\otimes_1 - \otimes_2 \in [3 - 10, 4 - 5] = [-7, -1]$

$\otimes_1 \cdot \otimes_2 \in [\min\{3\times5, 3\times10, 4\times5, 4\times10\}, \max\{3\times5, 3\times10, 4\times5, 4\times10\}]$

$= [15, 40]$

$\otimes_1^{-1} \in \left[\frac{1}{4}, \frac{1}{3}\right]$

$$\frac{\otimes_1}{\otimes_2} \in \left[\min\left\{\frac{3}{5},\ \frac{3}{10},\ \frac{4}{5},\ \frac{4}{10}\right\},\ \max\left\{\frac{3}{5},\ \frac{3}{10},\ \frac{4}{5},\ \frac{4}{10}\right\}\right] = \left[\frac{3}{10},\ \frac{4}{5}\right]$$

$$5 \cdot \otimes_1 \in [5\times 3,\ 5\times 4] = [15,\ 20]$$

（4）灰数白化

如果凭先验信息或间接手段，可以找到一个数来代表某个灰数，则称该数为相应灰数的白化值，记为$\widetilde{\otimes}$，并用$\otimes(a)$表示以a为白化值的灰数。例如，估计某用户完成任务的时间在65s左右，用灰数表示为$\otimes(65)$，若该用户实际完成任务的时间为63s，则可将63作为$\otimes(65)$的白化数，记为$\widetilde{\otimes}(65)=63$。

对于一般的区间灰数$\otimes\in[a,\ b]$，根据对其取值信息的判断，可将白化值$\widetilde{\otimes}$取为

$$\widetilde{\otimes} = \alpha a + (1-\alpha)b,\ \alpha\in[0,\ 1] \tag{13-8}$$

式中，α为灰数的定位系数，当α=0.5时得到的白化值称为均值白化。

（5）可能度函数

可能度函数也称白化权函数，用来描述一个灰数取不同数值的“可能性”大小。起点、终点确定的左升、右降连续函数称为典型可能度函数，如图13-1所示，其数学表达式见式（13-9）。

$$f(x)=\begin{cases} L(x), & x\in[a_1,\ b_1) \\ 1, & x\in[b_1,\ b_2] \\ R(x), & x\in(b_2,\ a_2] \end{cases} \tag{13-9}$$

式中，$L(x)$为左升函数；$R(x)$为右降函数；$[b_1,\ b_2]$为峰区；a_1为始点；a_2为终点；b_1、b_2为转折点。在实际应用中，$L(x)$和$R(x)$常简化为直线。

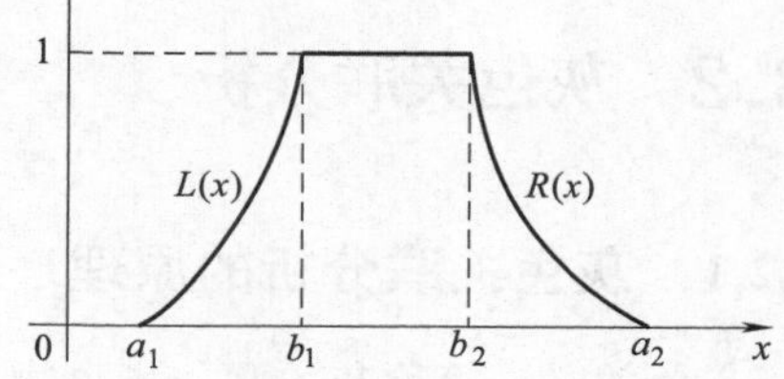

图13-1 典型可能度函数

可能度函数与随机变量的概率分布密度函数相似，但二者也有本质区别：需要借助于可能度函数描述的灰数，是一类所掌握的取值信息不完全的灰数；一旦一个灰数的取值分布信息被完全掌握，则它已不再是一个具有贫信息特征的灰数，而是一个具有某种概率分布的随机变量。可能度与模糊理论中的隶属度也有本质区别：隶属度描述的是一种事物属于某一特定集合的程度，而可能度描述的是一个灰数取某一数值的可能性。

（6）灰生成

将原始数据列$x^{(0)}$中的数据$x^{(0)}(k)$，按某种要求做数据处理，称为灰生成。灰生成可在保持原有序列形式的前提下，改变序列中数据的值与性质，以利于建模和决策。

常见的灰生成类型如下：

① 累加生成　累加生成（Accumulated Generating Operation，AGO）是指对原序列中的数据依次累加以得到生成序列，其定义如下：

令$x^{(0)}$为原始序列，$x^{(0)}=\left(x^{(0)}(1),\ x^{(0)}(2),\ \cdots,\ x^{(0)}(n)\right)$，称$x^{(1)}$是$x^{(0)}$的AGO序列，记为$x^{(1)}=\mathrm{AGO}\,x^{(0)}$，当且仅当$x^{(1)}=\left(x^{(1)}(1),\ x^{(1)}(2),\ \cdots,\ x^{(1)}(n)\right)$，并满足

$$x^{(1)}(k)=\sum_{m=1}^{k}x^{(0)}(m),\ k=1,\ 2,\ \cdots,\ n \tag{13-10}$$

② 逆累加生成　逆累加生成（Inverse Accumulated Generating Operation，IAGO）是指对序列中相邻数据依次累减，因此也称为累减生成，其定义如下：

令$x^{(0)}$为原始序列，$x^{(0)}=\left(x^{(0)}(1),\ x^{(0)}(2),\ \cdots,\ x^{(0)}(n)\right)$，称$y$是$x^{(0)}$的IAGO序列，记为

$y = \mathrm{IAGO}\,x^{(0)}$，当且仅当$y = \left(y(1),\ y(2),\ \cdots,\ y(n)\right)$，并满足

$$y(k) = x^{(0)}(k) - x^{(0)}(k-1),\ k = 1,\ 2,\ \cdots,\ n \tag{13-11}$$

③ 均值生成　均值生成（Mean Generating Operation）是指对序列中前后相邻两数取平均值，以获得生成序列，其定义如下：

令$x^{(0)}$为原始序列，$x^{(0)} = \left(x^{(0)}(1),\ x^{(0)}(2),\ \cdots,\ x^{(0)}(n)\right)$，称$z$是$x^{(0)}$的MEAN序列，记为$z = \mathrm{MEAN}\,x^{(0)}$，当且仅当$z = \left(z(2),\ \cdots,\ z(n)\right)$，并满足

$$z(k) = 0.5x^{(0)}(k) + 0.5x^{(0)}(k-1)\ ,\ k=2,\ 3,\ \cdots,\ n \tag{13-12}$$

案例：令原始序列为$x^{(0)} = (1,\ 1,\ 1,\ 1,\ 1)$，则

$\mathrm{AGO}x^{(0)} = x^{(1)} = (1,\ 2,\ 3,\ 4,\ 5)$

$\mathrm{IAGO}\,x^{(1)} = (1,\ 2-1,\ 3-2,\ 4-3,\ 5-4) = (1,\ 1,\ 1,\ 1,\ 1)$

$$\begin{aligned}\mathrm{MEAN}\,x^{(1)} &= \left(z^{(1)}(2),\ z^{(1)}(3),\ z^{(1)}(4),\ z^{(1)}(5)\right)\\ &= \left(0.5\times(1+2),\ 0.5\times(2+3),\ 0.5\times(3+4),\ 0.5\times(4+5)\right)\\ &= (1.5,\ 2.5,\ 3.5,\ 4.5)\end{aligned}$$

13.2　灰色关联分析

13.2.1　灰色关联分析的原理

灰色关联，简称灰关联，指事物之间的不确定关联，或系统因子之间、因子对主体行为之间的不确定关联。灰色关联分析的基本任务是基于行为因子序列的微观或宏观几何接近，以分析和确定因子间的影响程度或因子对主行为的贡献测度。

灰色关联分析的主要功能是进行离散序列间测度的计算，其意义是指在系统发展过程中，如果两个子系统（或元素）变化的趋势是一致的，即同步变化程度较高，则可以认为两者关联较大；反之，两者关联较小。

设有序列

$$\begin{aligned}X_0 &= \left(x_0(1),\ x_0(2),\ \cdots,\ x_0(n)\right)\\ X_1 &= \left(x_1(1),\ x_1(2),\ \cdots,\ x_1(n)\right)\\ &\vdots\\ X_i &= \left(x_i(1),\ x_i(2),\ \cdots,\ x_i(n)\right)\\ &\vdots\\ X_m &= \left(x_m(1),\ x_m(2),\ \cdots,\ x_m(n)\right)\end{aligned}$$

则灰色关联系数为

$$\gamma\left(x_0(k),\ x_i(k)\right) = \frac{\min\limits_i \min\limits_k \left|x_0(k) - x_i(k)\right| + \zeta \max\limits_i \max\limits_k \left|x_0(k) - x_i(k)\right|}{\left|x_0(k) - x_i(k)\right| + \zeta \max\limits_i \max\limits_k \left|x_0(k) - x_i(k)\right|} \tag{13-13}$$

式中，ζ为分辨系数，$\zeta \in$（0，1）。

灰色关联度为

$$\gamma\left(X_0,\ X_i\right) = \frac{1}{n}\sum_{k=1}^{n}\gamma\left(x_0(k),\ x_i(k)\right) \tag{13-14}$$

在评价决策研究中，各指标的权重可能不同，此时可将灰色关联度的计算公式写为

$$\gamma\left(X_0,\ X_i\right)=\sum_{k=1}^{n} w_k \gamma\left(x_0(k),\ x_i(k)\right) \tag{13-15}$$

式中，w_k为各指标的权重。

13.2.2 灰色关联分析的应用案例

（1）案例一

影响用户体验评价的因素较多，请基于用户甲、乙、丙、丁的测试结果，探讨效率、美观性、易学性等因素中哪种因素对用户体验的影响最大，数据如表13-2所示。

表13-2 用户体验、效率、美观性、易学性的评价得分

评价项目	符号	甲	乙	丙	丁
用户体验得分	a	75	80	85	90
效率	b	80	83	87	88
美观性	c	72	82	84	93
易学性	d	77	81	82	89

步骤1：将原始数据标准化，标准化的方法为

$$r_i(k)=\frac{x_i(k)}{\sum\limits_{k=甲}^{丁}\frac{x_i(k)}{4}},\ i=a,\ b,\ c,\ d;\quad k=甲，乙，丙，丁$$

以用户体验得分为例，结果如下：

$$r_a(甲)=\frac{75}{(75+80+85+90)/4}=0.9091$$

$$r_a(乙)=\frac{80}{(75+80+85+90)/4}=0.9697$$

$$r_a(丙)=\frac{85}{(75+80+85+90)/4}=1.0303$$

$$r_a(丁)=\frac{90}{(75+80+85+90)/4}=1.0909$$

同理可对其他数据进行标准化，结果见表13-3。

表13-3 标准化后的数据

评价项目	符号	甲	乙	丙	丁
用户体验得分	a	0.9091	0.9697	1.0303	1.0909
效率	b	0.9467	0.9822	1.0296	1.0414
美观性	c	0.8701	0.9909	1.0151	1.1239
易学性	d	0.9362	0.9848	0.9970	1.0821

步骤2：计算差序列。差序列$\varDelta_{0i}(k)$是指其他列i与标准列0对应元素k之差的绝对值，即

$$\varDelta_{0i}(k)=\left|r_0(k)-r_i(k)\right| i=1，2，3；\quad k=甲，乙，丙，丁$$

以$\varDelta_{01}$为例，

$$\varDelta_{01}(甲)=|0.9091-0.9467|=0.0377$$

$$\varDelta_{01}(乙) = |0.9697 - 0.9822| = 0.0126$$
$$\varDelta_{01}(丙) = |1.0303 - 1.0296| = 0.0007$$
$$\varDelta_{01}(丁) = |1.0909 - 1.0414| = 0.0495$$

同理可对其他数据计算差序列，结果见表13-4。

表13-4　差序列

项目	甲	乙	丙	丁
$\varDelta_{01}(k)$	0.0377	0.0126	0.0007	0.0495
$\varDelta_{02}(k)$	0.0390	0.0212	0.0152	0.0330
$\varDelta_{03}(k)$	0.0271	0.0151	0.0333	0.0088

步骤3：求最大差$\varDelta_{max}$和最小差$\varDelta_{min}$

$$\varDelta_{max} = \max_i \max_k \varDelta_{0i}(k)$$
$$\varDelta_{min} = \min_i \min_k \varDelta_{0i}(k)$$

最大差为$\varDelta_{01}$（4）=0.0495，最小差为$\varDelta_{01}$（3）=0.0007。

步骤4：计算灰色关联系数γ_{0i}（k）

$$\gamma_{0i}(k) = \frac{\varDelta_{min} + \zeta\varDelta_{max}}{\varDelta_{0i}(k) + \zeta\varDelta_{max}}$$

令分辨系数ζ取0.5，对于$\gamma_{01}(甲)$有

$$\gamma_{01}(甲) = \frac{0.0007 + 0.5 \times 0.0495}{0.0377 + 0.5 \times 0.0495} = 0.4080$$

同理可得其他值，结果见表13-5。

表13-5　灰色关联系数

项目	甲	乙	丙	丁
$\gamma_{01}(k)$	0.4080	0.6827	1.0000	0.3430
$\gamma_{02}(k)$	0.3994	0.5537	0.6375	0.4413
$\gamma_{03}(k)$	0.4913	0.6389	0.4383	0.7581

步骤5：计算灰色关联度

$$\gamma(X_0,\ X_i) = \frac{1}{4}\sum_{k=甲}^{丁}\gamma_{0i}(k)$$

对于$\gamma(X_0,\ X_1)$，有

$$\gamma(X_0,\ X_1) = \frac{0.4080 + 0.6827 + 1.0000 + 0.3430}{4} = 0.6084$$

同理可得，$\gamma(X_0,\ X_2) = 0.5080$，$\gamma(X_0,\ X_3) = 0.5817$。

步骤6：根据灰色关联度排序

$$\gamma(X_0,\ X_1) > \gamma(X_0,\ X_3) > \gamma(X_0,\ X_2)$$

即对用户体验影响最大因素为“效率”。

（2）案例二

假设购买汽车时的相关决策因素及其数据如表13-6所示，其中的数据为用户的主观评价得分，每项决策因素满分10分，分值越高表示在该决策因素上的表现越好，试据此对不

同方案进行优劣排序。

表 13-6　汽车购买决策的数据

方案	质量	品牌	价格	外观
参考点	10	10	10	10
方案1(A_1)	7	4	7	3
方案2(A_2)	5	3	4	9
方案3(A_3)	5	4	8	8
方案4(A_4)	7	7	6	6

用每个指标的值除以参考点的值，以对数据进行标准化处理，结果如表13-7所示。

表 13-7　标准化后的数据

方案	质量	品牌	价格	外观
参考点	1.0	1.0	1.0	1.0
方案1(A_1)	0.7	0.4	0.7	0.3
方案2(A_2)	0.5	0.3	0.4	0.9
方案3(A_3)	0.5	0.4	0.8	0.8
方案4(A_4)	0.7	0.7	0.6	0.6

计算每个方案序列与参考点序列差的绝对值，即差序列，结果见表13-8。

表 13-8　差序列

项目	k=1	k=2	k=3	k=4
$\Delta_{r1}(k)$	0.3	0.6	0.3	0.7
$\Delta_{r2}(k)$	0.5	0.7	0.6	0.1
$\Delta_{r3}(k)$	0.5	0.6	0.2	0.2
$\Delta_{r4}(k)$	0.3	0.3	0.4	0.4

从表13-8可以发现，$\min\limits_i \min\limits_k \Delta_{ri}(k) = 0.1$，$\max\limits_i \max\limits_k \Delta_{ri}(k) = 0.7$。

令分辨系数ζ为0.5，计算方案序列与参考点序列差的灰色关联系数，结果如表13-9所示。

表 13-9　灰色关联系数

项目	k=1	k=2	k=3	k=4
$\gamma(x_0(k), x_1(k))$	0.6923	0.4737	0.6923	0.4286
$\gamma(x_0(k), x_2(k))$	0.5294	0.4286	0.4737	1.0000
$\gamma(x_0(k), x_3(k))$	0.5294	0.4737	0.8182	0.8182
$\gamma(x_0(k), x_4(k))$	0.6923	0.6923	0.6000	0.6000
权重(w)	0.3	0.2	0.2	0.3

结合表中最后一行每个指标的权重，则灰色关联度的计算如下：

$$\begin{aligned}\gamma(x_0, x_1) &= \sum_{k=1}^{4} w_k \gamma(x_0(k), x_1(k)) \\ &= 0.3 \times 0.6923 + 0.2 \times 0.4737 + 0.2 \times 0.6923 + 0.3 \times 0.4286 \\ &= 0.5695\end{aligned}$$

同理可得$\gamma\left(x_0, x_2\right)=0.6393$，$\gamma\left(x_0, x_3\right)=0.6627$，$\gamma\left(x_0, x_4\right)=0.6462$，方案的优劣顺序为$A_3 > A_4 > A_2 > A_1$。

（3）案例三

邀请36名用户对6款移动医疗APP设计方案进行评价。先让被试对移动医疗APP感知体验进行评价，共包括“看起来简单的”“色彩符合我的喜好”“界面精致的”三个指标；接着让被试按照快速问诊、找专家咨询问诊、预约挂号、查看健康任务、查看健康资讯、查看健康档案、查看检查报告、检测血压的顺序完成规定任务，并记录用户的绩效数据，共包括“任务完成数量”“任务完成时间”“平均错误数”三个指标；最后要求被试对移动医疗的价值体验进行评价，共包括“有用的”“自我成就的”“愉快的”三个指标。评价结果如表13-10所示，请据此对6款设计方案进行优劣排序。

表13-10　手机APP用户体验评价数据

方案	看起来简单的	色彩符合我的喜好	界面精致的	任务完成数量	任务完成时间	平均错误数	有用的	自我成就的	愉快的
参考点	6.74	6.69	6.78	7.88	549	0.17	6.74	6.38	6.28
方案1(A_1)	5.87	6.69	6.78	5.32	1003	0.48	5.17	3.87	4.26
方案2(A_2)	5.26	2.13	6.36	6.28	1058	0.37	4.72	4.36	5.74
方案3(A_3)	4.77	5.14	4.12	7.39	939	0.43	3.88	6.04	5.24
方案4(A_4)	6.74	5.58	5.37	7.88	549	0.17	6.74	5.27	6.28
方案5(A_5)	3.25	4.27	3.87	4.32	1340	0.52	3.18	6.38	3.78
方案6(A_6)	2.83	2.56	4.76	6.04	1442	0.41	3.54	3.12	5.06

表13-10中参考点的值为每个指标在6款设计方案中的最优值，其中“任务完成时间”和“平均错误数”属于成本型指标，其值越小越好；其余均属于效益型指标，其值越大越好。对于效益型指标，采用式（11-22）进行标准化处理，对成本型指标，采用式（11-23）进行标准化处理，标准化后的数据见表13-11。

表13-11　标准化后的数据

方案	看起来简单的	色彩符合我的喜好	界面精致的	任务完成数量	任务完成时间	平均错误数	有用的	自我成就的	愉快的
参考点	1.00	1.00	1.00	1.00	1.00	1.00	1.00	1.00	1.00
方案1(A_1)	0.78	1.00	1.00	0.28	0.49	0.11	0.56	0.23	0.19
方案2(A_2)	0.62	0.00	0.86	0.55	0.43	0.43	0.43	0.38	0.78
方案3(A_3)	0.50	0.66	0.09	0.86	0.56	0.26	0.20	0.90	0.58
方案4(A_4)	1.00	0.76	0.52	1.00	1.00	1.00	1.00	0.66	1.00
方案5(A_5)	0.11	0.47	0.00	0.00	0.11	0.00	0.00	1.00	0.00
方案6(A_6)	0.00	0.09	0.31	0.48	0.00	0.31	0.10	0.00	0.51

计算每个方案序列与参考点序列差的绝对值，即差序列，结果见表13-12。

表13-12　差序列

项目	看起来简单的	色彩符合我的喜好	界面精致的	任务完成数量	任务完成时间	平均错误数	有用的	自我成就的	愉快的
$\Delta_{r1}(k)$	0.22	0.00	0.00	0.72	0.51	0.89	0.44	0.77	0.81

续表

项目	看起来简单的	色彩符合我的喜好	界面精致的	任务完成数量	任务完成时间	平均错误数	有用的	自我成就的	愉快的
$\Delta_{r2}(k)$	0.38	1.00	0.14	0.45	0.57	0.57	0.57	0.62	0.22
$\Delta_{r3}(k)$	0.50	0.34	0.91	0.14	0.44	0.74	0.80	0.10	0.42
$\Delta_{r5}(k)$	0.00	0.24	0.48	0.00	0.00	0.00	0.00	0.34	0.00
$\Delta_{r6}(k)$	0.89	0.53	1.00	1.00	0.89	1.00	1.00	0.00	1.00
$\Delta_{r2}(k)$	1.00	0.91	0.69	0.52	1.00	0.69	0.90	1.00	0.49

令分辨系数ζ为0.5，计算方案序列与参考点序列差的灰色关联系数，结果如表13-13所示。

表13-13　灰色关联系数

项目	看起来简单的	色彩符合我的喜好	界面精致的	任务完成数量	任务完成时间	平均错误数	有用的	自我成就的	愉快的
$\gamma(x_0(k),x_1(k))$	0.692	1.000	1.000	0.410	0.496	0.361	0.531	0.394	0.382
$\gamma(x_0(k),x_2(k))$	0.569	0.333	0.776	0.527	0.467	0.467	0.468	0.447	0.698
$\gamma(x_0(k),x_3(k))$	0.498	0.595	0.354	0.784	0.534	0.402	0.384	0.827	0.546
$\gamma(x_0(k),x_4(k))$	1.000	0.673	0.508	1.000	1.000	1.000	1.000	0.595	1.000
$\gamma(x_0(k),x_5(k))$	0.359	0.485	0.333	0.333	0.361	0.333	0.333	1.000	0.333
$\gamma(x_0(k),x_6(k))$	0.333	0.356	0.419	0.492	0.333	0.422	0.357	0.333	0.506
权重（w）	0.048	0.009	0.011	0.193	0.042	0.137	0.304	0.110	0.146

结合表中最后一行每个指标的权重，则灰色关联度的计算如下：

$$\gamma\left(x_0,\ x_1\right)=\sum_{k=1}^{9} w_k\gamma\left(x_0(k),\ x_1(k)\right)=0.4633$$

同理可得$\gamma\left(x_0,\ x_2\right)=0.5175$，$\gamma\left(x_0,\ x_3\right)=0.5494$，$\gamma\left(x_0,\ x_4\right)=0.9471$，$\gamma\left(x_0,\ x_5\right)=0.4104$，$\gamma\left(x_0,\ x_6\right)=0.4097$。因此，方案的优劣顺序为$A_4>A_3>A_2>A_1>A_5>A_6$。

13.3　灰色定权聚类

灰色聚类适合于按照多个不同的指标对聚类对象进行评价，以判断聚类对象所属的灰类。灰色聚类可分为灰色关联聚类和基于可能度函数的灰色聚类。灰色关联聚类主要用于同类因素的合并，以简化复杂系统。基于可能度函数的灰色聚类可分为灰色变权聚类和灰色定权聚类。当聚类指标的意义、量纲不同，且在数量上差异悬殊时，采用灰色变权聚类可能导致某些指标参与聚类的作用十分微弱，而灰色定权聚类通过对各聚类指标事先赋权，可以解决这一问题。灰色定权聚类在用户研究和设计方案的分类决策中应用较多，在此将加以介绍。

13.3.1　灰色定权聚类的原理

（1）灰类的可能度函数

设有n个聚类对象，m个聚类指标，s个不同灰类，根据对象$i(i=1,\ 2,\ \cdots,\ n)$关于指标$j(j=1,\ 2,\ \cdots,\ m)$的观测值$x_{ij}(i=1,\ 2,\ \cdots,\ n;\ j=1,\ 2,\ \cdots,\ m)$将对象$i$归入灰类$k(k\in\{1,\ 2,\ \cdots,\ s\})$，称为灰色聚类。

将n个对象关于指标j的取值相应地分为s个灰类，j指标关于灰类k的可能度函数记为$f_j^k(\cdot)$。典型可能度函数如图13-2（a）所示，称$x_j^k(1)$，$x_j^k(2)$，$x_j^k(3)$，$x_j^k(4)$为$f_j^k(\cdot)$的转折点。典型可能度函数记为$f_j^k[x_j^k(1),\ x_j^k(2),\ x_j^k(3),\ x_j^k(4)]$，其数学公式为

$$f_j^k(x)=\begin{cases}0, & x\notin[x_j^k(1),\ x_j^k(4)]\\ \dfrac{x-x_j^k(1)}{x_j^k(2)-x_j^k(1)}, & x\in[x_j^k(1),\ x_j^k(2)]\\ 1, & x\in[x_j^k(2),\ x_j^k(3)]\\ \dfrac{x_j^k(4)-x}{x_j^k(4)-x_j^k(3)}, & x\in[x_j^k(3),\ x_j^k(4)]\end{cases}\tag{13-16}$$

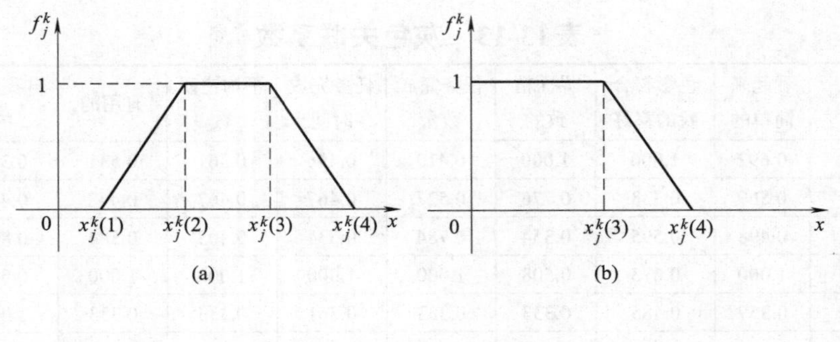

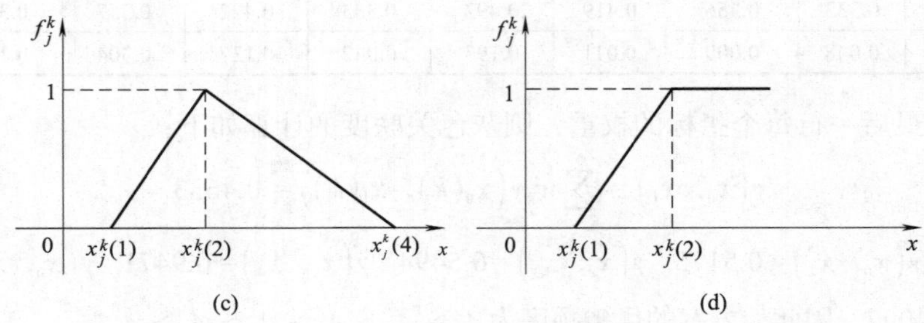

图13-2　可能度函数

若可能度函数$f_j^k(\cdot)$无第一和第二个转折点$x_j^k(1)$，$x_j^k(2)$，即如图13-2（b）所示，则称$f_j^k(\cdot)$为下限测度可能度函数，记为$f_j^k[-,\ -,\ x_j^k(3),\ x_j^k(4)]$，数学公式为

$$f_j^k(x)=\begin{cases}0, & x\notin[x_j^k(1),\ x_j^k(4)]\\ 1, & x\in[x_j^k(2),\ x_j^k(3)]\\ \dfrac{x_j^k(4)-x}{x_j^k(4)-x_j^k(3)}, & x\in[x_j^k(3),\ x_j^k(4)]\end{cases}\tag{13-17}$$

若可能度函数$f_j^k(\cdot)$第二和第三个转折点$x_j^k(2)$，$x_j^k(3)$重合，即如图13-2（c）所示，则称$f_j^k(\cdot)$为适中测度可能度函数，记为$f_j^k[x_j^k(1),\ x_j^k(2),\ -,\ x_j^k(4)]$，数学公式为

$$f_j^k(x)=\begin{cases}0, & x\notin[x_j^k(1),\ x_j^k(4)]\\ \dfrac{x-x_j^k(1)}{x_j^k(2)-x_j^k(1)}, & x\in[x_j^k(1),\ x_j^k(2)]\\ \dfrac{x_j^k(4)-x}{x_j^k(4)-x_j^k(2)}, & x\in[x_j^k(2),\ x_j^k(4)]\end{cases}\tag{13-18}$$

若可能度函数$f_j^k(\cdot)$无第三和第四个转折点$x_j^k(3)$，$x_j^k(4)$，即如图13-2（d）所示，则称$f_j^k(\cdot)$为上限测度可能度函数，记为$f_j^k[x_j^k(1), x_j^k(2), -, -]$，数学公式为

$$f_j^k(x)=\begin{cases}0, & x<x_j^k(1)\\ \dfrac{x-x_j^k(1)}{x_j^k(2)-x_j^k(1)}, & x\in[x_j^k(1), x_j^k(2)]\\ 1, & x\geqslant x_j^k(2)\end{cases} \tag{13-19}$$

（2）灰色定权聚类的定义

设$x_{ij}(i=1, 2, \cdots, n; j=1, 2, \cdots, m)$为对象$i$关于指标$j$的观测值，$f_j^k(\cdot)(j=1, 2, \cdots, m; k=1, 2, \cdots, s)$为$j$指标关于灰类$k$的可能度函数。若$j$指标关于灰类$k$的权$\eta_j^k(j=1, 2, \cdots, m; k=1, 2, \cdots, s)$与$k$无关，可将$\eta_j^k$的上标$k$略去，记为$\eta_j(j=1, 2, \cdots, m)$，并称

$$\sigma_i^k=\sum_{j=1}^{m}f_j^k(x_{ij})\eta_j \tag{13-20}$$

为对象i属于灰类k的灰色定权聚类系数。根据灰色定权聚类系数的值对聚类对象进行归类，称为灰色定权聚类。

（3）灰色定权聚类的步骤

灰色定权聚类可按下列步骤进行：

第一步：设定j指标关于灰类k的可能度函数$f_j^k(\cdot)(j=1, 2, \cdots, m; k=1, 2, \cdots, s)$。

第二步：确定各指标的聚类权$\eta_j(j=1, 2, \cdots, m)$。

第三步：由可能度函数$f_j^k(\cdot)(j=1, 2, \cdots, m; k=1, 2, \cdots, s)$、聚类权$\eta_j(j=1, 2, \cdots, m)$、以及对象$i$关于指标$j$的观测值$x_{ij}(i=1, 2, \cdots, n; j=1, 2, \cdots, m)$，计算灰色定权聚类系数$\sigma_i^k=\sum_{j=1}^{m}f_j^k(x_{ij})\eta_j$，$i=1, 2, \cdots, n$；$k=1, 2, \cdots, s$。

第四步：根据σ_i^k对聚类对象进行归类，若$\max\limits_{1\leqslant k\leqslant s}\{\sigma_j^k\}=\sigma_j^{k^*}$，则判定对象$i$属于灰类$k^*$。

13.3.2 灰色定权聚类的应用案例

基于灰色聚类法进行配色设计方案评价。某公司设计了12套医疗APP配色方案，试采用灰色定权聚类法对其优劣进行评价。

构建医疗APP用户界面配色设计的评价体系，如图13-3所示。

结合相关信息，确定各指标的权重η_j，如表13-14所示。

表13-14 评价体系中各指标的最终权重

指标	最终权重	指标	最终权重	指标	最终权重
A_1	0.021	B_1	0.175	C_1	0.008
A_2	0.003	B_2	0.010	C_2	0.032
A_3	0.049	B_3	0.026	C_3	0.153
A_4	0.008	B_4	0.145	C_4	0.198
A_5	0.018	B_5	0.146	C_5	0.008

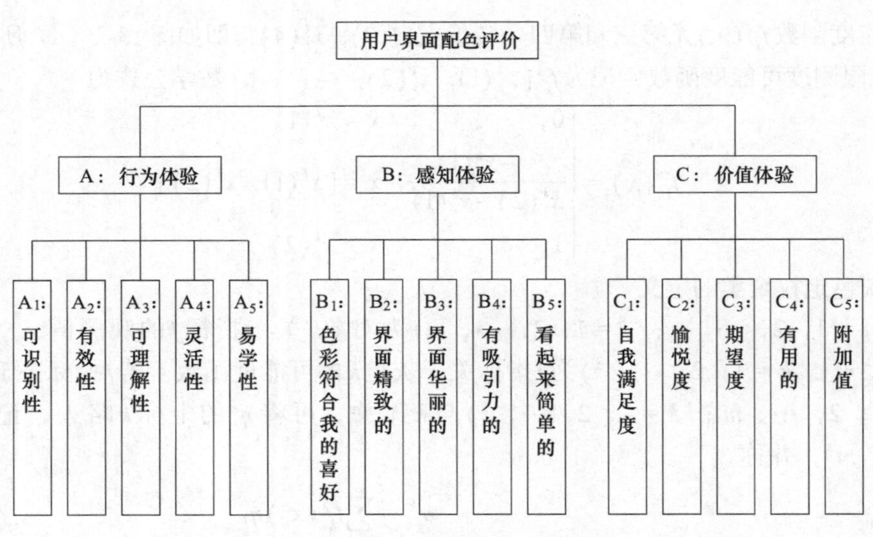

图13-3　用户界面配色设计体验评价体系

针对上述评价体系，采用7等级量表（1~7）制作问卷，其中7表示最理想的分值。邀请40名用户，进行用户体验评价实验，可得到12套样本关于15项评价指标的用户体验评价值，对实验数据进行整理，结果如表13-15所示，其中S_1~S_{12}表示样本编号，A_1~A_5、B_1~B_5和C_1~C_5表示评价体系中各指标的编号。下面将依此为基础，对设计方案进行定权聚类分析。

表13-15　用户体验评价结果

样本	A_1	A_2	A_3	A_4	A_5	B_1	B_2	B_3	B_4	B_5	C_1	C_2	C_3	C_4	C_5
S_1	3.33	3.60	3.70	3.75	3.48	3.45	3.40	3.43	1.98	3.35	3.78	3.13	3.53	3.18	3.25
S_2	5.63	5.38	5.28	5.50	5.80	5.70	5.55	5.68	5.30	5.23	5.10	5.40	5.38	5.28	5.35
S_3	3.80	3.75	3.48	3.45	3.48	3.55	3.55	3.80	3.70	3.85	3.80	3.65	3.08	3.50	3.83
S_4	4.10	4.18	4.13	4.25	3.88	4.25	4.20	4.05	4.23	4.38	3.85	3.88	4.03	4.05	3.85
S_5	4.93	4.80	5.03	5.03	5.10	4.80	5.05	5.10	4.98	5.15	5.05	5.03	5.00	5.03	4.85
S_6	5.18	4.55	4.58	4.55	4.75	4.78	4.68	4.53	4.38	3.93	4.55	4.35	4.55	4.28	4.30
S_7	5.45	5.50	5.33	5.10	5.45	5.25	5.43	5.48	5.55	5.28	5.43	5.13	5.18	5.23	5.10
S_8	4.50	4.68	4.30	4.48	4.28	4.48	4.13	4.28	4.15	4.23	4.45	4.50	4.15	4.73	4.23
S_9	2.98	2.90	2.98	2.93	2.75	3.03	2.73	3.15	2.65	2.98	2.60	3.18	2.88	3.00	2.73
S_{10}	4.55	4.58	4.70	4.15	4.65	4.55	4.48	4.85	4.68	4.45	4.43	4.15	3.93	3.78	3.85
S_{11}	2.03	2.13	2.08	2.20	2.20	1.83	1.90	1.90	1.90	2.00	2.03	2.08	1.90	1.98	2.03
S_{12}	3.43	3.40	3.40	3.38	3.58	3.63	3.53	3.65	3.63	3.35	3.10	3.53	3.50	3.25	3.18

（1）构造聚类白化矩阵

根据表13-15，可得到这12套样本关于15个指标的聚类白化矩阵，如下式所示：

$\boldsymbol{A}=\left(x_{ij}\right)=$

$$
\begin{bmatrix}
3.33 & 3.60 & 3.70 & 3.75 & 3.48 & 3.45 & 3.40 & 3.43 & 1.98 & 3.35 & 3.78 & 3.13 & 3.53 & 3.18 & 3.25 \\
5.63 & 5.38 & 5.28 & 5.50 & 5.80 & 5.70 & 5.55 & 5.68 & 5.30 & 5.23 & 5.10 & 5.40 & 5.38 & 5.28 & 5.35 \\
3.80 & 3.75 & 3.48 & 3.45 & 3.48 & 3.55 & 3.55 & 3.80 & 3.70 & 3.85 & 3.80 & 3.65 & 3.08 & 3.50 & 3.83 \\
4.10 & 4.18 & 4.13 & 4.25 & 3.88 & 4.25 & 4.20 & 4.05 & 4.23 & 4.38 & 3.85 & 3.88 & 4.03 & 4.05 & 3.85 \\
4.93 & 4.80 & 5.03 & 5.03 & 5.10 & 4.80 & 5.05 & 5.10 & 4.98 & 5.15 & 5.05 & 5.03 & 5.00 & 5.03 & 4.85 \\
5.18 & 4.55 & 4.58 & 4.55 & 4.75 & 4.78 & 4.68 & 4.53 & 4.38 & 3.93 & 4.55 & 4.35 & 4.55 & 4.28 & 4.30 \\
5.45 & 5.50 & 5.33 & 5.10 & 5.45 & 5.25 & 5.43 & 5.48 & 5.55 & 5.28 & 5.43 & 5.13 & 5.18 & 5.23 & 5.10 \\
4.50 & 4.68 & 4.30 & 4.48 & 4.28 & 4.48 & 4.13 & 4.28 & 4.15 & 4.23 & 4.45 & 4.50 & 4.15 & 4.73 & 4.23 \\
2.98 & 2.90 & 2.98 & 2.93 & 2.75 & 3.03 & 2.73 & 3.15 & 2.65 & 2.98 & 2.60 & 3.18 & 2.88 & 3.00 & 2.73 \\
4.55 & 4.58 & 4.70 & 4.15 & 4.65 & 4.55 & 4.48 & 4.85 & 4.68 & 4.45 & 4.43 & 4.15 & 3.93 & 3.78 & 3.85 \\
2.03 & 2.13 & 2.08 & 2.20 & 2.20 & 1.83 & 1.90 & 1.90 & 1.90 & 2.00 & 2.03 & 2.08 & 1.90 & 1.98 & 2.03 \\
3.43 & 3.40 & 3.40 & 3.38 & 3.58 & 3.63 & 3.53 & 3.65 & 3.63 & 3.35 & 3.10 & 3.53 & 3.50 & 3.25 & 3.18
\end{bmatrix}
$$

（2）确定灰类评价类型和白化函数

针对本研究中的聚类对象，首先通过焦点小组法确定其评价类别，共有4种，即$k=1$、$k=2$、$k=3$、$k=4$，分别代表差、中等、良好和优秀，接着通过专家访谈与文献研究等方式对灰类等级进行划分，得到j指标关于灰类k的可能度函数$f_j^k(x_{ij})$，分别为$f_j^1[-，-，2.5，3.25]$，$f_j^2[2.5，3.25，-，4.75]$，$f_j^3[3.25，4.75，-，5.5]$，$f_j^4[4.75，5.5，-，-]$，数学公式如下：

$$
f_j^1[x_{ij}]=\begin{cases}0, & x_{ij}\notin[1,\ 3.25]\\ 1, & x_{ij}\in[1,\ 2.5]\\ 3.25-x_{ij}, & x_{ij}\in[2.5,\ 3.25]\end{cases}
$$

$$
f_j^2[x_{ij}]=\begin{cases}0, & x_{ij}\notin[2.5,\ 4.75]\\ x_{ij}-2.5, & x_{ij}\in[2.5,\ 3.25]\\ 2.375-0.5x_{ij}, & x_{ij}\in[3.25,\ 4.75]\end{cases}
$$

$$
f_j^3[x_{ij}]=\begin{cases}0, & x_{ij}\notin[3.25,\ 5.5]\\ 0.5x_{ij}-1.625, & x_{ij}\in[3.25,\ 4.75]\\ 5.5-x_{ij}, & x_{ij}\in[4.75,\ 5.5]\end{cases}
$$

$$
f_j^4[x_{ij}]=\begin{cases}0, & x_{ij}\notin[4.75,\ 7]\\ x_{ij}-4.75, & x_{ij}\in[4.75,\ 5.5]\\ 1, & x_{ij}\in[5.5,\ 7]\end{cases}
$$

差、中等、良好和优秀所对应的可能度函数的示意图如图13-4所示。

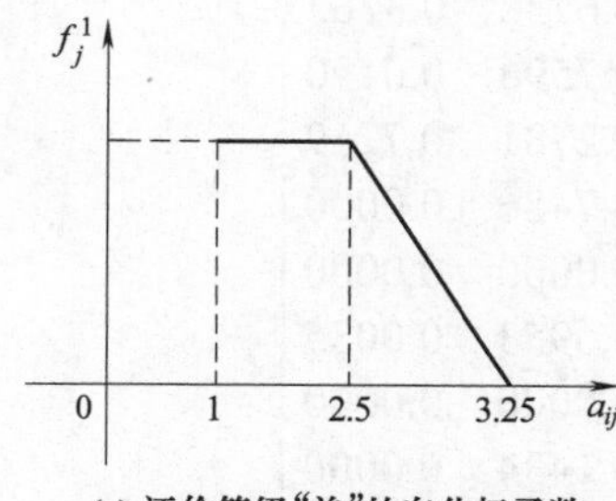

(a) 评价等级“差”的白化权函数

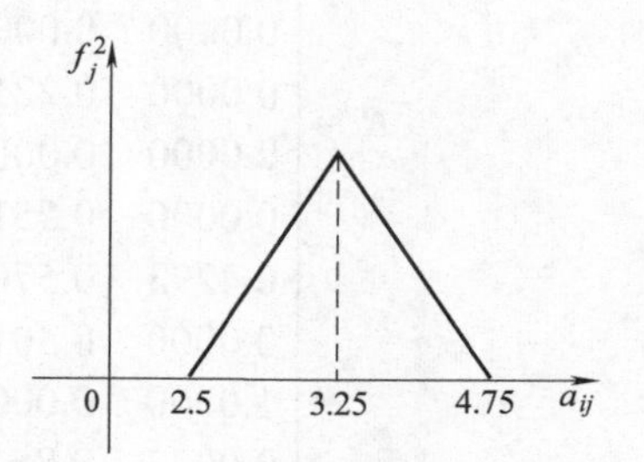

(b) 评价等级“中等”的白化权函数

图13-4

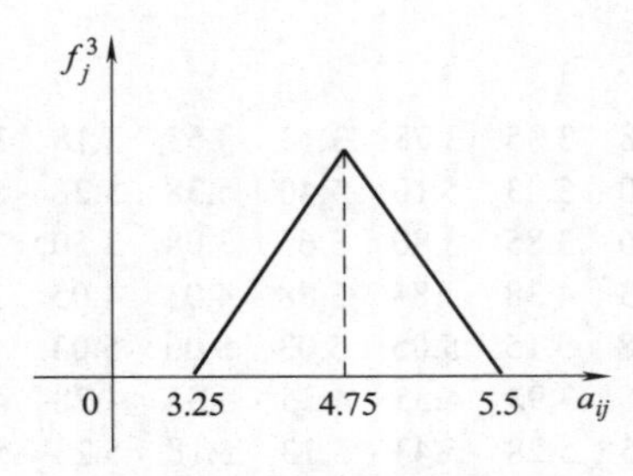

(c) 评价等级"良好"的白化权函数

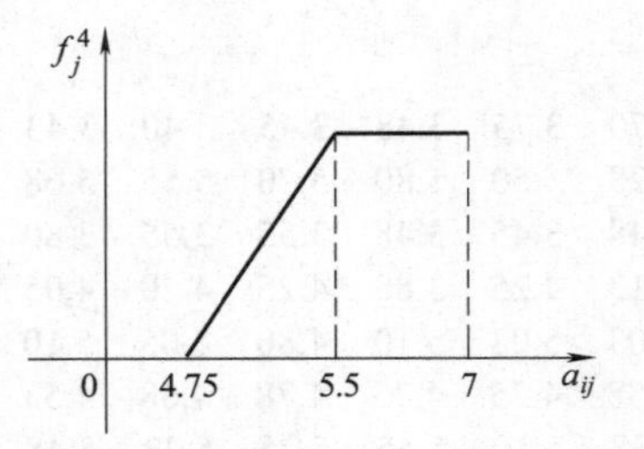

(d) 评价等级"优秀"的白化权函数

图 13-4　实验样本的白化权函数示意图

（3）计算聚类系数值

将权重η_j代入到公式（13-20）中进行计算，可求出对象i关于k子类的聚类系数值σ_i^k，结果如表13-16所示。

表 13-16　评价对象的灰色聚类系数

样本	σ_i^1	σ_i^2	σ_i^3	σ_i^4
S_1	0.1686	0.7409	0.0905	0.0000
S_2	0.0000	0.0000	0.1988	0.8012
S_3	0.0347	0.7493	0.2160	0.0000
S_4	0.0000	0.3980	0.6020	0.0000
S_5	0.0000	0.0000	0.6738	0.3262
S_6	0.0000	0.2213	0.7596	0.0190
S_7	0.0000	0.0000	0.2781	0.7219
S_8	0.0000	0.2514	0.7486	0.0000
S_9	0.4293	0.5707	0.0000	0.0000
S_{10}	0.0000	0.3013	0.6953	0.0035
S_{11}	1.0000	0.0000	0.0000	0.0000
S_{12}	0.0023	0.8542	0.1434	0.0000

（4）构建聚类向量矩阵

针对得到的聚类系数，可构建聚类向量矩阵为：

$$\boldsymbol{R}=\begin{bmatrix}0.1686 & 0.7409 & 0.0905 & 0.0000\\0.0000 & 0.0000 & 0.1988 & 0.8012\\0.0347 & 0.7493 & 0.2160 & 0.0000\\0.0000 & 0.3980 & 0.6020 & 0.0000\\0.0000 & 0.0000 & 0.6738 & 0.3262\\0.0000 & 0.2213 & 0.7596 & 0.0190\\0.0000 & 0.0000 & 0.2781 & 0.7219\\0.0000 & 0.2514 & 0.7486 & 0.0000\\0.4293 & 0.5707 & 0.0000 & 0.0000\\0.0000 & 0.3013 & 0.6953 & 0.0035\\1.0000 & 0.0000 & 0.0000 & 0.0000\\0.0023 & 0.8542 & 0.1434 & 0.0000\end{bmatrix}$$

（5）聚类分析

针对得到的聚类向量矩阵，查找各个样本的聚类行向量中的最大聚类系数，即

$\max_{1 \leqslant k \leqslant 4} \{\sigma_i^k\} = \sigma_i^{k*}$，此时聚类系数所在的灰类即为此样本所属的灰类，如表13-17所示。

表13-17　评价对象的灰色聚类结果

样本	σ_i^{k*}	聚类结果
S_1	0.7409	中等
S_2	0.8012	优秀
S_3	0.7493	中等
S_4	0.6020	良好
S_5	0.6738	良好
S_6	0.7596	良好
S_7	0.7219	优秀
S_8	0.7486	良好
S_9	0.5707	中等
S_{10}	0.6953	良好
S_{11}	1.0000	较差
S_{12}	0.8542	中等

分析得到的聚类结果，可知样本S_2和S_7的用户界面配色设计体验评价为“优秀”，样本S_4、S_5、S_6、S_8和S_{10}的用户界面配色设计体验评价为“良好”，样本S_1、S_3、S_9和S_{12}的用户界面配色设计体验评价为“中等”，样本S_{11}的用户界面配色设计体验评价为“较差”。

13.4　灰色预测

灰色预测是灰色系统理论的主要内容，它以少量的可得数据为基础，经过灰色系列生成和灰色模型的处理，得到具有满意可信度的结论。在人因工程研究中，研究人员遇到的最大困难经常是真实、准确数据的获取，这在一定程度上制约了传统统计方法的应用，灰色预测在很大程度上能有效地解决这一问题。下面将对两种最常用的灰色预测技术GM（1，1）和灰色Verhulst模式进行介绍。

13.4.1　GM（1，1）

（1）概述

GM（1，1）的含义是1阶（Order）1个变量（Variable）的灰（Grey）模型（Model），如图13-5所示。

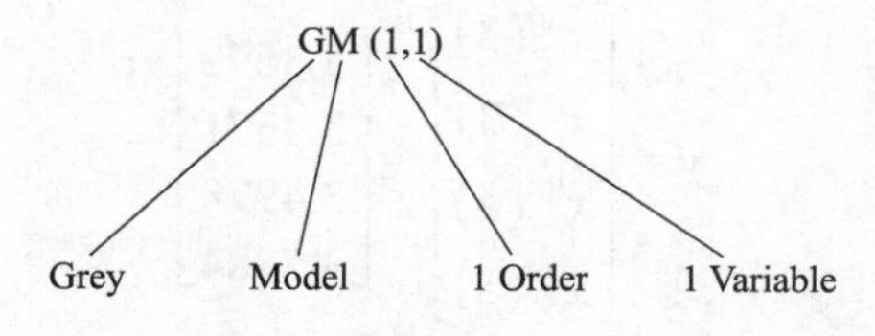

图13-5　GM（1，1）的含义

令 $x^{(0)}$ 为n元序列，$x^{(0)}=(x^{(0)}(1), x^{(0)}(2), \cdots, x^{(0)}(n))$，$x^{(1)}$ 为$x^{(0)}$ 的AGO生成，$x^{(1)}=(x^{(1)}(1), x^{(1)}(2), \cdots, x^{(1)}(n))$，则$x^{(0)}$ 与$x^{(1)}$ 中各时刻数据满足关系$y=B\hat{a}$，

$$y=\begin{bmatrix}x^{(0)}(2)\\x^{(0)}(3)\\\vdots\\x^{(0)}(n)\end{bmatrix},\quad B=\begin{bmatrix}-z^{(1)}(2),\ 1\\-z^{(1)}(3),\ 1\\\vdots\\-z^{(1)}(n),\ 1\end{bmatrix}=\begin{bmatrix}-0.5\left(x^{(1)}(1)+x^{(1)}(2)\right),\ 1\\-0.5\left(x^{(1)}(2)+x^{(1)}(3)\right),\ 1\\\vdots\\-0.5\left(x^{(1)}(n-1)+x^{(1)}(n)\right),\ 1\end{bmatrix},\quad \hat{a}=\begin{bmatrix}a\\b\end{bmatrix}。$$

$\hat{a}$为参数列，可运用最小二乘法估计：

$$\hat{a}=\left(B^{\mathrm{T}}B\right)^{-1}B^{\mathrm{T}}y=\left[a,\ b\right]^{\mathrm{T}} \tag{13-21}$$

定义GM（1，1）的影子方程（也称白化方程）为：

$$\frac{\mathrm{d}x^{(1)}}{\mathrm{d}t}+ax^{(1)}=b \tag{13-22}$$

则GM（1，1） 影子方程的解为：

$$\hat{x}^{(1)}(k+1)=\left(x^{(0)}(1)-\frac{b}{a}\right)\mathrm{e}^{-ak}+\frac{b}{a} \tag{13-23}$$

式中，a为发展系数；b为灰作用量。

通过IAGO进行还原，计算$\hat{x}^{(0)}(k+1)$：

$$\hat{x}^{(0)}(k+1)=\hat{x}^{(1)}(k+1)-\hat{x}^{(1)}(k) \tag{13-24}$$

（2）案例

某产品近年来的价格如表13-18所示，试对其进行预测。

表13-18　某产品的价格数据

年份	2016	2017	2018	2019	2020
价格/万元	2.9745	3.3698	3.4371	3.4978	3.7884

原始序列$x^{(0)}$为

$$\begin{aligned}x^{(0)}&=\left(x^{(0)}(1),\ x^{(0)}(2),\ x^{(0)}(3),\ x^{(0)}(4),\ x^{(0)}(5)\right)\\&=(2.9745,\ 3.3698,\ 3.4371,\ 3.4978,\ 3.7884)\end{aligned}$$

对$x^{(0)}$做AGO生成，可得$x^{(1)}$为

$$\begin{aligned}x^{(1)}&=\left(x^{(1)}(1),\ x^{(1)}(2),\ x^{(1)}(3),\ x^{(1)}(4),\ x^{(1)}(5)\right)\\&=(2.9745,\ 6.3443,\ 9.7814,\ 13.2792,\ 17.0676)\end{aligned}$$

对$x^{(1)}$做均值生成，可得$z^{(1)}$为

$$\begin{aligned}z^{(1)}&=\left(z^{(1)}(2),\ z^{(1)}(3),\ z^{(1)}(4),\ z^{(1)}(5)\right)\\&=(4.6594,\ 8.0629,\ 11.5303,\ 15.1734)\end{aligned}$$

令

$$y=\begin{bmatrix}x^{(0)}(2)\\x^{(0)}(3)\\x^{(0)}(4)\\x^{(0)}(5)\end{bmatrix}=\begin{bmatrix}3.3698\\3.4371\\3.4978\\3.7884\end{bmatrix}$$

$$B=\begin{bmatrix}-z^{(1)}(2) & 1\\-z^{(1)}(3) & 1\\-z^{(1)}(4) & 1\\-z^{(1)}(5) & 1\end{bmatrix}=\begin{bmatrix}-4.6594 & 1\\-8.0629 & 1\\-11.5303 & 1\\-15.1734 & 1\end{bmatrix}$$

则

$$\hat{a} = (B^{\mathrm{T}}B)^{-1}B^{\mathrm{T}}y = \begin{bmatrix} -0.0378 \\ 3.1504 \end{bmatrix} = \begin{bmatrix} a \\ b \end{bmatrix}$$

将$x^{(0)}(1) = 2.9745$，a=−0.0378，b=3.1504，代入公式（13-23），可得预测模型为

$$\hat{x}^{(1)}(k+1) = 86.2408\mathrm{e}^{0.0378k} - 83.2663$$

根据预测模型，可得$\hat{x}^{(1)}(2) = 6.2999$，$\hat{x}^{(1)}(3) = 9.7535$，$\hat{x}^{(1)}(4) = 13.3403$，$\hat{x}^{(1)}(5) = 17.0655$。

通过IAGO计算$\hat{x}^{(0)}(k)$，由于实际值为$x^{(0)}(k)$，则相对误差为$\delta(k)$，有

$$\delta(k) = \frac{|x^0(k) - \hat{x}^0(k)|}{x^0(k)} \times 100\% \tag{13-25}$$

如$\hat{x}^{(0)}(2) = 6.2999 - 2.9745 = 3.3254$，由于$x^{(0)}(2) = 3.3698$，因此$\delta(2) = \frac{|3.3698 - 3.3254|}{3.3698} = 1.32\%$，同理可计算其他值，结果如表13-19所示。

表13-19　预测值与相对误差

项目	$\hat{x}^{(0)}(k)$	$x^{(0)}(k)$	$\delta(k)$
k=2	3.3254	3.3698	1.32%
k=3	3.4536	3.4371	0.48%
k=4	3.5868	3.4978	2.54%
k=5	3.7251	3.7884	1.67%

13.4.2　灰色Verhulst模式

（1）概述

灰色Verhulst模型主要用来描述具有饱和状态的过程，即S过程，常用于产品经济寿命预测、生物生长演变、滑坡预测等，该模型是在GM（1，1）模型中加入了一个限制发展的项，以满足实际的饱和情况。

灰色Verhulst模型的数学方程式为

$$x^{(0)}(k) + az^{(1)}(k) = b\left(z^{(1)}(k)\right)^2 \tag{13-26}$$

式中，$z^{(1)}(k) = \frac{x^{(1)}(k) + x^{(1)}(k-1)}{2}$。

灰色Verhulst模型的影子方程为

$$\frac{\mathrm{d}x^{(1)}}{\mathrm{d}t} + ax^{(1)} = b\left(x^{(1)}\right)^2 \tag{13-27}$$

灰色Verhulst模型的求解方法如下：

令

$$y = \begin{bmatrix} x^{(0)}(2) \\ x^{(0)}(3) \\ \vdots \\ x^{(0)}(n) \end{bmatrix},\ B = \begin{bmatrix} -z^{(1)}(2), & \left(z^{(1)}(2)\right)^2 \\ -z^{(1)}(3), & \left(z^{(1)}(3)\right)^2 \\ \vdots & \\ -z^{(1)}(n), & \left(z^{(1)}(n)\right)^2 \end{bmatrix},\ \hat{a} = (B^{\mathrm{T}}B)^{-1}B^{\mathrm{T}}y = [a,\ b]^{\mathrm{T}}$$

则灰色Verhulst模型影子方程的解为

$$\hat{x}^{(1)}(k+1)=\frac{\dfrac{a}{b}}{1+\left(\dfrac{a}{bx^{(0)}(1)}-1\right)\mathrm{e}^{ak}} \tag{13-28}$$

式中，$\dfrac{a}{b}$为饱和值。

上式也可表示为

$$\hat{x}^{(1)}(k+1)=\frac{ax^{(1)}(0)}{bx^{(1)}(0)+\left[a-bx^{(1)}(0)\right]\mathrm{e}^{ak}} \tag{13-29}$$

在实际问题中，常遇到原始数据本身呈S形的情况，此时可以取原始数据为$X^{(1)}$，其IAGO为$X^{(0)}$，建立灰色模型直接对$X^{(1)}$进行模拟。

（2）案例

某产品近年来的价格如表13-20所示，试对其进行预测。

表13-20　某产品的价格数据

年份	2016	2017	2018	2019	2020
价格/万元	4.1532	4.8875	6.1996	6.6614	6.2856

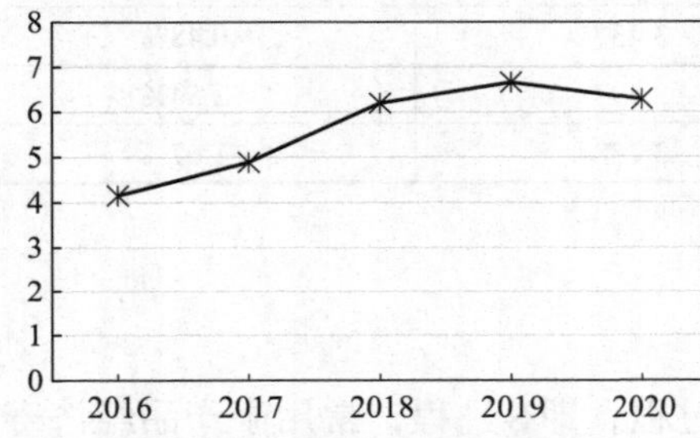

图13-6　价格数据的图形化展示

将上述数据进行图形化展示，见图13-6。可以发现，原始数据呈S形状，因此采用Verhulst 模型进行预测。

根据题意，有

$$X^{(1)}=\left(x^{(1)}(i)\right)_{i=1}^{5}=(4.1532，4.8875，6.1996，6.6614，6.2856)$$

IAGO为

$$X^{(0)}=\left(x^{(0)}(i)\right)_{i=1}^{5}=(4.1532，0.7343，1.3121，0.4618，-0.3758)$$

$Z^{(1)}$为

$$Z^{(1)}=\left(z^{(1)}(i)\right)_{i=1}^{5}=(4.1532，4.5204，5.5436，6.4305，6.4735)$$

则

$$B=\begin{bmatrix}-z^{(1)}(2) & \left[z^{(1)}(2)\right]^2\\ -z^{(1)}(3) & \left[z^{(1)}(3)\right]^2\\ -z^{(1)}(4) & \left[z^{(1)}(4)\right]^2\\ -z^{(1)}(5) & \left[z^{(1)}(5)\right]^2\end{bmatrix}=\begin{bmatrix}-4.5204 & 20.4336\\ -5.5436 & 30.7309\\ -6.4305 & 41.3513\\ -6.4735 & 41.9062\end{bmatrix}$$

$$\begin{aligned}y&=\left[x^{(0)}(2),\ x^{(0)}(3),\ x^{(0)}(4),\ x^{(0)}(5)\right]^{\mathrm{T}}\\&=\left[0.7343，1.3121，0.4618，-0.3758\right]^{\mathrm{T}}\end{aligned}$$

$$\hat{a}=\begin{bmatrix}a\\ b\end{bmatrix}=\left[B^{\mathrm{T}}B\right]^{-1}B^{\mathrm{T}}y=\begin{bmatrix}-0.7454\\ -0.1113\end{bmatrix}$$

令

$$x^{(0)}(1)=x^{(1)}(1)=4.1532$$

可得

$$\hat{x}^{(1)}(k+1)=\frac{-3.0957}{-0.4624-0.2829\mathrm{e}^{-0.7454k}}$$

由此可计算预测值，结果为：$\hat{x}^{(1)}(1)=4.1532$，$\hat{x}^{(1)}(2)=5.1880$，$\hat{x}^{(1)}(3)=5.8837$，$\hat{x}^{(1)}(4)=6.2835$，$\hat{x}^{(1)}(5)=6.4929$，$\hat{x}^{(1)}(6)=6.5973$。

由于2021年的实际价格$x^{(1)}(6)=6.4567$，则相对误差为

$$\delta(6)=\frac{|x^{(1)}(6)-\hat{x}^{(1)}(6)|}{x^{(1)}(6)}=\frac{|6.4567-6.5973|}{6.4567}=2.18\%$$

思考与练习

1. 概率统计、模糊理论、灰色系统理论之间的区别有哪些？
2. 什么是灰色系统理论？什么是灰数？灰数可以分为哪三类？
3. 区间灰数的运算有哪些？
4. 什么是灰数白化？什么是可能度函数？什么是灰生成？
5. 试采用灰色关联分析对研究数据进行分析。
6. 试采用灰色定权聚类对设计方案进行评价。
7. 试采用灰色预测对设计调研数据进行预测。

拓展学习

1. 邓聚龙. 灰色系统理论教程［M］. 武汉：华中理工大学出版社，1990.
2. 刘思峰. 灰色系统理论及其应用. 第9版［M］. 北京：科学出版社，2021.
3. 党耀国，刘思峰，王正新，等. 灰色预测与决策模型研究［M］. 北京：科学出版社，2009.
4. Tzeng G-H，Huang J-J. Multiple attribute decision making：methods and applications［M］. Boca Raton，FL：CRC Press，2011.

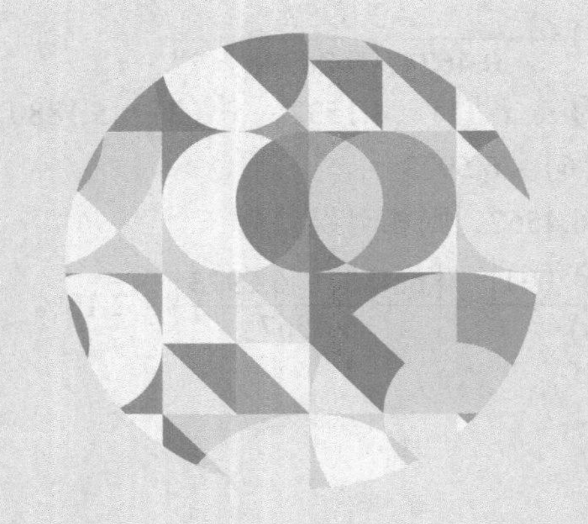

第5篇

专题研究

第14章
人因差错与设计

14.1　人机系统

人因工程学中的一个核心概念是系统，系统是以实现某些目的而存在的实体。一个系统由人员、机器和其他一起相互作用的事物组成来实现某种目标，而这一目标又是这些组件所无法单独完成的。在进行复杂的人机集合体的开发、分析和评价时，系统思维可以使方法具有结构性和条理性。

（1）系统的特征

① 系统是具有目的性的　每个系统都必须有自己的目的，否则它只不过是一些放在一起的杂物。系统的目的就是系统的目标，一个系统可以有不止一个目的。

② 系统是在环境中运作的　系统的环境是指在系统边界之外的一切事物。根据系统边界的划定方法不同，系统环境的范围可以从邻近环境（如工作站）、中间环境（如学校）、一直到大环境（如城市）。

③ 部件能提供功能　系统中的每个部件都至少能提供一项或多项与系统目标实现相关的功能，人因工程专家的任务之一就是帮助决策某一特定的系统功能是应由人还是由机器来完成。

④ 部件之间是相互作用的　部件之间相互作用是指各个部件共同工作以达到系统的目标。每个部件都会对其他部件有影响，系统分析的一个结果就是对这些部件和子系统之间关系的描述和了解。

⑤ 系统是可以具有等级体系的　某些系统可以被看做更大系统的组成部分，在这种情况下，一个给定的系统可能是由许多子系统组成。

⑥ 系统、子系统和部件都具有输入和输出　一个复杂系统的所有等级都有输入和输出。一个子系统或部件的输出会是另一个子系统或部件的输入。一个系统从环境得到输入也会向环境作出输出。全部组件之间的相互作用和沟通都是通过输入与输出完成的。

（2）人机系统

人机系统可以被看做是一个由一名或多名人员与一个或多个实体组件相互作用，使给定的输入转变为所需要的输出的组合体。人机系统中的“机”包括现实中任何类型的实体、装置、设备、设施、物品、以及人们用来从事某一活动以达到某一期望目的或实施功能的任何东西。描述人机系统特征的方法之一是对比系统的手工控制与机器控制的程度，据此可将人机系统大体上分为三大类：手工系统、机械化系统和自动化系统。

① 手工系统　手工系统由手工工具和其他辅助工具以及操控它们的人员组成。这类系统的操作员用其自身的体力作为动力来源。

② 机械化系统　这类系统也称做半自动化系统，由一些集成好的实体部件组成。机械化系统通常被设计成不加变化地按照一种模式去执行功能，它们的动力通常是由机器提供，而操作人员通常用控制装置来完成其在系统中的基本控制职能。

③ 自动化系统　当一个系统完全自动化时，就会在基本没有或完全没有人介入的情况下执行所有功能。自动化系统需要人去安装、编程、修改程序和维护。因此，对自动化系统的设计，必须要与设计其他类型的人机系统一样，在人因工程学方面给予足够的重视。

14.2　人因差错

大约有75%~95%工业事故是由差错（Error）造成，这属于设计问题。设计师应该找到根本原因，重新设计系统，保证不再发生同样的问题。

（1）差错的产生原因

人类是具有创造性、建设性和探索性的生物，尤其擅长创新。无聊的、重复的、精确的要求与上述特性背道而驰。差错发生的最常见的一种原因是要求人们在任务和流程中做违背人的特性的事情。

（2）差错与失误和错误

差错是指与普遍接受的正确或合理的行为有所偏离的行为，包括失误（Slip）和错误（Mistake）两大类，如图14-1所示。

① 失误　当某人打算做一件事，结果却做了另外一件事，就产生失误。失误发生时，所执行的行动与曾经预计的行动不一致。失误有两大类：行动失误、记忆失效。行动失误是指执行了错误的动作。记忆失效是指原打算做的行动没有做，或者没有及时评估其行动结果。

② 错误　为达到不正确的目的或者形成错误的计划，就会发生错误。从这个角度，即使执行了正确的行动，也是错误的部分，因为行动本身是不合理的，它们是错误计划的一部分。错误有三大类：违反规则、缺乏知识、记忆失效。在违反规则的错误中犯错者恰如其分地分析了情况，但决定采取不正确的行动。在缺乏知识的错误中，由于不正确或不完善的知识，问题被误判。记忆失效的错误是指在目标、计划或评价阶段有所遗漏。

（3）差错和行动的七个阶段

可以使用Norman（2013）提出的行动的七阶段模型（图14-2）来理解差错。错误发生在设定目标或计划时，也发生在比较行动结果与预期目标时。失误发生在执行计划的时候，或者发生在感知和解释结果时。记忆失效可能发生在每个阶段之间的八个转换过程中，在图中以×标识。在这些转换过程中，记忆失效会打断持续进行的动作周期，因此，人们不能完成所需要的行动。失误是下意识的行为，却在中途出了问题。错误则产生于意识行为中。

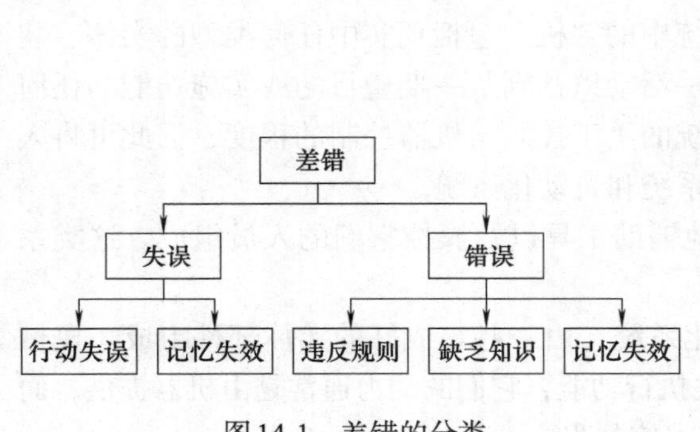

图14-1　差错的分类

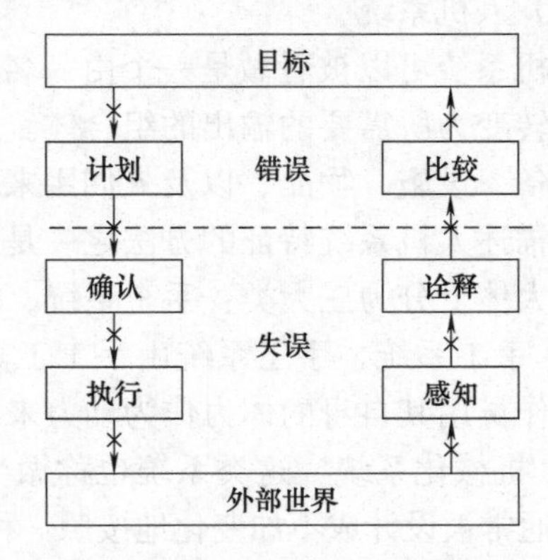

图14-2　失误和错误产生的环节

在行动周期的七阶段模型中，失误来自底层的阶段，错误发生在上层的阶段。记忆失效会影响每个阶段的过渡，大多数因记忆失效导致差错的直接根源是记忆中断，即动作开始与动作完成之间介入了意外事件，使短时记忆或工作记忆的能力超过其负荷。较高层次的记忆失效会导致错误，较低层次的记忆失效会导致失误。有三种方法可以防止由于记忆失效引起的差错：第一种是使用最少的步骤；第二种是对需要完成的步骤提供生动有效的提醒；第三种是使用强制功能，例如自动取款机通常要求在吐钱之前拿走银行卡。

（4）人因差错的分类

① Embrey的人因差错分类法　人因差错的分类较多，其中较为详细的分类是Embrey（1992）提出的分类框架，它被广泛应用于多种场合评价复杂人机系统中人的行为的定量化研究，该分类框架将人因差错分为6种主要类型，并进一步划分成基本的差错类型，如表14-1所示。

表14-1　Embrey的人因差错分类

主要类型	基本的差错类型	
计划差错	P1 不正确的计划被执行	P2 正确但是不恰当的计划被执行
	P3 计划正确，但执行得太早或太晚	P4 计划正确，但顺序错误
操作差错	O1 操作过程太长或太短	O2 进行了不及时的操作
	O3 操作方向不正确	O4 操作方向力太大或太小
	O5 误调整	O6 操作正确，但目标错误
	O7 操作错误，但目标正确	O8 遗漏操作
	O9 操作不完整	
检查差错	C1 遗漏检查	C2 检查不彻底
	C3 检查正确，但目标错误	C4 检查错误，但目标正确
	C5 进行了不及时的检查	
追溯差错	R1 信息没有获得	R2 错误信息被获得
	R3 信息追溯不完整	
交流差错	T1 信息未得到交流	T2 错误信息被交流
	T3 信息交流不完整	
选择差错	S1 遗漏选择	S2 错误选择

② Reason的人因差错分类法　Reason（1990）以失误心理学为基础，根据人的行为与其意向之间的关系，将人的不安全行为分为两大类：一类是非意向行为，一类是意向行为，如图14-3所示。这种分类方法有助于找出差错类型的不同机理，例如失误主要是因为人的注意失效所导致，可通过加强系统的反馈机制加以改进，而错误往往比较隐蔽，短时间内较难发现和恢复，人们可能会陷入认知上的“隧道效应”，当面对与自己已形成的概念不相容的信息时往往会予以排斥，坚持先前的判断和决策。

③ Rasmussen的人因差错分类法　Rasmussen（1983）提出了人的三种行为：技能型行为、规则型行为、知识型行为，这三种行为代表了人的三种不同的认知绩效水平。

技能型行为不完全依赖于给定任务的复杂性，而只依赖于人员培训水平和完成该任务的经验，这种行为的特点是不需要人对信息进行解释而下意识地对信息给予反应操作，它常常是人对信号的一种直接反应。

规则型行为由规则或程序所控制和支配，如果规则没有很好地经过实践检验，那么人们就不得不对每项规则进行重复和校对，在这种情况下，就有可能由于时间短、认知过程慢、对规则理解差等而产生失误。

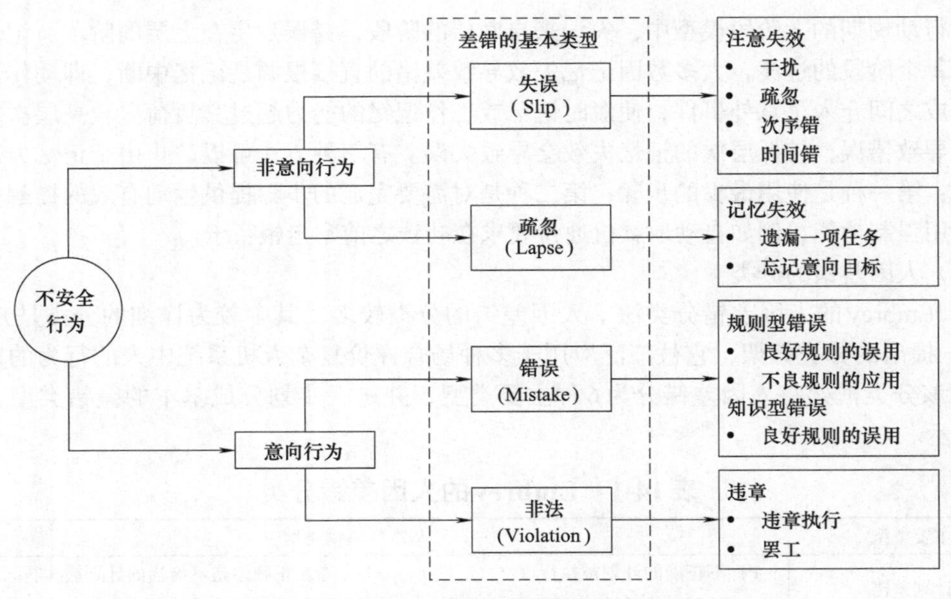

图14-3 Reason的人因差错分类

知识型行为发生在对当前情境状态不清楚、目标状态出现矛盾、或者完全未遭遇过的新情境下。由于操作人员无现成的规则可循，因此必须依靠自己的知识经验进行分析、诊断和决策，知识型行为的失误概率较大。

(5) 瑞士奶酪模型

发生事故常常有很多诱因，Reason（1990）提出采用多层瑞士奶酪模型来解释事故的缘起，见图14-4。如果每片奶酪代表正在完成任务的一种状态，只有所有四片奶酪上的孔洞刚好排成一线，事故才会发生。在设计良好的系统里，可能存在很多的差错，但除非它们恰好精确地组合起来，否则不会酿成事故。任何疏漏，就像洞穿奶酪上的一个个孔——经常会被下一个事件堵住。设计良好的系统对故障有很好的免疫力。

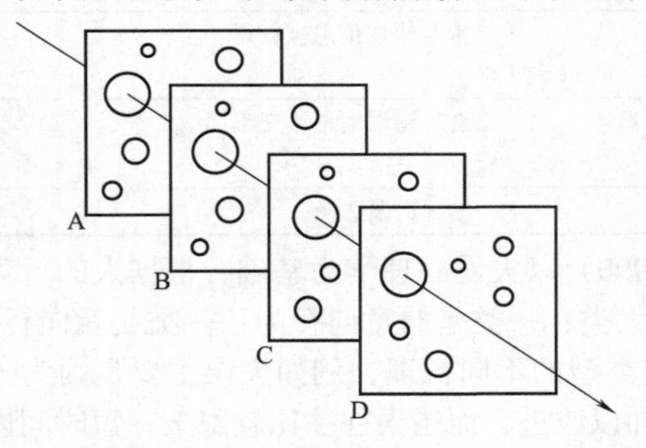

图14-4 瑞士奶酪模型

瑞士奶酪模型的核心是冗余设计和多重保护措施，可应用以下三种方式减少事故：

① 增加更多层的奶酪，多层奶酪意味着多重保护。也就是说，在系统或设备完成任务起关键作用的地方，通过冗余设计，提高系统的可靠性。

② 减少孔洞的数量，或者让现有的孔更小一些。也就是说，在可能发生差错的地方，减少危及安全的操作的数量，就像减少瑞士奶酪上孔洞的数量；通过精心设计降低失误和错误的发生概率，就像让孔洞变得更小。

③ 如果一些孔洞将要排成一线，提醒操作者。也就是说，即将发生事故时，应通过设计提醒用户。

14.3 人因可靠性分析

人因可靠性分析（Human Reliability Analysis，HRA）的研究开始于20世纪50年代，随着工业生产尤其是核工业的发展，安全性问题越来越突出，人因可靠性分析逐渐得到重视并发展。Dhillon（1986）提出人因可靠性是指在规定的最小时间限度内，在系统运行中的任一要求阶段，由人成功完成任务或工作的概率，人因可靠性分析的目的就是通过某种手段来获取这个概率值。这与传统的可靠性定义极其相似，在这种定义方式的驱动下，人因可靠性分析趋向于通过假设检验等手段来确定人为差错的概率分布，从而确定可靠度。Kirwan（1994）提出人因可靠性的主要目标在于正确评估由于人为差错导致的风险和寻求降低人为差错影响的方式，这种定义方式涵盖的内容比较丰富。

人因可靠性分析的发展过程大致可分为两个阶段：

第一个阶段所产生的人因可靠性分析模型的基础是人的行为理论，即以人的输出行为为着眼点，较少探究行为的内在历程，在这类模型中，对人的处理类似于对机器的处理。这一阶段的方法被称为基于专家判断与统计分析相结合的第一代人因可靠性分析方法，典型的方法包括成功似然指数法（Success Likelihood Index Method，SLIM）、人因差错评估和减少技术（Human Error Assessment and Reduction Technique，HEART）、事故调查与进展分析（Accident Investigation and Progression Analysis，AIPA）等。

第二个阶段是以认知心理学、行为科学为基础，研究人的认知活动，建立人的认知可靠性模型，将认知可靠性分析评估与动作执行可靠性评估相结合，产生一种总体的人因可靠性分析评估方法，此类方法被称为第二代可靠性分析方法。典型的方法是认知可靠性和差错分析方法（Cognitive Reliability and Error Analysis Method，CREAM）和人因差错分析技术（A Technique for Human Error Analysis，ATHEANA）。

人因可靠性分析的方法有几十种，有关每种方法的详细介绍可查阅相关文献，在此不再赘述。需要指出的是，每一种方法都存在不足，可以说人因可靠性分析仍处于不成熟的阶段。基于认知模型进行人因可靠性分析已经成为人因可靠性分析的发展趋势，这是因为认知模型能够反映人为差错的产生机理，对于提高结果的可信性非常有益。但是，由于人的认知过程非常复杂，现有的认知模型能否全面反映人的认知过程，尚需进一步验证。

人因可靠性分析的最终目标是寻找导致可靠度降低的诱因，并有针对性地加以控制。因此对人因可靠性的分析可转向对人为差错的分析，具体过程可以分为差错辨识、差错频率确定和差错规避措施设计三个阶段。导致人为差错的原因有很多，具体的影响机理也非常复杂，总的来说，人为差错的主要诱因可以分为五类，分别为训练水平、任务本质、人机交互界面质量、环境因素和任务执行时间。

14.4 应对差错的设计原则

鉴于人类的能力和技术要求之间存在不匹配，差错不可避免。因此，设计师应寻求减少差错的机会，并且减轻差错带来的影响。下面将介绍应对差错的基本设计原则以及一些学者提出的典型设计原则。

（1）应对差错的基本设计原则

① 考虑到有可能出现的每一个差错，想办法避免这些差错，设法使操作具有可逆性，以尽量减少差错可能造成的损失。

② 将所需的操作知识储存在外部世界，而不是全部储存在人的头脑中，但是如果用户已经把操作步骤熟记在心，应该能够提高操作效率。

③ 利用自然和非自然的约束因素，例如利用物理约束、逻辑约束、语义约束和文化约束，利用强迫性功能和自然匹配的原则。

④ 缩小动作执行阶段和评估阶段的鸿沟。在执行方面，要让用户很容易看到哪些操作是可行的。在评估方面，要把每个操作的结果显示出来，使用户能够方便、迅速、准确地判断系统的工作状态。

（2）Norman提出的7项设计原则

Norman（2013）结合行动的七阶段模型，提出了7项设计原则。

① 可视性。让用户有机会确定哪些行动是合理的，呈现设备的当前状态。

② 反馈。提供关于行动的后果、以及产品或服务当前状态的充分和持续的信息。

③ 概念模型。创造一个良好的概念模型，引导用户理解系统状态，带来掌控感。

④ 示能。设计合理的示能，让期望的行动能够实施。

⑤ 意符。有效地使用意符有助于确保可视性，并且有利于沟通和理解反馈。

⑥ 映射。使控制和结果之间的关系遵循良好的映射原则，尽可能通过空间布局和时间的连续性来强化映射。

⑦ 约束。提供物理、逻辑、语义、文化的约束来引导行动。

（3）Nielsen提出的10项可用性经验准则

Nielsen（1993）提出了10项可用性经验准则，包括简洁而自然的对话、使用用户的语言、将用户的记忆负担减到最小、一致性、反馈、清楚地标识退出、快捷方式、好的出错信息、避免出错、帮助和文档。Nielsen（1994）根据对249个可用性问题因子分析的结果，对上述的经验准则进行了修改，修改后的10项可用性经验准则如下：

① 系统状态的可视性。系统应该让用户时刻清楚当前发生的事情。

② 系统与现实世界的匹配。让功能操作符合用户的日常使用场景，遵循现实世界的惯例。

③ 用户可控。用户能对当前的情况很好地了解和掌控。

④ 一致性和标准化。相同的文字、状态、按钮应该触发相同的事情，遵循通用和标准的设计惯例，同一用语、功能、操作应该保持一致。

⑤ 避免差错。在用户执行动作之前，防止用户混淆或者做出错误的动作。

⑥ 识别而不是回忆。尽量减少用户对操作目标的记忆负荷，动作和选项都应该是可见的。

⑦ 灵活性和高效。允许用户灵活地执行操作，以高效地完成任务。

⑧ 美感与极简主义设计。由于多余的信息会分散用户对有用或者相关信息的注意力，因此界面应该去除不相关的信息，突出主要功能；此外，界面的设计应该具有美感。

⑨ 帮助用户识别、分析和修复差错。差错信息应该用语言表达，准确地反映问题所在，并且提出一个建设性的解决方案，帮助用户从差错中恢复，将损失降到最低。

⑩ 帮助和文档。任何帮助信息都应该能够方便地搜索到，让用户知道如何解决，不至于茫然。

（4）Shneiderman提出的8项黄金法则

Shneiderman（2016）针对交互式系统的界面设计，提出了8项法则，这8项法则源于经验并经过30多年的改进，被称为“黄金法则”。

① 坚持一致性。在提示、菜单、帮助界面中使用相同的术语，始终使用一致的色彩、布局、字体等。

② 寻求通用性。应认识到不同用户的需求，使设计具有可塑性。

③ 提供信息反馈。对每个用户动作都应有反馈界面。

④ 通过对话框产生结束信息。将动作序列分组，每组按照开始、中间、结束三个阶段精心设计，每完成一组动作就提供信息反馈，这样会让用户感到满足和轻松。

⑤ 预防差错。尽可能通过界面设计使用户不至于犯严重的差错。

⑥ 提供撤销操作。尽可能允许撤销操作，以鼓励用户进行尝试。

⑦ 用户掌握控制权。用户希望能够掌控界面，并且要求界面能够响应他们的动作。

⑧ 减轻短期记忆负担。避免让用户必须记住屏幕上显示的信息，然后在另一个界面上使用这些信息。

（5）Bridger提出的12项人机交互防错原则

Bridger（2003）从界面设计的角度出发，分析了人机交互中预防差错需要考虑的因素，提出了12项防错原则。

① 具有与系统形象一致的良好概念模型。

② 在系统状态和任务阶段之间存在良好映射。

③ 在任务行动和其效果之间存在良好映射。

④ 持续反馈。

⑤ 差错信息应该明确。

⑥ 具有区分系统状态的明确线索。

⑦ 具有表明状态变化的明确线索。

⑧ 尽可能少地使用模式。

⑨ 连贯一致的系统形象。

⑩ 通过强制功能阻止差错。

⑪ 界面设有外部记忆辅助。

⑫ 拥有撤销功能使操作可逆。

14.5 失效模式与效应分析

14.5.1 失效模式与效应分析的原理

（1）概述

失效模式与效应分析（Failure Mode and Effect Analysis，FMEA）由美国格鲁曼公司于20世纪50年代开发，是一种事前预防的分析手段，以预防问题的发生或控制问题的发展。失效模式与效应分析的目的是系统化地检讨分析设计至生产阶段的潜在失效项目，以及其影响的严重程度，并分析潜在失效项目的发生度，评估侦测与预防能力，解决产品与制造的潜在异常问题，可以提升产品的品质与用户的满意度，并降低设计的失败成本。

失效模式与效应分析通常包括四种类型：系统失效模式与效应分析（System Failure Mode and Effect Analysis）、设计失效模式与效应分析（Design Failure Mode and Effect Analysis）、过程失效模式与效应分析（Process Failure Mode and Effect Analysis）、服务失效模式与效应分析（Service Failure Mode and Effect Analysis）。失效模式与效应分析已在产品设计、交互设计、服务设计等领域得到广泛应用。

（2）基本思想

失效模式与效应分析是一种结构化的、自下而上的归纳性分析方法，它是按照一定的原则将要分析的系统划分为不同的层次，并从最低层次开始，逐层进行分析。目的是要及早发现潜在的故障模式，探讨其故障原因，以及在故障发生后，该故障对上一层子系统和系统所造成的影响，并采取措施，提高可靠性。

在分析某一系统时，失效模式与效应分析是一组系列化的活动，包括找出系统中潜在的失效模式，评价潜在失效模式影响的严重性（Severity，S），分析潜在失效模式发生的原因及其发生度（Occurrence，O），评估现行的预防措施或侦测措施的侦测度（Detection，D）。严重性、发生度、侦测度的值均介于1~10之间，在设计领域其评估标准分别见表14-2~表14-4。

表14-2 严重度（Severity，S）推荐的评估标准

严重性	标准	等级
非常严重、无警告	潜在失效模式影响安全性或不符合政府法规时，严重度非常高，且无预先的警告	10
非常严重、有警告	潜在失效模式影响安全性或不符合政府法规时，严重度非常高，但有预先的警告	9
很高	系统或产品无法运作，丧失基本功能	8
高	系统或产品能运作，但功能下降，用户严重不满	7
中等	系统或产品能运作，但方便性及舒适性失效，用户不满	6
低	系统或产品能运作，但方便性及舒适性下降，用户有些不满	5
很低	不符合要求，且多于75%的用户发现缺陷	4
轻微	不符合要求，且大约50%的用户发现缺陷	3
很轻微	不符合要求，且小于25%的有辨识能力的用户发现缺陷	2
无	无可辨识的影响	1

表14-3 发生度（Occurrence，O）推荐的评估标准

失效原因发生可能性	可能的失效率	等级
很高、持续发生	≥0.1	10
很高、持续发生	0.05	9
高、反复发生	0.02	8
高、反复发生	0.01	7
中等、偶尔发生	0.002	6
中等、偶尔发生	0.0005	5
低、相对很少发生	0.0001	4
低、相对很少发生	0.00001	3
很低、不可能发生	≤0.000001	2
很低、不可能发生	0	1

表14-4 侦测度（Detection，D）推荐的评估标准

侦测性	设计控制侦测的可能性	等级
完全不肯定	设计控制将不会或不能侦测潜在的原因/机制和后续的失效模式，或完全没有设计控制	10
很极少	设计控制只有很极少的机会侦测潜在的原因/机制和后续的失效模式	9
极少	设计控制只有极少的机会侦测潜在的原因/机制和后续的失效模式	8
很少	设计控制有很少的机会侦测潜在的原因/机制和后续的失效模式	7
少	设计控制有少的机会侦测潜在的原因/机制和后续的失效模式	6
中等	设计控制有中等的机会侦测潜在的原因/机制和后续的失效模式	5
中上	设计控制有中上的机会侦测潜在的原因/机制和后续的失效模式	4
多	设计控制有多的机会侦测潜在的原因/机制和后续的失效模式	3
很多	设计控制有很多的机会侦测潜在的原因/机制和后续的失效模式	2
几乎肯定	设计控制几乎肯定能侦测潜在的原因/机制和后续的失效模式	1

失效模式与效应分析根据风险优先指数（Risk Priority Number，RPN）确定重点预防、控制的项目，制定预防、改进措施，明确措施实施的相关职责，并跟踪验证。风险优先指数是严重度、发生度、侦测度的乘积，即

$$RPN = S \times O \times D \tag{14-1}$$

风险优先指数的值介于1~1000之间，分数越高，表示潜在失效模式的风险愈大，其评价等级的分类见表14-5。风险优先指数的等级分类可依据产品特性或企业的不同予以调整，下面的情况可供参考：A、B等级，必须制定对策；C等级，选择性制定对策；D、E等级，不需制定对策。此外，严重度、发生度、侦测度中其中任何一项评分在8以上时，即使风险优先指数的值不大，仍需要制定对策。也有研究认为，当风险优先指数大于125时，需要制定对策。

表14-5 风险优先指数的评价等级

风险优先指数	等级
>512	A
216~512	B
64~215	C
9~63	D
1~8	E

（3）实施步骤

失效模式与效应分析的实施共包括10个步骤，具体如下：

步骤1：审查产品或程序。

步骤2：通过头脑风暴确定潜在失效模式。

步骤3：列出每种失效模式的潜在后果。

步骤4：给每种后果分配一个严重性等级。

步骤5：给每种失效模式分配一个发生度等级。

步骤6：给每种失效模式或后果分配一个侦测度等级。

步骤7：计算每种后果的风险优先指数。

步骤8：确定失效模式的优先级。

步骤9：采取措施以消除或减少高风险的失效模式。

步骤10：当失效模式被消除或减少后，计算新的风险优先指数。

（4）报告编制

编制失效模式与效应分析报告的基本方法是根据潜在失效模式及其评估结果，按照严重度、发生度、侦测度的评分标准进行风险评价，评价过程的顺序和具体内容如图14-5所示。

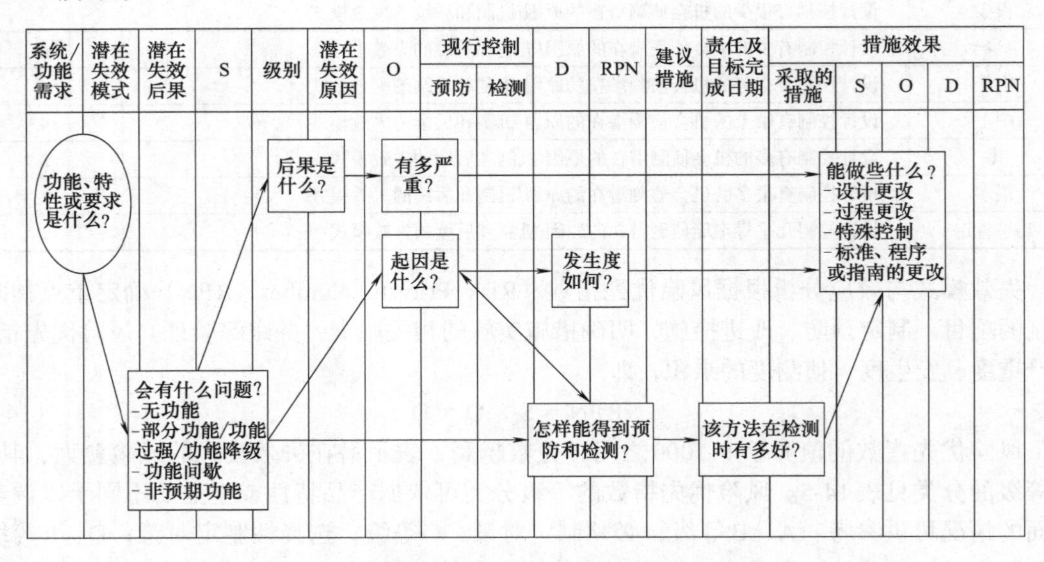

图14-5　失效模式与效应分析的风险评价过程和内容

14.5.2　失效模式与效应分析的应用案例

电子血压仪可以为高血压患者进行血压监测和并发症预防，在老年人日常生活中扮演着重要的角色，现以电子血压仪为例探讨失效模式与效应分析的应用。

（1）前期准备

运用观察法和访谈法对老年人使用电子血压仪进行调研，发现电子血压仪在设计过程中并没有充分考虑老年人的生理、心理感受，有必要对其进行改良。通过实验法，分析老年人在阅读电子血压仪界面过程中可能出现的失效模式，所采用的血压仪见图14-6。

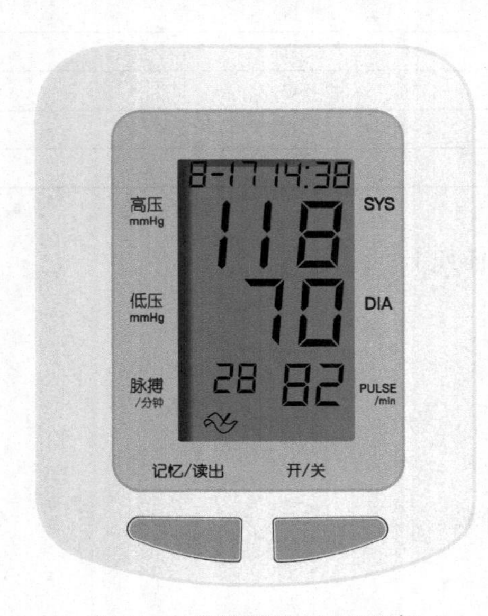

图14-6　实验用的电子血压仪

（2）失效模式与效应分析

让老年人用户根据血压仪的实际使用情况，对潜在失效模式的严重度、发生度、侦测度进行打分，再结合专家的打分，确定严重度、发生度、侦测度的数值如表14-6所示。其中“A_1”代表界面显示不清楚，色彩搭配不当；“A_2”代表不会使用和测量；“A_3”代表不理解图标含义；“A_4”代表按键过小、标识不明确；“A_5”代表界面显示内容过多，没有主次之分；“A_6”代表不明白英文显示的含义；“A_7”代表界面没有显示血压测量结果是否正常。通过实验测试数据，计算风险优先指数，如对于A_1：

$$RPN = S \times O \times D = 7 \times 6 \times 3 = 126$$

同理可得A_2~A_7的风险优先指数。可以发现，7项的风险优先指数均大于125，因此需要进行设计改良。

表14-6　电子血压仪界面失效模式分析

编号	风险名称	潜在失效模式	潜在失效后果	严重度S	潜在失效原因	发生度O	现行流程		侦测度D	RPN
							预防管制	探测方法		
1	A_1（界面显示不清楚，色彩搭配不当）	看不清数字，易造成误读	读数信息出现错误	7	尺寸设计、色彩搭配不当，界面设计不合理	6	设计时要考虑屏幕、字体大小和色彩	设计师需要查阅国标等相关规定	3	126
2	A_2（不会使用和测量）	易出现误操作	测量失败	8	用户不会使用	6	有合理说明或提示	进行用户认知测试	4	192
3	A_3（不理解图标含义）	造成误读	不易辨识	8	设计不合理	9	考虑老年人文化程度，认知水平	进行老年人用户测试	3	216
4	A_4（按键过小、标识不明确）	易出现误操作	用户体验差，不会使用	7	设计不合理，未考虑老年人的认知水平	6	清晰划分功能区域	进行调查研究	3	126
5	A_5（界面显示内容过多，没有主次之分）	不明白意图，看不清楚，不易读	不易辨识	6	设计不合理	8	设计师要从用户出发进行设计	进行用户测试	5	240
6	A_6（不明白英文显示的含义）	读不懂	不明白表达的意思	8	未考虑用户文化程度	9	考虑老年人文化程度	进行用户测试	2	144
7	A_7（界面没有显示血压测量结果是否正常）	不知道测量结果是否正常	不知道身体不适的原因	7	缺乏说明	6	需添加血压标准值	了解正常血压范围	3	126

（3）设计改良

针对以上老年人在使用血压仪时所产生的失效模式，并结合老年人生理、心理特征，对电子血压仪屏幕尺寸、字体大小、色彩、图标、按键等进行设计改良，改良后的设计见图14-7。本次改良依据美国食品药品监督管理局（Food and Drug Administration，FDA）制定的设计注意事项，做到家庭环境使用，保证医疗设施安全、有效，防止不良事件发生。针对失效模式A_1和A_5，改良后的屏幕尺寸是60mm×80mm，将屏幕背景设计为易辨认的橙底黑字，同时对界面信息进行重新布置，这样界面整洁对比明显，易于认读；针对A_2失效模式，

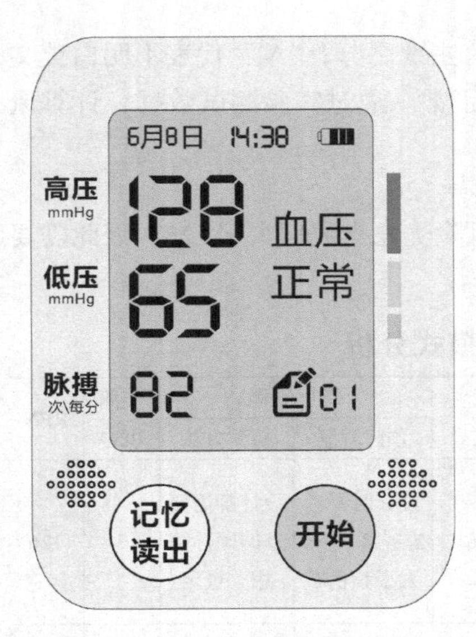

图14-7 电子血压仪界面设计改良

将开始和记忆读出键分别使用不同色彩，对比清晰；对于A_3和A_4这两个失效模式，将按键和图标均采用文字说明的方式，方便老年人认读和使用。按键的尺寸长度为20mm，间距为18mm，符合人因工程学按键设计标准，保证在使用过程中不会产生误操作；对于A_6，在改良设计中把英文显示删去，避免产生误解。本次改良还针对A_7失效模式，把“测量血压结果是否正常”和“红、黄、绿”信号灯这两个提示信息放在血压仪界面上，血压正常绿灯亮，血压偏高黄灯亮，血压过高红灯亮，文字刺激加上色彩刺激更能够使老年人直观地了解血压状况。同时，重新设计的电子血压仪还带有语音播报功能。

（4）改良后的设计评价

针对改良后的方案重新进行实验，建立失效模式的预防措施表单，再次评估严重度、发生度、侦测度的数值，从而得出风险优先指数。改良后设计方案的测试结果如表14-7所示。可以看出，经过设计改良后的电子血压仪界面的风险优先指数均小于125。结果表明，经过改良后的血压仪界面其显示内容、信息排布、色彩搭配、图标和按键，都方便老年人认读和操作，深受老年人喜欢。

表14-7 改良后设计方案的测试结果

编号	风险名称	预防措施	测试结果			
			严重度S	发生度O	侦测度D	RPN
1	A_1	利用人因工程学界面布局原理和色彩搭配原理，进行合理的布局和色彩搭配	2	2	2	8
2	A_2	需要先对用户进行一个简短的使用说明介绍，从色彩上增加按键的辨识度	1	3	2	6
3	A_3	需要先对用户简单介绍图标的含义	2	5	3	30
4	A_4	明确各个按键含义，全部使用文字说明	2	4	2	16
5	A_5	尽量减少屏幕上不必要的内容显示，做到简单、易懂	1	3	4	12
6	A_6	删去英文显示，避免造成用户的不理解和误读	1	1	2	2
7	A_7	显示增加测量结果是否正常和“红、黄、绿”信号灯提示	1	3	3	9

14.6 故障树

14.6.1 故障树的原理

（1）概述

世上没有任何事物能够永远保持原样，物品可能会在最紧急的时候坏掉或停止工作。在这种情况下，设计师用一个系统或是部件的可靠性来描述它执行一个既定功能时表现出来的可信赖程度。可靠性通常用成功执行的概率来表示。例如，如果一台自动取款机在10000次提款交易中有9999次给出正确的金额，则可以说这台机器执行该功能的可靠性是0.9999。

故障树分析（Fault Tree Analysis，FTA）是一种常用的可靠性分析方法，它将系统不希望发生的故障状态作为故障分析的目标，这一目标称为“顶事件”，在分析中要求找出导致这一故障发生的所有可能的直接原因，这些原因称为“中间事件”，再追踪找出导致每一个中间事件发生的所有可能原因，并依次逐级类推找下去，直至追踪到对被分析对象来说是一种基本原因为止，这些基本原因称为“底事件”。

故障树分析法是自不希望发生的顶事件向原因方面做树形图分解，自上而下进行。由顶事件起经过中间事件至最下级的底事件用逻辑符号连接，形成树形图，故障树建造是故障树分析的关键，也是工作量最大的部分。在故障树分析中，应用布尔代数，按树形图逻辑符号将树形图简化，求最小割集，并计算顶事件发生的概率。

（2）并联模型与串联模型

如果一个系统包含两个或更多的部件，那么这一复合系统的可靠性就取决于各个个体部件的可靠性以及它们在系统内的组合方式，基本的组合方式有串联和并联。

① 串联模型　在许多系统里，部件是串联的，这种情况下整个系统的成功运作依赖于每个部件、人或机器的成功运作。从语义上讲，假设串联的部件在事实上是同时且相互依赖地执行其功能的。在这种情况下进行可靠性分析，必须满足两个条件：任何一个给定部件的失效都会引起系统的失效；各个部件的失效彼此独立。当满足上述假定时，系统无故障运作的可靠性是所有部件可靠性的乘积。随着串联部件的增加，系统的可靠性降低。串联模型的可靠性框图和故障树见图14-8。

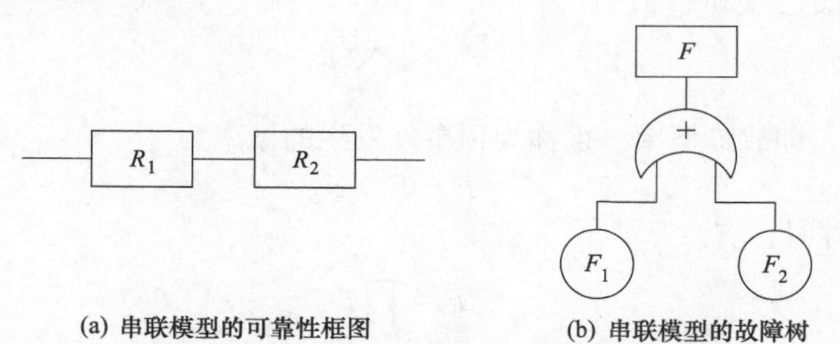

图14-8　串联模型的可靠性框图和故障树

可靠性串联模型对应故障树的“或门”（OR）。

系统可靠度，即成功概率为

$$R = R_1 \cdot R_2 \tag{14-2}$$

当存在n个部件时，有

$$R = \prod_{i=1}^{n} R_i \tag{14-3}$$

系统不可靠度，即故障概率，也就是顶事件发生的概率为

$$F = F_1 + F_2 - F_1 \cdot F_2 \tag{14-4}$$

当存在n个部件时，有

$$F = 1 - \prod_{i=1}^{n}\left(1 - F_i\right) \tag{14-5}$$

如果F_i小于0.1时，F可近似为

$$F = \sum_{i=1}^{n} F_i \tag{14-6}$$

② 并联模型　并联系统的可靠性与串联系统的可靠性完全不同。对于并联系统，两个或更多的部件以某种方式去执行相同的功能。这种情况也称为替补或冗余设计，即如果一个部件失效，另一个部件替补该部件来成功地执行其功能。只有并联系统中全部部件都失效

时，整个系统才会失效。增加并联系统中的部件数量，会提高系统的可靠性。并联模型的可靠性框图和故障树如图14-9所示。

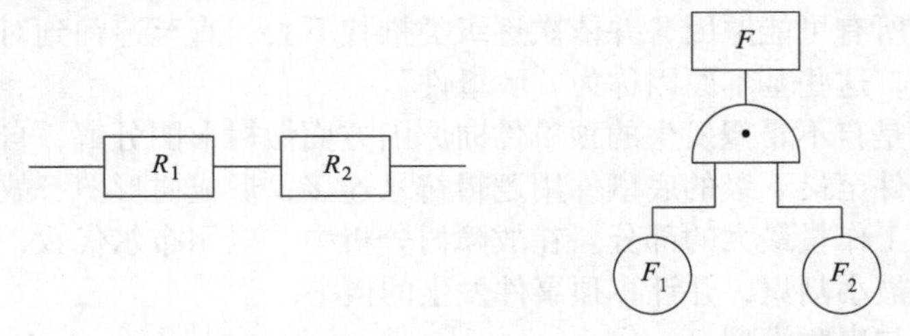

图14-9　并联模型的可靠性框图和故障树

可靠性并联模型对应故障树的“与门”（AND）。

系统可靠度，即成功概率为

$$R = R_1 + R_2 - R_1 \cdot R_2 \tag{14-7}$$

当存在n个部件时，有

$$R = 1 - \prod_{i=1}^{n}(1 - R_i) \tag{14-8}$$

如果R_i小于0.1时，R可近似为

$$R = \sum_{i=1}^{n} R_i \tag{14-9}$$

系统不可靠度，即故障概率，也称为顶事件发生的概率为

$$F = F_1 \cdot F_2 \tag{14-10}$$

当存在n个部件时，有

$$F = \prod_{i=1}^{n} F_i \tag{14-11}$$

（3）常用的布尔代数运算法则

① 幂等律：$X + X = X$；$X \cdot X = X$

② 加法交换律：$X + Y = Y + X$

③ 乘法交换律：$X \cdot Y = Y \cdot X$

④ 加法吸收律：$X + (X \cdot Y) = X$

⑤ 乘法吸收律：$X \cdot (X + Y) = X$

⑥ 加法结合律：$X + (Y + Z) = (X + Y) + Z$

⑦ 乘法结合律：$X \cdot (Y \cdot Z) = (X \cdot Y) \cdot Z$

⑧ 加法分配律：$X \cdot Y + X \cdot Z = X \cdot (Y + Z)$

⑨ 乘法分配律：$(X + Y) \cdot (X + Z) = X + (Y \cdot Z)$

⑩ 德·摩根定律：$\overline{X + Y + Z} = \overline{X} \cdot \overline{Y} \cdot \overline{Z}$；$\overline{X \cdot Y \cdot Z} = \overline{X} + \overline{Y} + \overline{Z}$

（4）最小割集与最小路集

最小割集是部件失效的最小组合，如果这个组合中的部件都失效，就会导致顶事件的发生。如果此割集中有一个失效没有发生，则顶事件将不发生。

最小路集是最小割集的补集，它确定“成功模式”，按这个模式顶事件将不发生。最小路集常常无需求得。

（5）结构重要度与概率重要度

结构重要度表示对应底事件的某元素，其正常状态与故障状态相比，在系统所有可能的

状态数中正常状态数增加的比例。

概率重要度是指某元素从故障状态变为正常状态时，系统的不可靠度改善了多少。概率重要度的计算公式为

$$F_{系统}\left(F_i=1\right)-F_{系统}\left(F_i=0\right)=\Delta F \tag{14-12}$$

（6）故障树分析的步骤

步骤1：熟悉研究对象，调查历史数据，确定顶事件。

步骤2：调查故障原因，确定控制目标，建立故障树。

步骤3：依据故障树中各事件的逻辑关系，对故障树进行定性分析，求最小割集。

步骤4：定量分析，求顶事件发生的概率、结构重要度、概率重要度等。

步骤5：根据故障树分析的结果，制定改进措施。

14.6.2 故障树的应用案例

（1）案例一

图14-10为一个故障树及其对应的最小割集，试计算其结构重要度和概率重要度。

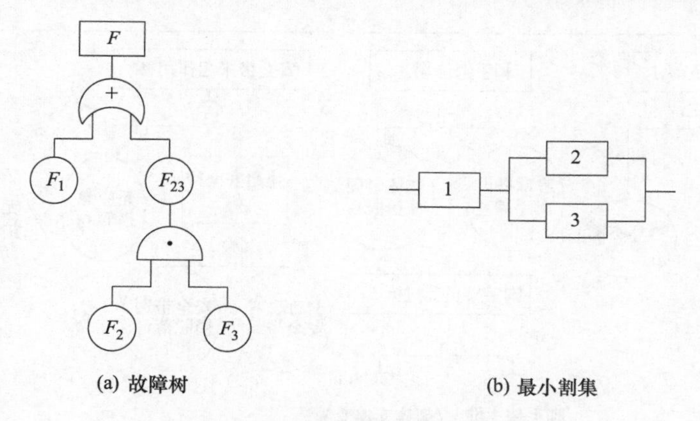

(a) 故障树　　(b) 最小割集

图14-10　故障树及其对应的最小割集

① 结构重要度的计算　结构重要度的计算过程如表14-8所示。

表14-8　结构重要度的计算

基本事件			系统	1表示故障，0表示正常	
1	2	3			
0	0	0	0	元素1正常时，系统故障与状态数之比为：1/4	元素1的结构重要度为：4/4−1/4=3/4
0	0	1	0		
0	1	0	0		
0	1	1	1		
1	0	0	1	元素1故障时，系统故障与状态数之比为：4/4	
1	0	1	1		
1	1	0	1		
1	1	1	1		

同理可得元素2和元素3的结构重要度均为：3/4−2/4=1/4。

可见，元素1的结构重要度最大。

② 概率重要度的计算 设各元素的可靠度为$R_1=R_2=R_3=0.9$，则

元素1故障时，$F_1=1$，则$F_{系统}=1$；

元素1正常时，$F_1=0$，则$F_{系统}$等于元素2、3并联系统的不可靠度，即

$$F_{系统}=F_2\cdot F_3=(1-0.9)\times(1-0.9)=0.01$$

所以元素1的概率重要度为$\Delta F_1=1-0.01=0.99$。

同理可得元素2和元素3的概率重要度均为0.09。

可见，元素1的概率重要度最大。

（2）案例二

某施工单位在近三年的工程大坝混凝土施工期间，由于违章作业、安全检查不够，共发生高处坠落事故20多起，其中从脚手架上坠落占高处坠落事故总数的60%以上，这些事故对安全生产造成一定损失和影响。为了研究这种坠落事故发生的原因及规律，及时排除不安全隐患，将从脚手架上坠落作为故障树的顶事件，编制事故树，如图14-11所示。

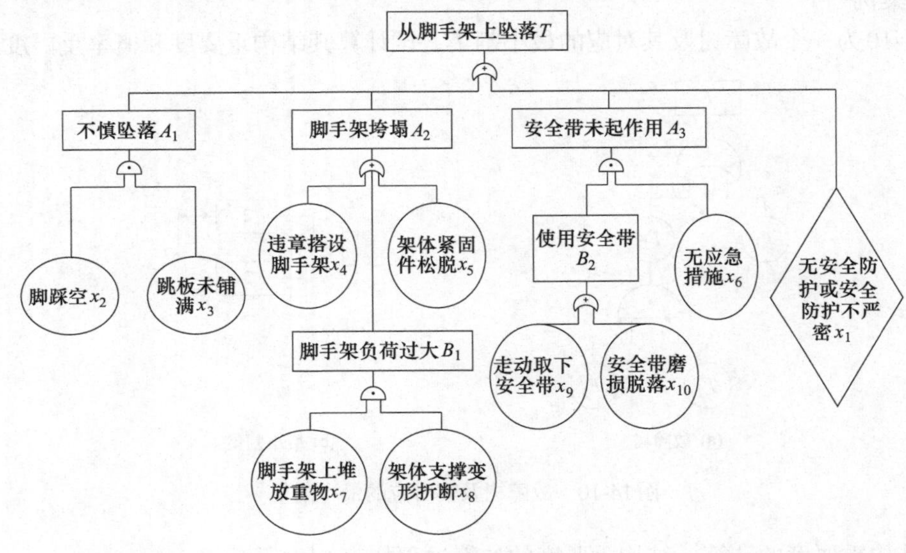

图14-11 故障树

① 定性分析 对于复杂的故障树图，需要借助软件。对于简单的故障树图，可采用下列的方法：从顶事件依次往下，遇“或门”（OR）用加法，“与门”（AND）用乘法，以等式连结，途中用布尔代数处理，使所有基本事项都能连到为止。

$$\begin{aligned}T&=A_1+A_2+A_3+x_1\\&=x_2x_3+(x_4+x_5+x_7x_8)+x_6(x_9+x_{10})+x_1\\&=x_1+x_2x_3+x_4+x_5+x_7x_8+x_6x_9+x_6x_{10}\end{aligned}$$

因此最小割集为：$\{x_1\}$、$\{x_2, x_3\}$、$\{x_4\}$、$\{x_5\}$、$\{x_7, x_8\}$、$\{x_6, x_9\}$、$\{x_6, x_{10}\}$。

② 定量分析 根据1999年7月至2001年12月发生的从脚手架跌落或操作平台跌下的事件统计，得到的概率见表14-9。

表14-9 事件发生的统计数据

事件	X_1	X_2	X_3	X_4	X_5	X_6	X_7	X_8	X_9	X_{10}
发生概率P_i/(件/月)	0.27	0.17	0.30	0.20	0.13	0.33	0.20	0.10	0.50	0.20

顶事件发生概率的计算可采用“互斥事件概率的加法规则”，具体如下所示：

$$P_T = P_1 + P_2P_3 + P_4 + P_5 + P_7P_8 + P_6P_9 + P_6P_{10}$$
$$= 0.27 + 0.17 \times 0.30 + 0.20 + 0.13 + 0.20 \times 0.10 + 0.33 \times 0.50 + 0.33 \times 0.20$$
$$= 0.902$$

即顶事件发生的概率为0.902。

思考与练习

1. 试简述人因差错的分类。失误和错误的区别是什么?

2. 试简述差错和行动七个阶段之间的关系。

3. 试简述Embrey的人因差错分类法、Reason的人因差错分类法，以及Rasmussen的人因差错分类法。

4. 什么是人因可靠性?人因可靠性的主要目标是什么?人因可靠性分析的发展过程可分为哪两个阶段?

5. 试简述瑞士奶酪模型。

6. 应对差错的设计原则有哪些?关于差错的设计经验包括哪些方面?

7. 试基于失效模式与效应分析对某一人机系统进行研究。

8. 试基于故障树对某一人机系统进行研究。

拓展学习

1. Norman D A. The design of everyday things. Revised and expanded edition. [M]. New York：Basic Books，2013.

2. Stanton N A, Salmon P M, Rafferty L A, et al. Human factors methods: a practical guide for engineering and design [M]. Boca Raton, FL: CRC Press, 2013.

3. Stone N J，Chaparro A，Keebler J R，et al. Introduction to human factors：applying psychology to design [M]. Boca Raton：CRC Press，2018.

4. Dhillon B S. Systems reliability and usability for engineers [M]. Boca Raton，FL：CRC Press，2019.

5. Stamatis D H. Failure mode and effect analysis：FMEA from theory to execution [M]. Milwaukee，Wisconsin：ASQ Quality Press，2003.

6. Vesely W E，Goldberg F F，Roberts N H，et al. Fault tree handbook [M]. Washington，D.C.：U.S. Nuclear Regulatory Commission，1981.

7. 尤建新，刘虎沉. 质量工程与管理 [M]. 北京：科学出版社，2016.

8. 郭伏，钱省三. 人因工程学. 第2版 [M]. 北京：机械工业出版社，2018.

9. 谢少锋，张增照，聂国健. 可靠性设计 [M]. 北京：电子工业出版社，2015.

10. 周海京，遇今. 故障模式、影响及危害性分析与故障树分析 [M]. 北京：航空工业出版社，2003.

11. 何旭洪，黄祥瑞. 工业系统中人的可靠性分析：原理、方法与应用 [M]. 北京：清华大学出版社，2007.

第15章 需求分析与质量功能展开

15.1 需求分析

15.1.1 需求分析概述

需求分析是人因工程设计中不可分割的组成部分，用户（顾客）需求具有差异性、多样性、层次性、发展性，以及可诱导性等特点。需求分析的理论和方法较多，如马斯洛（Maslow）提出需求层次理论，将用户需求分为生理需求、安全需求、社交需求、尊重需求、自我实现需求等，乌利齐（Ulrich）等提出需求分析的流程，具体包括收集原始数据、理解原始数据、需求的层级化、明确需求的重要性、对过程和结果的反思等。本章在上述的基础上，重点介绍Kano模型，Kano模型在产品设计、交互设计、服务设计等领域得到广泛应用。

Kano模型是狩野纪昭（Noriaki Kano）在20世纪70年代提出，用于确定产品的哪些属性最能影响用户满意度，Kano模型将产品属性归类到五种类别中：基本型需求（Must-be，M）、一维型需求（One-dimensional，O）、魅力型需求（Attractive，A）、无关型需求（Indifferent，I）、逆向型需求（Reverse，R），Kano模型如图15-1所示。

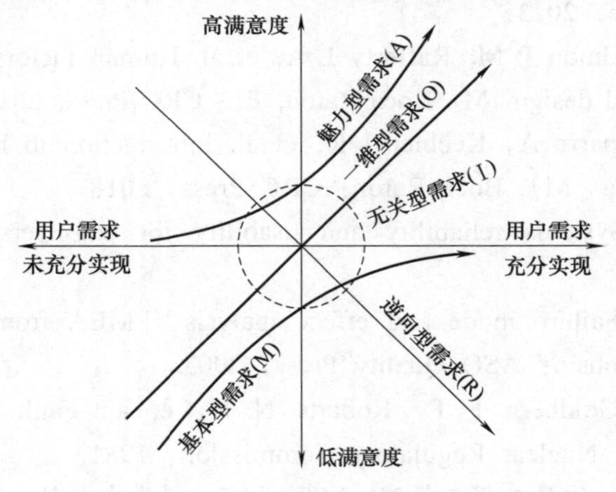

图15-1 Kano模型

基本型需求也称必要需求，是用户认为在设计中必须满足的需求，如手表的计时功能属于基本型需求，当设计没有满足基本型需求时，用户就会不满意，但当设计已经满足基本型需求时，用户也不会表现出特别的满意。

一维型需求也称期望需求，是指超出基本需求的特殊需求，这类需求在设计中实现的越多，用户就越满意，如产品造型的美观性可归类为一维型需求。

魅力型需求也称兴奋需求，是指用户意想不到的需求，如果设计不能满足这些需求，用户也不会不满意，但当设计提供了这些需求时，用户就会对设计非常满意。需要注意的是，随着时间的推移，魅力型需求会向一维型需求转换。

无关型需求也称无差异需求，是指用户认为这些需求的存在并不使用户有任何感觉，即当其不存在时，用户没感觉，当其存在时，用户认为理所当然。

逆向型需求也称反向需求，是指用户认为这类需求的存在使其不满意，即这类需求属于用户不喜欢的需求。

在产品设计中，应遵循以下原则：①保持基本型需求；②大量提升一维型需求或魅力型需求；③尽可能避免无关型需求；④消除逆向型需求。

15.1.2 Kano需求分类过程

在Kano模型中，决定需求属于哪一类时，需要借助于Kano评价表，见表15-1，其中A代表魅力型需求、O代表一维型需求、M代表基本型需求、I代表无关型需求、R代表逆向型需求、Q表示无效结果（Questionable Result）。

表15-1 Kano评价表

用户需求		需求未实现				
		喜欢	理所当然	无所谓	可以忍受	不喜欢
需求实现	喜欢	Q	A	A	A	O
	理所当然	R	I	I	I	M
	无所谓	R	I	I	I	M
	可以忍受	R	I	I	I	M
	不喜欢	R	R	R	R	Q

现结合案例对Kano需求分类过程进行描述。

首先，确定每位用户对需求所做的分类，如图15-2所示，某用户对需求实现的正向问题（如果产品易于操作，您会感觉怎样）的回答是“喜欢”，对需求未实现的反向问题（如果产品不易于操作，您会感觉怎样）的回答是“可以忍受”，根据这两个回答查Kano评价表，可知该用户对需求的分类为“A”，即魅力型需求。

接着，统计所有用户对需求所做的分类，本案例共邀请15位用户参与设计调查，每位用户的分类结果见表15-2。

然后，对所有用户的分类结果加以汇总，结果见表15-3。

最后，针对汇总结果，按照A、O、M、I、R、Q所对应的最大值，即众数，确定需求的分类结果。在本案例中，“I”的值最大，其值为6，因此该项需求属于无关型需求。

表15-2 针对15位用户的调查结果

用户编号	需求实现	需求未实现	分类
1	满意	可以接受	A
2	不满意	应该如此	R
3	可以接受	无所谓	I
4	不满意	满意	R
5	可以接受	无所谓	R
6	无所谓	可以接受	I
7	应该如此	可以接受	I

续表

用户编号	需求实现	需求未实现	分类
8	不满意	满意	R
9	无所谓	无所谓	I
10	满意	不满意	O
11	无所谓	无所谓	I
12	不满意	应该如此	R
13	应该如此	不满意	M
14	无所谓	无所谓	I
15	满意	无所谓	A

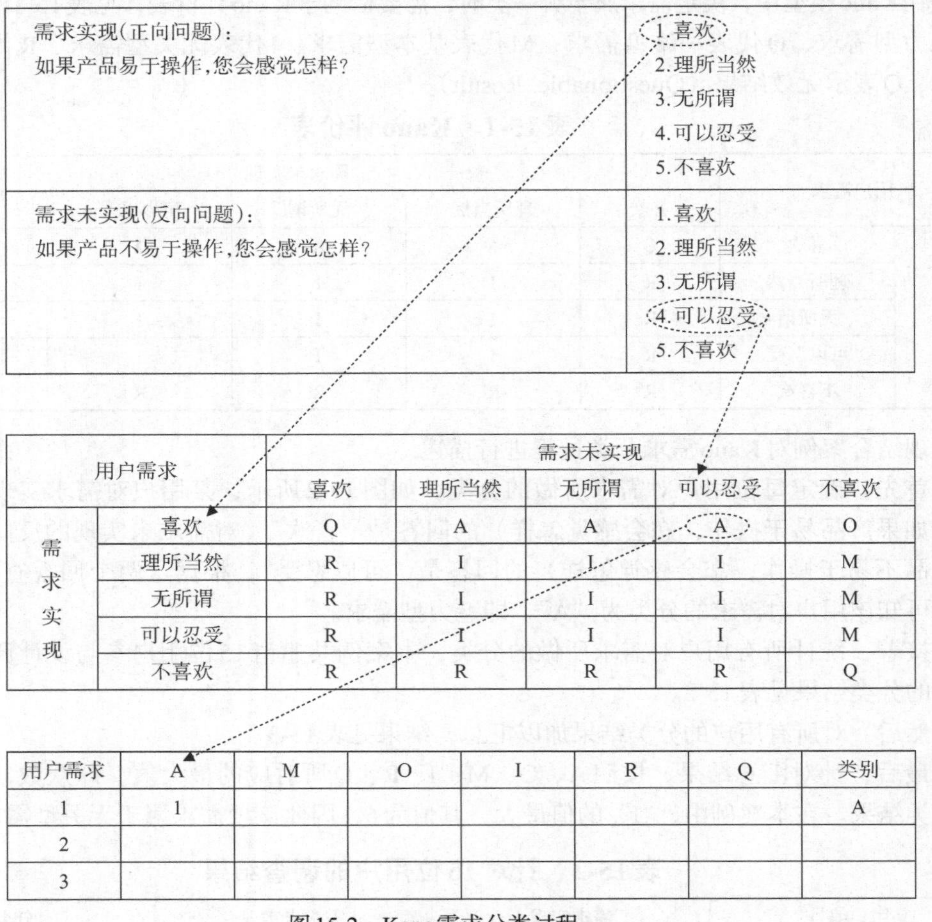

图15-2 Kano需求分类过程

表15-3 调查结果汇总

A	M	O	I	R	Q
2	1	1	6	5	0

15.1.3 Berger系数及其应用

（1）概述

通过Kano问卷可以确定需求的类型，但其结果无法说明需求与用户满意度之间的关系，如当两项需求均属于魅力型需求时，无法得知哪项需求对提升满意度的作用更大。对此，Berger等对Kano模型进行改进，提出Berger系数，该系数包含满意指标（Satisfaction Index，SI）和不满意指标（Dissatisfaction Index，DI）。

$$SI = \frac{A + O}{A + O + M + I} \tag{15-1}$$

$$DI = -\frac{O + M}{A + O + M + I} \tag{15-2}$$

SI或DI越接近0，表示影响度越低；SI越接近1，表示具有该需求对增加满意度的效果越大；DI越接近-1，表示欠缺该需求对不满意的影响越大，其中的负号表示产生负面影响。

根据SI、DI在二维空间中的分布（见图15-3），可将需求分为魅力型需求（A）、一维型需求（O）、基本型需求（M）、无关型需求（I）。为了图形的易理解性，DI前面的负号并没有显示。

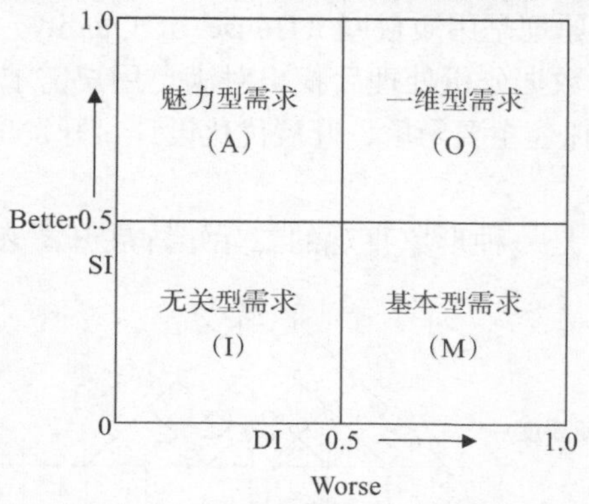

图15-3　需求的分类

（2）案例

采用Kano问卷对某产品的三项需求进行调研，结果如表15-4所示，试根据Berger系数确定这三项需求的分类。

表15-4　针对三项需求的调研结果　%

需求编号	A	O	M	I
需求1	7	33	50	10
需求2	11	46	31	12
需求3	66	22	3	9

先根据式（15-1）和式（15-2）计算SI和DI。对于需求1，有

$$SI = \frac{A + O}{A + O + M + I} = \frac{7 + 33}{7 + 33 + 50 + 10} = 0.40$$

$$DI = -\frac{O + M}{A + O + M + I} = -\frac{33 + 50}{7 + 33 + 50 + 10} = -0.83$$

再结合SI和DI的分布确定需求的分类。对于需求1，SI和DI的值分别为0.40和-0.83，根据图15-3可知，该需求位于基本型需求（M）所在的区域内，因此属于基本型需求（M）。

同理可对其他需求进行分类，结果见表15-5。

表15-5　结合SI和DI分布的需求分类

需求编号	SI	DI	分类
需求1	0.40	-0.83	M
需求2	0.57	-0.78	O
需求3	0.89	-0.25	A

15.2 质量功能展开

15.2.1 质量功能展开的原理

质量功能展开（Quality Function Deployment，QFD）由日本质量管理大师赤尾洋二（Yoji Akao）于1966年提出，可将用户需求转化为设计要求，计算出关键性设计要求，优化资源配置，设计出令用户满意的产品。质量功能展开是把用户（顾客）对产品的需求进行多层次的演绎分析，转化为产品的设计要求、零部件特性、工艺要求、生产要求的质量工程工具，用来指导产品的健壮设计和质量保证。

质量功能展开的基本原理是用质量屋（House of Quality）的形式，量化分析用户需求与工程措施间的关系度，经数据分析处理后找出对满足用户需求贡献最大的工程措施，即关键措施，从而指导设计人员抓住主要矛盾，开展优化设计，开发出满足用户需求的产品。

（1）质量屋的建立

质量屋也称质量表，是一种形象直观的二元矩阵展开图表，其基本结构如图15-4所示。

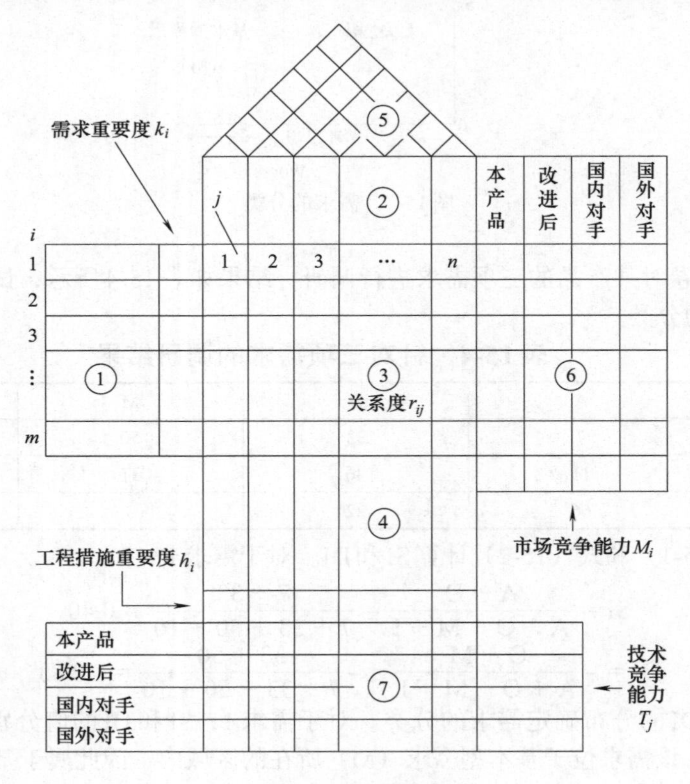

图15-4 质量屋的结构

质量屋的基本要素如下：

① 左墙——用户需求及其重要度。

② 天花板——工程措施（设计要求或质量特性）。

③ 房间——关系矩阵。

④ 地板——工程措施的指标及其重要度。

⑤ 屋顶——相关矩阵。

⑥ 右墙——市场竞争能力评估矩阵。

⑦ 地下室——技术竞争能力评估矩阵。

为了建立质量屋，设计人员必须整理出用户需求，评定各项需求的重要程度，将其填入质量屋的左墙。为满足用户需求，需要明确产品的工程措施（设计要求或质量特性），将其整理后填入质量屋的天花板。质量屋的房间用于记录用户需求与工程措施之间的关系矩阵，其取值r_{ij}，代表第i项用户需求与第j项工程措施的关系度，关系越密切，取值越大。屋顶用于评估各项工程措施之间的相关程度，这是因为各项工程措施可能存在交互作用（包括互相强化和互相削弱），在选择工程措施及指标时必须考虑交互因素的影响。明确工程措施的指标，计算工程措施的重要度，并将其填入质量屋的地板上。给产品的市场竞争能力和技术竞争能力进行评估打分，分别填入质量屋右墙和地下室的相应部分。

经过上述过程，质量屋就建立完成。在实践中，质量屋的结构可以灵活地进行剪裁、扩充、甚至修改。为便于操作，质量屋的规模不宜过大，即用户需求和工程措施的数量不宜过多，一般用户需求不应多于20项，工程措施不应多于40项。

（2）量化评估方法

建立质量屋时，除了将用户需求逐层展开外，还要对用户需求的重要度k_i（$i=1, 2, \cdots, m$）进行评估，确定工程措施与用户需求之间的关系度r_{ij}（$i=1, 2, \cdots, m$；$j=1, 2, \cdots, n$），进行加权评分以确定工程措施的重要度h_j，确定工程措施两两之间的相关度（正相关、强正相关、负相关、强负相关和不相关），对产品的市场竞争能力和技术竞争能力进行评估，并计算竞争能力。

① 用户需求重要度评估　用户需求重要度k_i（$i=1, 2, \cdots, m$）可采用下列5个等级：

1表示不影响功能实现的需求；

2表示不影响主要功能实现的需求；

3表示比较重要地影响功能实现的需求；

4表示重要地影响功能实现的需求；

5表示基本的、涉及安全的、特别重要的需求。

② 关系矩阵　关系矩阵中的关系度r_{ij}可采用1、3、5、7、9的关系度等级：

1表示该交点所对应的工程措施和用户需求间存在微弱的关系；

3表示该交点所对应的工程措施和用户需求间存在较弱的关系；

5表示该交点所对应的工程措施和用户需求间存在一般的关系；

7表示该交点所对应的工程措施和用户需求间存在密切的关系；

9表示该交点所对应的工程措施和用户需求间存在非常密切的关系。

根据实际情况，必要时也可采用中间等级：

2表示介于1与3之间；

4表示介于3与5之间；

6表示介于5与7之间：

8表示介于7与9之间；

空白即为0，表示不存在关系。

有时，也可只采用1、3、9三个关系度等级，此时，可用◎表示9，○表示3，△表示1。

需要注意的是，除了上述的关系度等级外，也有其他情况存在。

③ 工程措施重要度计算　以用户需求重要度k_i为加权系数，将关系矩阵中的关系度r_{ij}，通过加权的方式求和，可得到工程措施重要度h_j，计算公式为

$$h_j = \sum_{i=1}^{m} k_i r_{ij} \tag{15-3}$$

如果第j项工程措施与多项用户需求均密切相关，并且这些用户需求较重要，则h_j取值就较大，即该项工程措施较重要。

④ 相关矩阵评估　通常用下列符号表示相关矩阵中两项工程措施间的相关度：

○表示正相关；

◎表示强正相关；

×表示负相关；

#表示强负相关；

空白表示不存在交互作用。

⑤ 竞争能力评估　竞争能力评估包括市场竞争能力评估和技术竞争能力评估。

市场竞争能力M_i（$i = 1，2，\cdots，m$）可采用下列5个数值：

1表示无竞争能力可言，产品积压，无销路；

2表示竞争能力低下，市场占有份额递减；

3表示可以进入市场，但并不拥有优势；

4表示在国内市场竞争中拥有优势；

5表示在国内市场竞争中拥有较大优势，可以参与国际市场竞争，占有一定的国际市场份额。

技术竞争能力T_j（$j = 1，2，\cdots，n$）可采用下列5个数值：

1表示技术水平低下；

2表示技术水平一般；

3表示技术水平达到行业先进水平；

4表示技术水平达到国内先进水平；

5表示技术水平达到国际先进水平。

⑥ 竞争能力计算　对市场竞争能力M（$i = 1，2，\cdots，m$）进行综合后，获得产品的市场竞争能力指数M：

$$M = \sum_{i=1}^{m} k_i M_i \Big/ 5\sum_{i=1}^{m} k_i \tag{15-4}$$

M值越大越好。

对技术竞争能力T_j（$j = 1，2，\cdots，n$）进行综合后，获得产品的技术竞争能力指数T：

$$T = \sum_{j=1}^{n} h_j T_j \Big/ 5\sum_{j=1}^{n} h_j \tag{15-5}$$

T值越大越好。

综合竞争能力指数是市场竞争能力指数与技术竞争能力指数的乘积：

$$C = MT \tag{15-6}$$

C值越大越好。

15.2.2　质量功能展开的应用案例

下面以手提箱的设计为例，对质量功能展开的应用进行说明。

（1）用户需求与工程措施的确定

经过广泛调研，用户对手提箱的需求主要有：容易携带、容易开关、可调整空间、坚固耐用、站立时具有稳定性、其他人无法开启，将这六条整理后作为用户需求填入质量屋的左墙。

针对上述用户需求，进行工程措施（设计要求或质量特性）的展开，手提箱的工程措施包括：容积大小、安全锁、空箱重量、开启步骤、隔层、材料、开关所需的力量。这七项措施没有层次上的隶属关系，作为同级工程措施填入质量屋的天花板。

（2）关键措施与瓶颈技术的确定

为了从上述七条工程措施中挑选出关键措施，首先要对用户需求进行评估，给出各项需求的重要度值，然后确定用户需求与工程措施两两之间的关系度，最后计算每项工程措施的重要度（即每项工程措施对用户需求的加权关系度之和）。关键措施的重要度应明显高于一般工程措施的重要度，可将重要度高于所有工程措施平均重要度1.25倍以上的工程措施列为关键措施。关键措施从质量角度来说必须予以保证，并从严控制。设计中应集中力量实现关键的工程措施，最大限度地发挥人力、物力的作用。

工程措施（一级） 用户需求（一级）	重要度 k_i	容积大小	安全锁	空箱重量	开启步骤	隔层	材料	开关所需的力量	市场竞争能力 M_i 本产品	改进后	国内对手	国外对手
容易携带	3	9		1			1		3	5	3	4
容易开关	2		3		9	1		9	3	4	3	5
可调整空间	3	9		3	1	9			4	5	3	5
坚固耐用	5			1	3		9	3	4	5	4	5
站立时具有稳定性	3	3		3			1		5	5	5	5
其他人无法开启	2		9		3	1			4	5	4	5
市场竞争能力指数 M									0.78	0.98	0.74	0.97
		将容积大小设定为394 cm^3	选用合适的安全锁	将空箱重量设定为2.4 kg	将开启步骤设定为2步	将隔层的数量设定为8	选用合适的材料	开关所需的力量应合适				
工程措施重要度 h_i		63	24	26	42	31	51	33				

技术竞争能力 T_j	容积大小	安全锁	空箱重量	开启步骤	隔层	材料	开关所需的力量	技术竞争能力指数 T
本产品	5	4	3	3	4	5	3	0.81
改进后	5	5	4	5	5	5	4	0.96
国内对手	4	4	3	4	4	4	4	0.78
国外对手	5	4	5	5	5	5	5	0.98

图15-5 设计手提箱的质量屋

图15-5给出了开发手提箱的质量屋，通过该质量屋确定了两项关键措施：容积大小和材料。为了帮助决策者了解产品的竞争态势，在该质量屋中也对新产品预期的市场竞争能力和技术竞争能力作了分析。

15.2.3 四个阶段的质量功能展开

通常找出关键工程措施只是为了明确产品设计的重点，由于产品开发一般要经过产品规划、零部件展开、工艺计划、生产计划四个阶段，因此有必要进行四个阶段质量的功能展开，如图15-6所示。其中零部件展开阶段质量屋“左墙”是产品规划阶段质量屋中关键的工程措施（设计要求），“天花板”是为实现设计要求而提出的零件特性。与此相仿，工艺计划阶段质量屋的“左墙”应为零件特性，“天花板”是工艺要求；生产阶段质量屋的“左墙”应为工艺要求，“天花板”是生产要求。并不是所有的质量功能展开都需要完整地包括上述四个阶段，根据质量功能展开工作对象的复杂程度，可对四个阶段的质量功能展开进行剪裁或扩充。

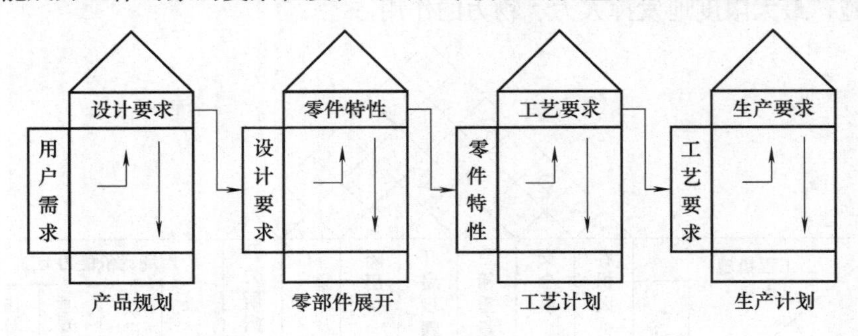

图15-6 四个阶段的质量功能展开

各阶段的质量屋内容有内在的联系，上一阶段质量屋天花板的主要项目将转换为下一阶段质量屋的左墙。质量屋的结构要素在各个阶段大体通用，但可根据具体情况适当剪裁和扩充，第一阶段质量屋一般是最完整的，其他阶段的质量屋有可能将右墙、地下室等要素剪裁。

对于手提箱的设计而言，可以将“容积大小”“材料”作为下一阶段即零部件展开阶段的质量屋的左墙，进一步展开对零部件设计的分析，以便将用户的需求深入贯彻到产品的详细设计中去。在手提箱的工艺计划和生产计划阶段，也应类似地进行质量功能展开。

15.2.4 质量规划及其应用

（1）概述

在需求分析的基础上，把通过设计调查等方法得到的数据作为依据，可以进行质量规划。进行质量规划时，需要考虑以下项目。

① 重要度 重要度根据“用户”“企业内部”“将来需求”三个方面的调查得出的数据综合评定后求得。

② 比较分析 比较分析是指本公司产品和其它公司产品在用户满意度方面的比较评价。

③ 规划 规划包括“计划目标”“水平提升率”“产品特性点”。

计划目标按照比较分析的结果设定。

水平提升率为计划目标与本公司现有产品水平之比。

产品特性点是在重要度评价和比较分析评价的基础上，进一步考虑产品的质量策略后设定的。产品特性点反映了质量特性如果能实现，将受欢迎的程度。符号“○”表示重要的商品特性点，符号“◎”表示特别重要的商品特性点。○的值为1.2，◎的值为1.5，其他的值为1.0。

④ 权重　权重包括绝对权重和需求质量权重。

绝对权重=重要度×水平提升率×产品特性点

$$需求质量权重=\frac{绝对权重}{各个项目绝对权重的总和}\times 100$$

质量规划各个项目的设定如图15-7所示。

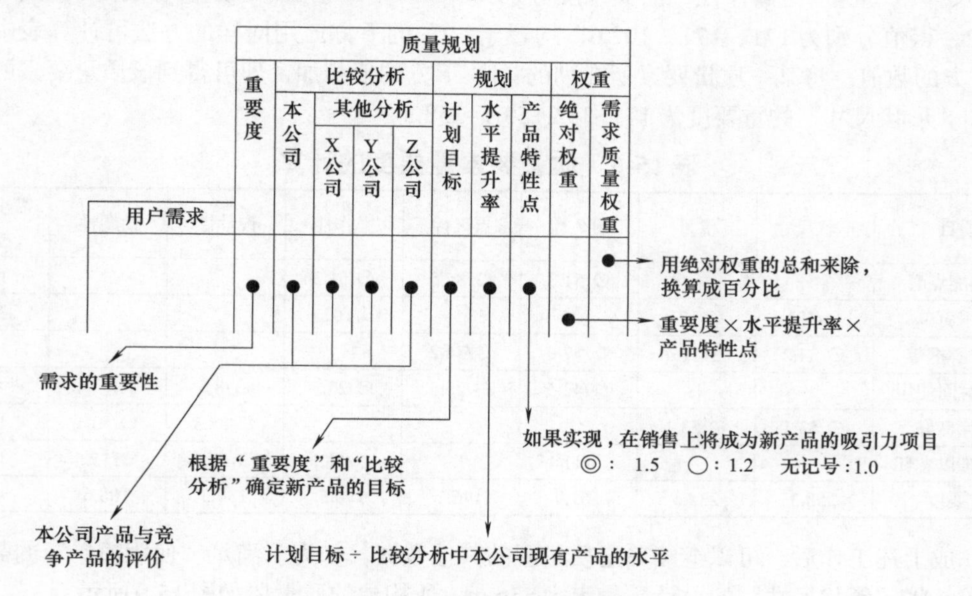

图15-7　质量规划项目的设定

以质量规划为基础，可用“需求质量权重”代替质量屋中的“重要度（k_i）”，然后计算质量要素（工程措施）的重要度。

（2）应用案例

下面以打火机的设计为例进行质量规划，如对于需求质量“确实能点着”，其重要度为5，本公司产品与其他公司（X公司、Y公司、Z公司）产品比较分析的结果分别为4、5、3、

质量要素展开表 / 需求质量展开表	质量规划									
	重要度	比较分析				规划			权重	
		本公司	其他分析			计划目标	水平提升率	产品特性点	绝对权重	需求质量权重
			X公司	Y公司	Z公司					
确实能点着	5	4	5	3	4	5	1.2		6.0	17.1
使用简单	5	3	4	3	3	5	1.6	◎	12.0	34.2
可安心携带	4	4	4	4	4	4	1.0		4.0	11.4
可长时间使用	3	3	3	3	3	3	1.0		3.0	8.5
设计良好	4	3	4	2	3	4	1.3	○	6.2	17.7
使人难以忘怀	3	3	4	3	4	4	1.3		3.9	11.1
							合计		35.1	

图15-8　打火机的质量规划

4，计划目标为5。水平提升率为1.2（5÷4=1.2），产品特性点为1.0，绝对权重的值为6.0（5×1.2×1.0）。由于各项目的绝对权重之和为35.1，因此“确实能点着”的需求质量权重为17.1（6.0÷35.1=17.1%）。同理可进行其他质量规划，结果如图15-8所示。

在质量规划的基础上，将需求质量转换为质量要素，也就是将用户需要转换为工程措施，各质量要素重要度的计算如表15-6所示。“使用简单”的需求质量权重为34.2，其与“形状尺寸”“重量”“操作性”的关系度分别为“◎”“◎”“○”，赋值分别为5、5、3，乘以34.2，得值分别为171、171、102.6，均置于“/”的下方。用同样的方法可计算表中所有“/”下方的数值。将某一质量要素所在列的“/”下方的值相加，即可得到该质量要素的重要度，如“形状尺寸”的重要度为171+34.2+53.1=258.3。

表15-6　质量要素重要度的计算

项目	形状尺寸	重量	耐久性	点火性	操作性	设计性	话题性	需求质量权重
确实能点着			○/51.3	◎/85.5	○/51.3			17.1
使用简单	◎/171	◎/171			○/102.6			34.2
可安心携带	○/34.2	△/11.4	◎/57.0	○/34.2				11.4
可长时间使用			◎/42.5	○/25.5	○/25.5	△/8.5		8.5
设计良好	○/53.1	○/53.1				◎/88.5	○/53.1	17.7
使人难以忘怀			△/11.1		△/11.1	○/33.3	◎/55.5	11.1
重要度	258.3	235.5	161.9	196.1	190.5	130.3	108.6	

完成上述工作后，可以继续确定质量屋的其他数据，如为了满足“使用简单”的需求质量要求，将“形状尺寸”的设计质量定为55mm，所构建的质量屋如图15-9所示。

质量要素展开表 / 需求质量展开表	形状尺寸	重量	耐久性	点火性	操作性	设计性	话题性	质量规划									
								重要度	比较分析				规划			权重	
									本公司	其他分析			计划目标	水平提升率	产品特性点	绝对权重	需求质量权重
										X公司	Y公司	Z公司					
确实能点着			○	◎	○			5	4	5	3	4	5	1.2		6.0	17.1
使用简单	◎	◎			○			5	3	4	3	3	5	1.6	◎	12.0	34.2
可安心携带	○	△	◎	○				4	4	4	4	4	4	1.0		4.0	11.4
可长时间使用			◎	○	○	△		3	3	3	3	3	3	1.0		3.0	8.5
设计良好	○	○				◎	○	4	3	4	2	3	4	1.3	○	6.2	17.7
使人难以忘怀			△		△	○	◎	3	3	4	3	4	4	1.3		3.9	11.1
重要度	258.3	235.5	161.9	196.1	190.5	130.3	108.6								合计	35.1	
比较分析 本公司	72	14															
比较分析 其他公司 X公司	73	18															
比较分析 其他公司 Y公司	82	21															
比较分析 其他公司 Z公司	73	9															
设计质量	55	5															

对应关系：

◎5：强相关

○3：中相关

△1：弱相关

产品特性点：

◎：1.5　○：1.2　无记号：1.0

图15-9　设计打火机的质量屋

15.3 Kano模型与质量功能展开的结合

Kano模型的优势在于需求分析，质量功能展开的优势在于将需求转化为设计要求，将Kano模型与质量功能展开相结合，能够集合两种方法的优势，提升设计质量。Kano模型与质量功能展开的结合包括需求调研、Kano分析、质量功能展开分析、设计展开等四个阶段，如图15-10所示。

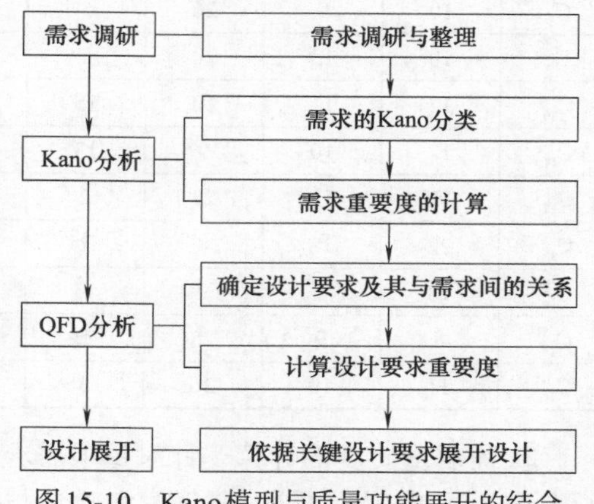

图15-10 Kano模型与质量功能展开的结合

现以老年人智能手机音乐类APP用户界面设计为例，对Kano模型与质量功能展开的结合加以说明。

(1) 需求调研

邀请50名老年人作为实验参与者，其中男性26名，女性24名，年龄为60~65周岁，均有1年以上的智能手机使用经验。通过需求调研共发现16项用户需求，记为C_1，C_2，…，C_{16}，见表15-7。

表15-7 老年人音乐类APP用户界面设计需求列表

序号	用户需求	序号	用户需求
C_1	个性化歌曲推荐	C_9	大图片设计
C_2	合理的歌曲分类	C_{10}	K歌功能
C_3	操作简单	C_{11}	音乐直播功能
C_4	融入社交功能	C_{12}	便捷的联网设置
C_5	方便收藏歌曲	C_{13}	方便查找下载或收藏歌曲
C_6	方便下载歌曲	C_{14}	分享歌曲给好友
C_7	大字体显示	C_{15}	提供夜间模式
C_8	界面简洁	C_{16}	亮度可调节

(2) Kano分析

① 需求的Kano分类　设计Kano需求分类调查问卷，邀请实验参与者进行填写，对调查结果进行整理，得到各项需求的Kano分类，然后根据式（15-1）和式（15-2）计算满意指标（SI）和不满意指标（DI）的值，结果如表15-8所示。

表15-8 用户需求的Kano分析

序号	A	O	M	I	R	Kano分类	满意指标(SI)	不满意指标(DI)
C_1	14	21	15	0	0	O	0.70	−0.72
C_2	16	20	14	0	0	O	0.72	−0.68
C_3	15	12	23	0	0	M	0.54	−0.70
C_4	16	13	10	10	1	A	0.58	−0.46
C_5	15	17	16	2	0	O	0.64	−0.66

续表

序号	A	O	M	I	R	Kano分类	满意指标(SI)	不满意指标(DI)
C_6	14	15	20	1	0	M	0.58	−0.70
C_7	8	10	29	2	1	M	0.36	−0.78
C_8	10	9	26	5	0	M	0.38	−0.70
C_9	10	13	20	5	2	M	0.46	−0.66
C_{10}	12	11	10	15	2	I	0.46	−0.42
C_{11}	12	10	9	13	6	I	0.44	−0.38
C_{12}	13	13	22	2	0	M	0.52	−0.70
C_{13}	22	18	8	2	0	A	0.80	−0.52
C_{14}	18	5	9	15	3	A	0.46	−0.28
C_{15}	8	9	25	5	3	M	0.34	−0.68
C_{16}	11	10	26	3	0	M	0.42	−0.72

② 需求重要度的计算　针对每项需求，采用5等级语义差异量表的形式（1表示非常不重要，5表示非常重要），请每位实验参与者给出当前满意度值与目标满意度值，取所有实验参与者的平均值作为当前满意度值S_c和目标满意度值S_o，据此计算需求满意度的提升率IR，公式为

$$IR = S_o/S_c \tag{15-7}$$

本例中，S_o、S_c、IR的值分别见表15-9的第2、3、4列。

考虑到需求的不同Kano分类，结合调整因子T，对提升率IR进行调整，公 式为

$$IR_a = (1 + T)^k \times IR \tag{15-8}$$

式中，IR_a为调整后的提升率；T为调整因子，$T = \max(|\mathrm{SI}|, |\mathrm{DI}|)$；$k$值取0、0.5、1、1.5，分别对应无关型需求、基本型需求、一维型需求、魅力型需求。本例中，调整因子和调整后的提升率见表15-9的第5列和第6列。

表15-9　用户需求重要度的调整

序号	当前满意度(S_c)	目标满意度(S_o)	提升率(IR)	调整因子(T)	调整后的提升率(IR_a)	重要度(H)	调整后的重要度(HA)
C_1	2.32	4.88	2.10	0.72	3.62	4.82	17.44
C_2	3.64	4.52	1.24	0.72	2.14	4.06	8.67
C_3	1.60	5.00	3.13	0.70	4.07	5.04	20.54
C_4	3.42	1.96	0.57	0.58	1.14	2.22	2.53
C_5	2.98	3.52	1.18	0.66	1.96	3.54	6.94
C_6	2.22	4.34	1.95	0.70	2.55	3.88	9.89
C_7	1.60	4.92	3.08	0.78	4.10	4.94	20.27
C_8	2.18	4.84	2.22	0.70	2.89	4.64	13.43
C_9	3.26	4.70	1.44	0.66	1.86	3.18	5.91
C_{10}	3.72	1.96	0.53	0.46	0.53	1.02	0.54

续表

序号	当前满意度 (S_c)	目标满意度 (S_o)	提升率 (*IR*)	调整因子 (*T*)	调整后的提升率 (IR_a)	重要度 (*H*)	调整后的重要度 (*HA*)
C_{11}	4.12	1.62	0.39	0.44	0.39	1.32	0.52
C_{12}	2.80	3.90	1.39	0.70	1.82	3.58	6.50
C_{13}	3.74	4.30	1.15	0.80	2.78	4.26	11.83
C_{14}	4.00	1.68	0.42	0.46	0.74	2.66	1.97
C_{15}	3.14	3.38	1.08	0.68	1.40	1.84	2.57
C_{16}	3.28	3.54	1.08	0.72	1.42	3.20	4.53

请每位实验参与者为各个需求重要度进行评分，分值范围从1~5，1代表最不重要，5代表最重要，以所有实验参与者评分的平均值作为需求重要度值。根据调整后的提升率，对需求重要度进行调整，公式为

$$HA = IR_a \times H \tag{15-9}$$

式中，*HA*为调整后的重要度；*H*为需求重要度。本例中，*H*和*HA*的值见表15-9的最后两列。

由上述分析可以看出，*HA*的计算综合考虑了需求的当前满意度、目标满意度、Kano分类、重要度等，因此能全面客观地反映需求状况。

（3）质量功能展开分析

① 确定设计要求及其与需求间的关系　老年人智能手机音乐类APP用户界面的设计要求需要设计人员与老年用户共同参与制定，先将用户需求转化为初始的设计要求，再对其进行归纳整理、划分层级，从而得到如表15-10所示的4项一级设计要求和11项二级设计要求。

表15-10　老年人音乐类APP用户界面设计要求

序号	一级设计要求	序号	二级设计要求
D_1	信息架构设计	D_{11}	信息分类设计
		D_{12}	界面导航设计
D_2	视觉设计	D_{21}	界面字体尺寸设计
		D_{22}	非字体元素尺寸设计
		D_{23}	界面元素配色设计
D_3	功能范围设计	D_{31}	定制化歌曲推荐设计
		D_{32}	附加功能设计
		D_{33}	界面亮度设计
		D_{34}	最小可行性设计
D_4	布局设计	D_{41}	界面可点击元素布局设计
		D_{42}	界面不可点击元素布局设计

将整理好的用户需求和设计要求填入质量屋的关系矩阵表中，确定用户需求与设计要求之间的关系r_{ij}，采用符号“◎”表示“强”相关，取值为9；符号“○”表示“中”相关，取值为5；符号“△”表示“弱”相关，取值为1；“空白”表示无相关关系。最终得到的关系矩阵表如表15-11所示。

表15-11　APP设计要求与用户需求关系矩阵表

序号	HA	D_1		D_2			D_3				D_4	
		D_{11}	D_{12}	D_{21}	D_{22}	D_{23}	D_{31}	D_{32}	D_{33}	D_{34}	D_{41}	D_{42}
C_1	17.44	△	△		△	○	◎				△	△
C_2	8.67	◎	○			△	○				△	△
C_3	20.54	○	◎	○	○	△				◎		
C_4	2.53							◎				
C_5	6.94	△	○	◎	○	○				○	◎	△
C_6	9.89	○	○	◎	○	△				○	◎	△
C_7	20.27			◎							○	○
C_8	13.43	○	△			◎				◎	○	○
C_9	5.91				○						○	○
C_{10}	0.54							◎		○		
C_{11}	0.52							◎		○		
C_{12}	6.50	△	○	◎	○	△				○	△	
C_{13}	11.83	○	○	◎	○	△					△	△
C_{14}	1.97		△	△	△	△		◎		○	○	△
C_{15}	2.57					△		△	○		△	△
C_{16}	4.53							△	◎	○		

② 计算设计要求重要度　依据式（15-10）计算各个设计要求的重要度w_j，然后对重要度的数值大小进行排序，结果见表15-12。

$$w_j = \sum_{i=1}^{m} \mathrm{HA}_i \times r_{ij} \tag{15-10}$$

表15-12　老年人音乐类APP用户界面设计要求重要度排序

设计要求D	D_{11}	D_{12}	D_{21}	D_{22}	D_{23}	D_{31}	D_{32}	D_{33}	D_{34}	D_{41}	D_{42}
重要度w_j	387.36	436.85	603.54	327.46	304.74	200.31	57.14	53.62	460.18	406.38	257.36
w_j排序	5	3	1	6	7	9	10	11	2	4	8

（4）设计展开

从表15-12可以看出，D_{21}“界面字体尺寸设计”排在第1位，隶属于D_2“视觉设计”，老年人因视觉功能衰退，过小的字体很难看清，这将极大地影响老年人操作APP的整体体验，而适当增大字体尺寸，则能够提高音乐类APP用户界面对老年人的可用性，提升老年人用户满意度。图15-11（a）为针对D_{21}的设计效果图。

D_{34}“最小可行性设计”排在第2位，D_{34}隶属于D_3“功能范围设计”，由于老年人认知能力薄弱，过于复杂的功能会增加老年人的认知负担，同时会弱化核心功能，所以，为老年人设计手机音乐类APP用户界面，要尽可能保持功能的精简，突出核心功能。图15-11（b）为针对D_{34}的设计效果图。

D_{12}“界面导航设计”排在第3位，隶属于D_1“信息架构设计”，音乐类APP用户界面层级较多，优秀的导航能够帮助老年人快速找到想要的信息，并适当降低界面层级，减轻老年人认知负荷。图15-11（c）为针对D_{12}的设计效果图。

同理，可以按照设计要求优先级排序，对其他老年人智能手机音乐类APP用户界面设计要求进行分析，把握老年人音乐类APP用户界面设计的关键点，提升老年人对APP用户界面的满意度。

(a) (b) (c)

图15-11 老年人音乐类APP用户界面设计效果图

思考与练习

1. 试简述Kano模型。
2. 试基于Kano模型对某产品或系统的用户需求进行分析。
3. 试基于Berger系数对某产品或系统的用户需求进行分析。
4. 试简述质量功能展开。
5. 试基于质量功能展开进行某产品或系统的设计开发。
6. 试围绕某产品的设计质量进行规划。
7. 试基于Kano模型与质量功能展开的结合进行某产品或系统的设计开发。

拓展学习

1. 邵家骏. 质量功能展开［M］. 北京：机械工业出版社，2004.
2. 熊伟，苏秦. 设计开发质量管理［M］. 北京：中国人民大学出版社，2013.
3. Ulrich K T，Eppinger S D，Yang M C. Product design and development［M］. Boston：McGraw-Hill Higher Education，2019.
4. Roozenburg N F，Eekels J. Product design：fundamentals and methods［M］. Baffins Lane，Chichester：John Wiley & Sons Ltd，1995.
5. Baxter M. Product design：a practical guide to systematic methods of new product development［M］. London：Chapman & Hall，1995.
6. Terninko J. Step-by-step QFD：customer-driven product design［M］. Boca Raton，Fla.：St. Lucie Press，1997.
7. Cohen L. Quality function deployment：how to make QFD work for you［M］. Reading，MA：Addison-Wesley，1995.
8. Akao Y，Mazur G H，King B. Quality function deployment：integrating customer requirements into product design［M］. Cambridge，MA：Productivity Press，1990.

第16章 色彩设计

16.1 色彩概述

（1）色彩的分类

丰富多样的色彩可以分为两大类：无彩色系和有彩色系。

① 无彩色系　无彩色系是指白色、黑色，以及白色黑色调和形成的各种深浅不同的灰色。无彩色按照一定的变化规律，可以排成一个系列，由白色渐变到浅灰、中灰、深灰到黑色，称之为黑白系列。黑白系列中由白到黑的变化，可以用一条垂直轴表示，一端为白，一端为黑，中间有各种过渡的灰色。

② 有彩色系　有彩色系简称彩色系。彩色是指红、橙、黄、绿、青、蓝、紫等色彩，不同明度和纯度的红、橙、黄、绿、青、蓝、紫等色调都属于有彩色系。

（2）色彩的三属性

色彩有三个基本的属性：色相、明度、纯度。色相是由光的波长决定的，明度是由光的强度决定的，纯度则是由光的纯度所决定的。

① 色相　色相（Hue）是色彩的相貌，是区别色彩种类的名称，指不同波长的光给人的不同色彩感受，红、橙、黄、绿、蓝、紫等都代表一类具体的色相。色相环是指为了让色彩系列化而常使用的一种方式，其上面有各自不同波长的色相依次排列。在日常生活中可以看到许多色彩在色相环中是没有的，如金色、银色、褐色等，其原因为色相环中的色彩是以单一波长的单色所组成。

② 明度　明度（Value或Lightness）是指色彩的明暗程度。不管是无彩色或是有彩色，全部都是有明度的。最靠近白色的亮度阶段称为高明度，其次是中明度，而靠近黑色的阶段称为低明度。在色彩的三属性中，眼睛对明度最具有敏锐度。

③ 纯度　纯度（Chroma）是指色彩的纯净程度，也可以说指色彩感觉明确及鲜灰的程度，因此还有彩度、饱和度、浓度之称。在同一系列的色相中，纯度最高的色彩称为纯色（Full Color）。

色立体借助于三维空间的模式来表示色相、明度、纯度之间的关系。在色立体中，色相采用色相环的方式配置；色立体的上下呈明暗关系，愈往上，明度愈高；纯度由无彩色中轴（纯度为0）向圆周外围排列，离中轴愈远，纯度愈高。

16.2 色彩体系

色彩体系是指依据某种色彩理论，将色彩做系统化的组织，如蒙塞尔色彩体系、奥斯特瓦德色彩体系、PCCS（Practioal Color Co-ordinate System）、Hue & Tone 130色彩体系、NCS（Natural Color System）等，在此仅对最为常用的蒙塞尔色彩体系、PCCS、Hue & Tone 130色彩体系加以介绍。

16.2.1 蒙塞尔色彩体系

蒙塞尔色彩体系是美国画家兼色彩学家蒙塞尔（Albert H. Munsell，1858~1918）于1905年提出，后来由美国光学学会修正，于1943年成为修正后的蒙赛尔色彩体系，也就是目前使用的蒙塞尔色彩体系，日本将该色彩体系纳入工业规格JIS Z 8721，蒙塞尔色彩体系比较符合人眼的视觉感知，在色彩的理论研究中具有重要作用。

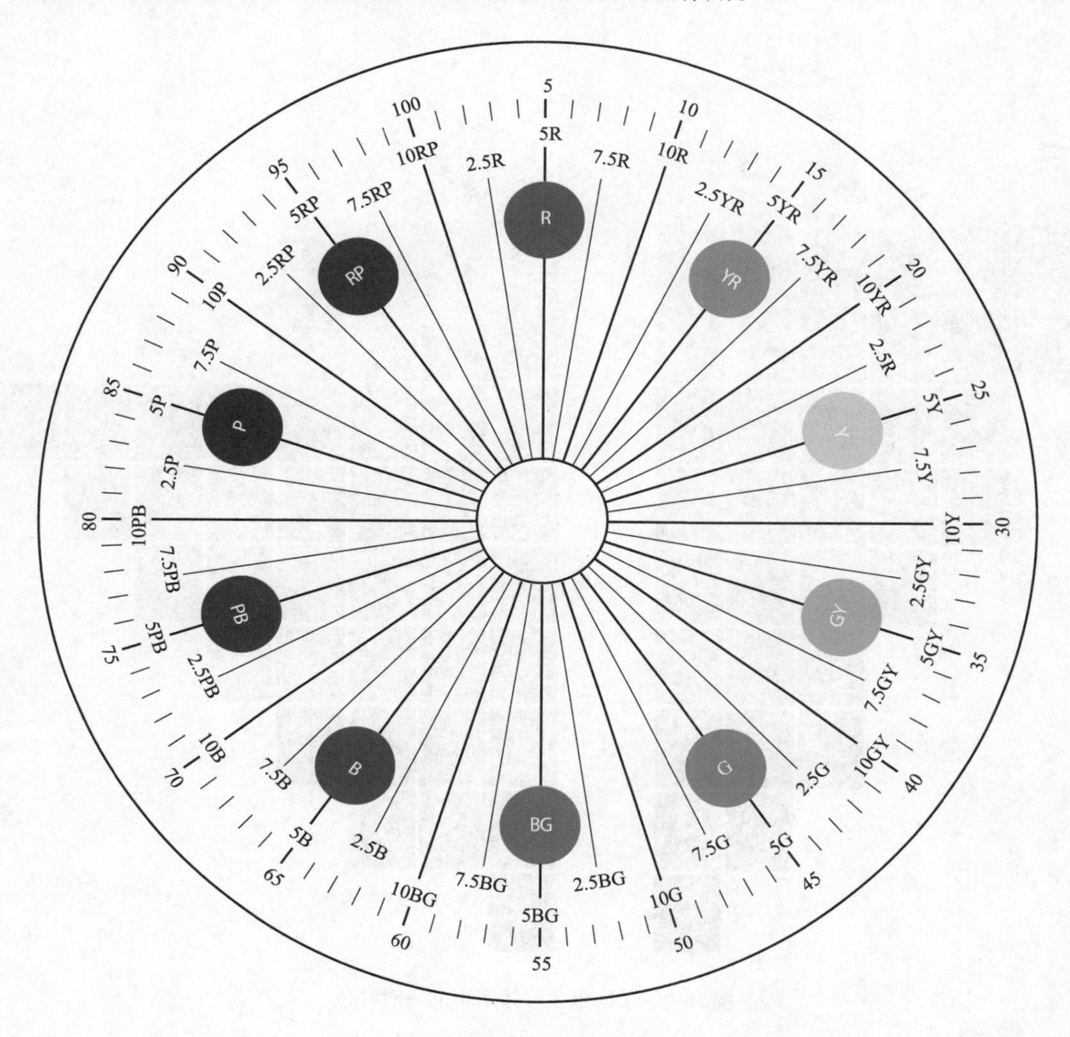

图16-1　蒙塞尔色彩体系的色相环

蒙塞尔色彩体系以五种基本色：红（R）、黄（Y）、绿（G）、蓝（B）、紫（P），加上五种中间色：橙（YR）、黄绿（GY）、蓝绿（BG）、蓝紫（PB）、紫红（RP），构成十色相，再把每个色相分成十等份，色相总数为100，各色相的代表位于数值为5的中间位置。以红色R为例，细分的色相依次编号1~10，其中5R在R的中间位置，为红色的代表。在实际应用中常以5为基准，取2.5、5、7.5、10，共40色相。蒙塞尔色彩体系的色相环如图16-1所示。

在蒙塞尔色彩体系的色相环中，各色相的180°相对方位，正是该色的补色，图16-2为5Y与其补色5PB在蒙赛尔色彩体系中的分布。

蒙塞尔色彩体系的明度共有11个等级，最高为10，表示理想白；最低为0，表示理想黑；中间的明暗阶段以感觉差作等间隔分割。蒙塞尔色彩体系的纯度以无彩色为0，离中心轴越远纯度越高，最远为各色的纯色，纯色的纯度约为10~15。

蒙塞尔色彩体系的色彩表示方法：对于有彩色，采用“H V/C”，即“色相 明度/纯度”如7.5R 8/6 表示色相为7.5R（偏橙的红色），明度为8（相当明亮），纯度6（中等纯度）；对于无彩色，采用“N明度值”，如“N5”表示明度为5的无彩色灰。

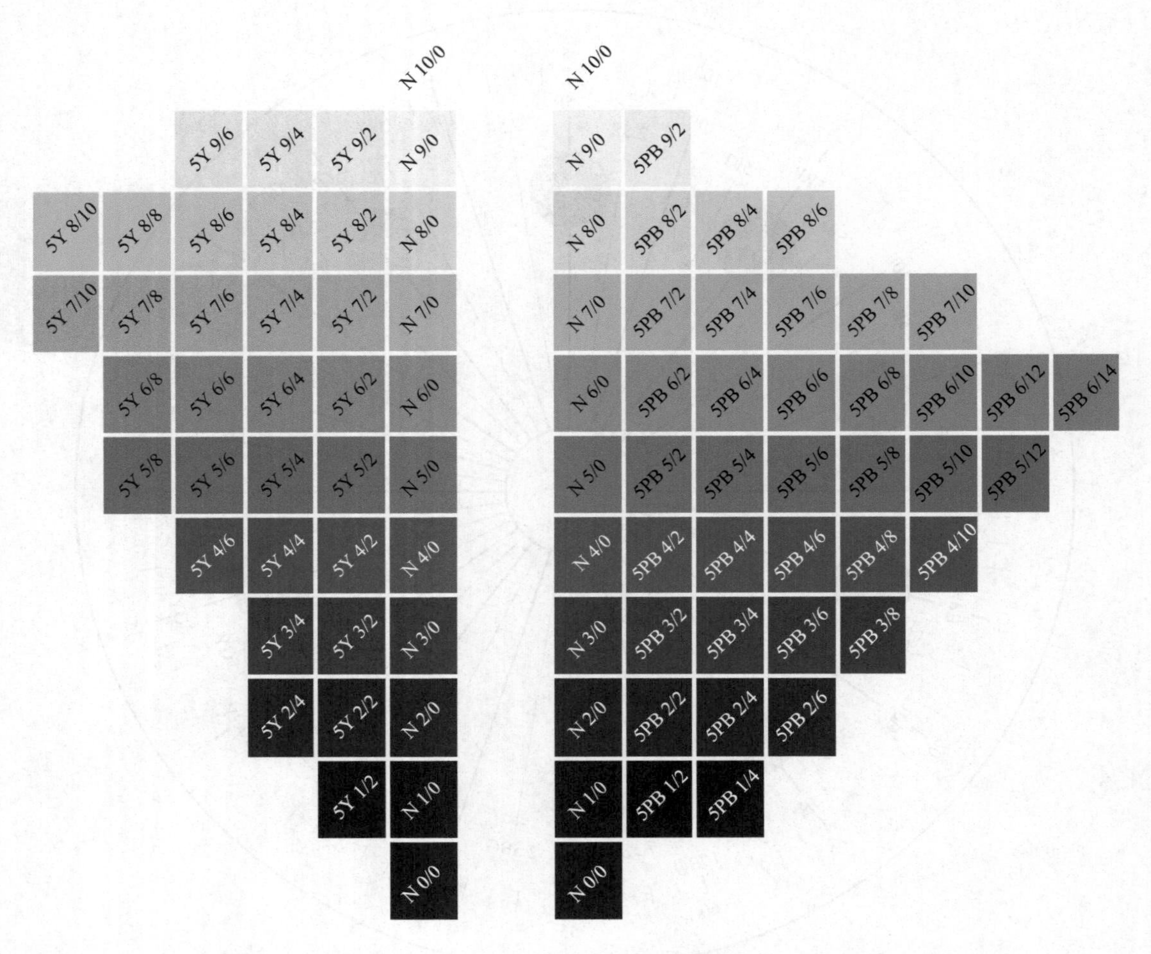

图16-2　蒙塞尔色彩体系中的一对补色

16.2.2　PCCS

PCCS是日本色彩研究所于1964年正式发表的配色体系，该体系以色彩调和为目的，属于实用性的配色体系。

PCCS的色相环是由近似色光三原色与色料三原色的六色为基准，以视觉认知的等色差来加入间隔色彩，成为24色色相环，色相环上相对的两色关系是按照心理补色的原理布置，如图16-3所示。色相标记以1~24的数字序号搭配英文字母表示，如8：Y表示黄色。

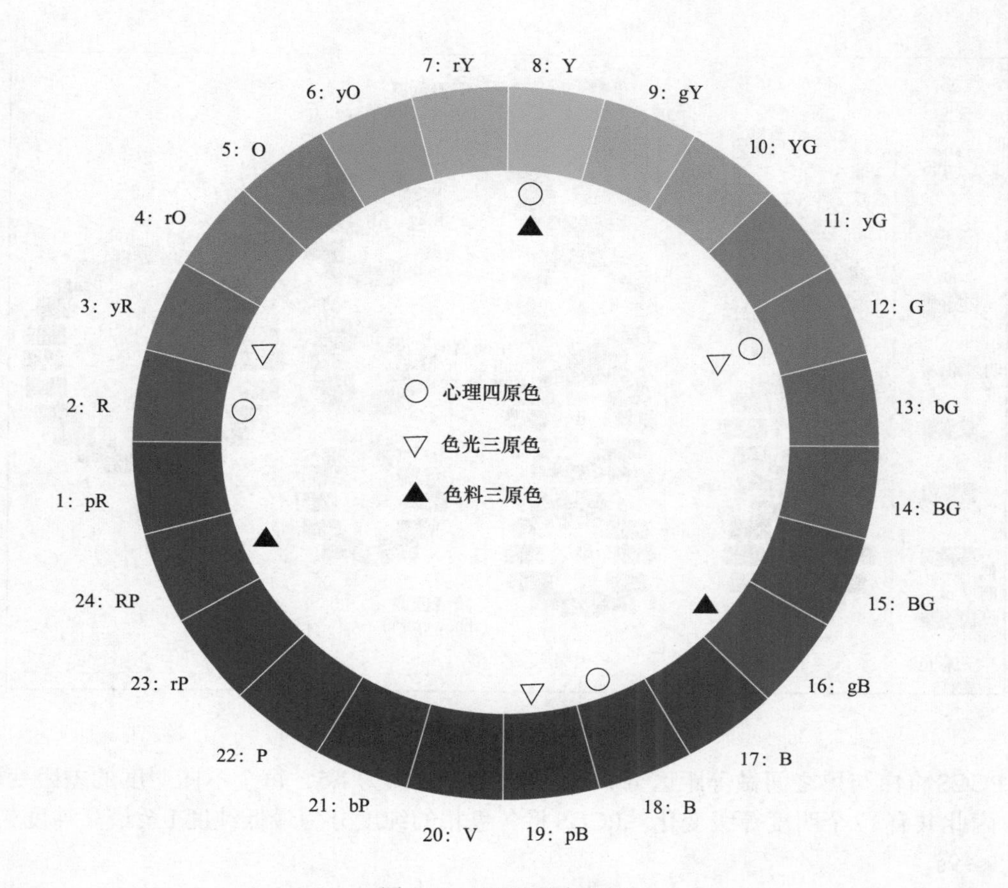

图16-3　PCCS的色相环

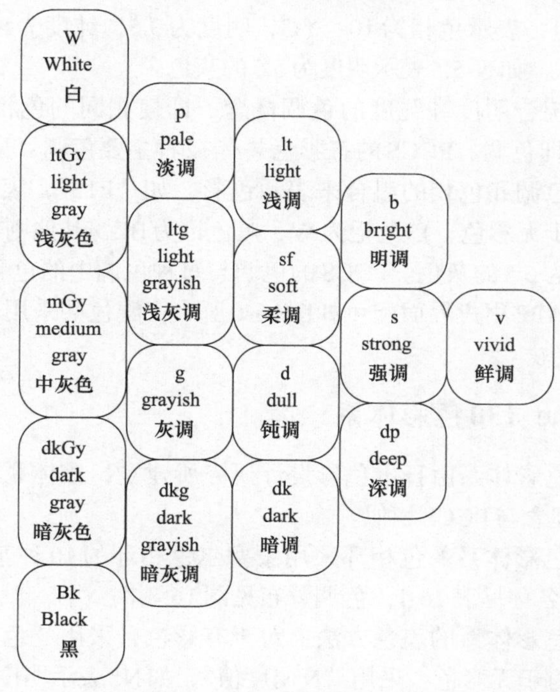

图16-4　PCCS的色调及其分布

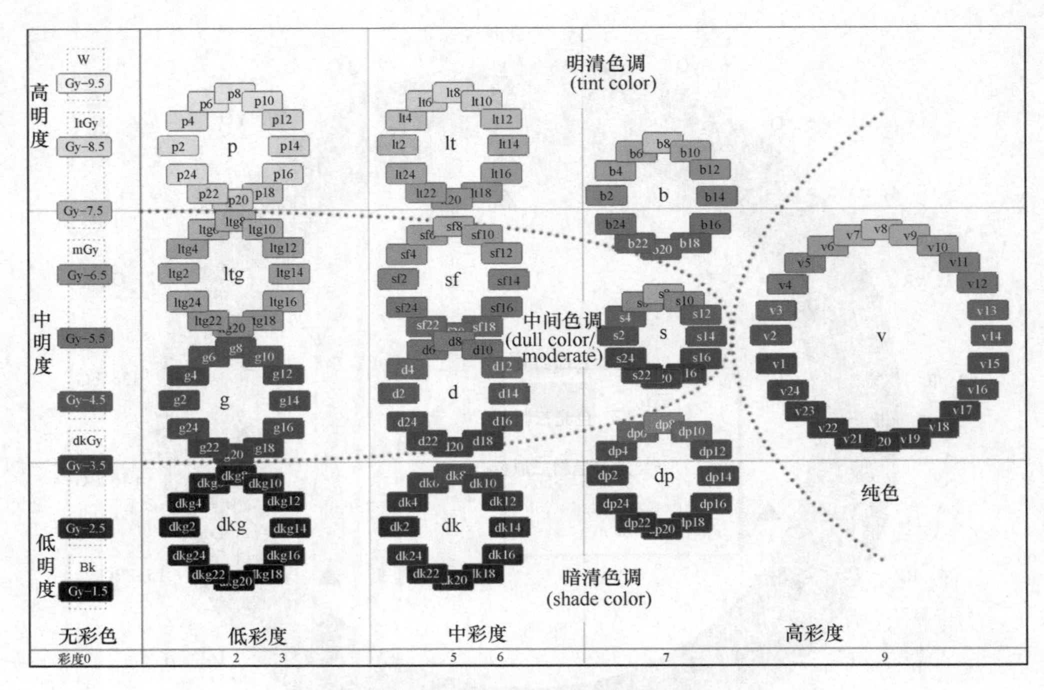

图16-5 PCCS的色调与色彩

PCCS将白与黑之间做等距区分，最白为9.5，最黑为1.5，每个不同明度的差距变化为0.5，因此共有17个明度等级变化。PCCS将各色相的纯度分为最低纯度1至最高纯度9，标记为1s~9s。

PCCS的表色法：对于有彩色，以“色相-明度-纯度”的形式来表示，如10：YG-3.5-6s（也可记为10YG-3.5-6s），表示色相为10：YG，明度为3.5，纯度为6s；对于无彩色，采用“N-明度”的形式来表示，如N-5.5表示明度为5.5的灰色。

PCCS的特色在于统合明度和纯度的色调概念，即使相同的色相，也存在着明暗、强弱、浓淡等调子变化，即色调。PCCS的有彩色共有12种主要色调，见图16-4。

PCCS也可以采用色调和色相的组合来表示色彩，如“lt12”，表示色调为lt（light，浅调），色相为12号。对于无彩色，白色记为W，黑色记为Bk，其他则在明度数值前附加Gy，如“Gy-6.5”表示明度为6.5的灰色。PCCS的色调与每种色调中的色彩如图16-5所示。

基于PCCS的医疗APP用户界面配色如图16-6所示，配色共采用了3种主要色彩，分别为v16、v10、W（白色）。

16.2.3 Hue & Tone 130色彩体系

Hue & Tone 130色彩体系由日本色彩设计研究所建立，该体系融合了色相（Hue）与色调（Tone），其基本理念与PCCS相似。

Hue & Tone 130色彩体系的色相环采用蒙塞尔色相环的10种基本色相，如图16-7所示，所采用的色调及其名称见表16-1，色调分布见图16-8。

Hue & Tone 130色彩体系的表色方法：对于有彩色，采用“色相/色调”，如R/V表示色相为R，色调为V；对于无彩色，采用“N明度值”，如N5表示明度为5的灰色。

Hue & Tone 130色彩体系共包含有彩色调12个，每个色调10种色彩，即共有有彩色120

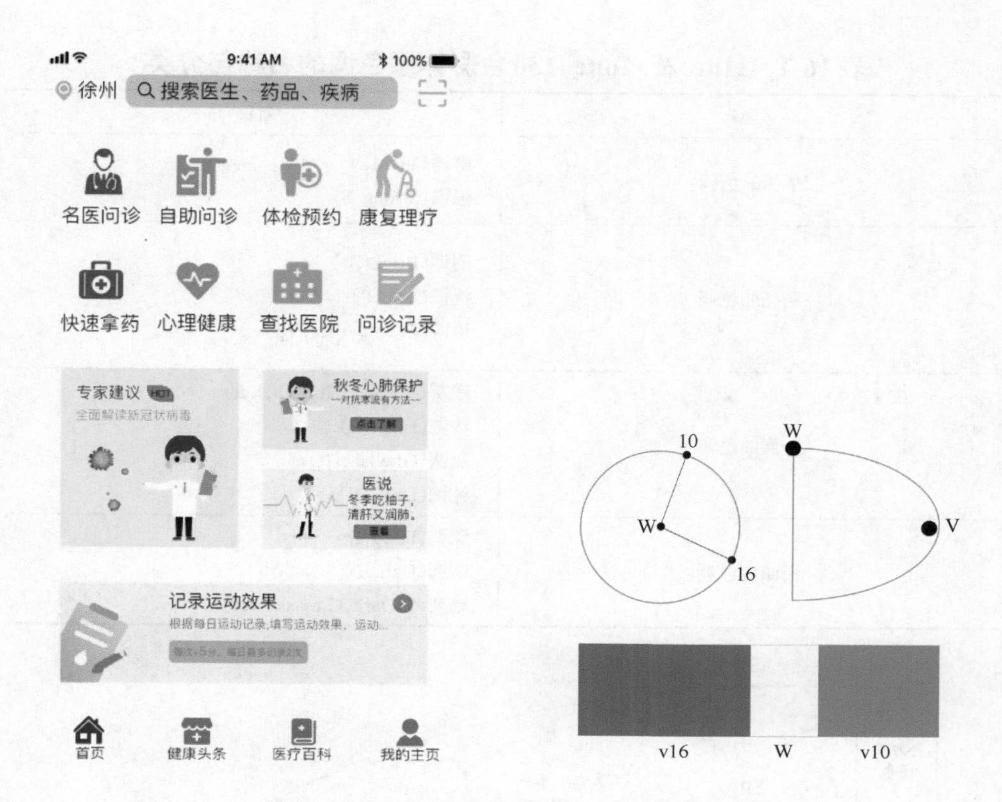

图16-6　基于PCCS的医疗APP用户界面配色

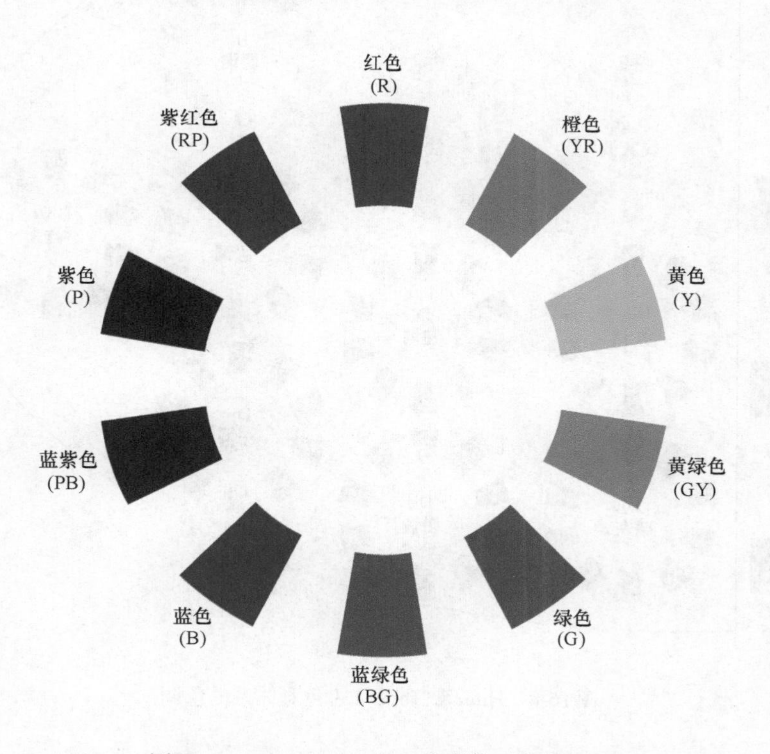

图16-7　Hue & Tone 130色彩体系的色相环

表16-1 Hue & Tone 130色彩体系色调的名称与分类

类型	名称
华丽的色调	鲜调(Vivid,V) 强调(Strong,S)
明亮的色调	明调(Bright,B) 淡调(Pale,P) 极淡调(Very Pale,Vp)
朴素的色调	浅灰调(Light Grayish,Lgr) 浅调(Light,L) 灰调(Grayish,Gr) 钝调(Dull,Dl)
沉暗的色调	深调(Deep,Dp) 暗调(Dark,Dk) 暗灰调(Dark Grayish,Dgr)

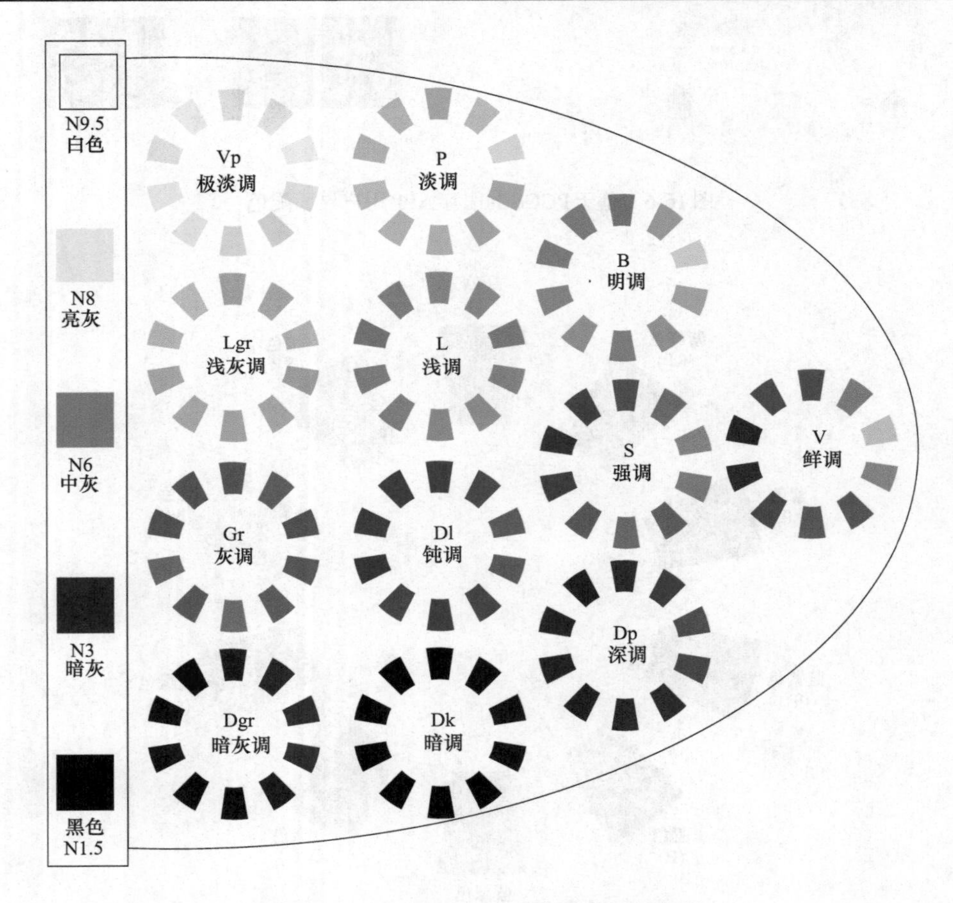

图16-8 Hue & Tone 130色彩体系的色调

种，此外还有无彩色10种，因此共有130种色彩，每种色彩的蒙塞尔表示和RGB值见图16-9。

色调＼色相		R(红色)	YR(橙色)	Y(黄色)	GY(黄绿色)	G(绿色)	BG(蓝绿色)	B(蓝色)	PB(蓝紫色)	P(紫色)	RP(紫红色)	N(无彩色)
华丽	V 鲜调	5R 4/14 229/0/13	5YR 6.5/15 255/127/0	5Y 8/15 255/242/0	5GY 7/12 140/201/25	5G 5/11 17/147/82	5BG 5/11 1/144/102	5B 5/11 3/115/138	5PB 4/12 26/67/155	5P 4/12 95/35/141	5RP 4/12 212/0/57	N9.5 255/255/255
	S 强调	5R 5/10 227/26/42	5YR 6/12 242/100/1	5Y 6/11 191/169/11	5GY 6/10 115/184/29	5G 5/9 22/156/83	5BG 5.5/9 40/163/119	5B 5/9 42/135/145	5PB 4/9 57/89/153	5P 4/10 106/51/135	5RP 4/10 187/45/105	N9 242/242/242
明亮	B 明调	5R 7/10 251/103/89	5YR 8/7 253/166/74	5Y 8/11 255/242/63	5GY 8/11 179/221/61	5G 7/10 116/196/118	5BG 7/9 78/181/135	5B 7/8 103/195/183	5PB 7/8 128/166/206	5P 7/9 177/137/193	5RP 7/10 248/117/157	N8 222/222/222
	P 淡调	5R 8/6 251/167/157	5YR 9/4 253/192/145	5Y 9/6 255/242/124	5GY 8.5/6 173/219/93	5G 8/6 145/209/127	5BG 8/5 153/215/179	5B 8/5 153/216/212	5PB 8/6 179/204/206	5PB 8/6 207/179/215	5RP 8/6 251/174/193	N7 186/186/186
	VP 极淡调	5R 9/2 253/217/205	5YR 9/1 254/230/194	5Y 9/1 255/250/184	5GY 9/2 230/245/164	5G 9/2 192/230/184	5BG 9/2 191/230/200	5B 9/2 204/236/232	5PB 9/1 217/228/228	5P 9/2 234/216/227	5RP 9/2 249/223/226	N6 161/161/161
朴素	Lgr 浅灰调	5R 8/2 210/168/159	5YR 8/2 208/180/137	5Y 8/2 208/194/142	5GY 8/3 171/181/136	5G 8/2 153/193/151	5BG 8/3 144/193/156	5B 7.5/2 153/194/181	5PB 7/2 166/181/183	5P 7/2 198/183/186	5RP 7.5/2 215/188/188	N5 127/127/127
	L 浅调	5R 6/6 234/124/104	5YR 7/5 215/144/92	5Y 6/4 166/151/51	5GY 6/5 140/174/67	5G 6/6 103/186/116	5BG 6.5/6 90/177/132	5B 6/5 91/165/159	5PB 6/4 123/150/181	5P 6/4 165/123/177	5RP 7/4 202/130/144	N4 82/82/82
	Gr 灰调	5R 5.5/2 138/101/97	5YR 5/2 145/111/93	5Y 5/1 130/99/61	5GY 5/2 112/116/72	5G 5/2 103/124/100	5BG 5/2 116/139/116	5B 6/2 98/116/114	5PB 5/2 121/123/131	5P 5/2 115/95/108	5RP 5/2 133/95/104	N3 51/51/51
	Dl 钝调	5R 5/5 149/60/53	5YR 4/6 149/78/29	5Y 5/5 138/112/12	5GY 5/5 96/122/38	5G 4/5 47/105/70	5GB 4/6 37/95/81	5B 4/6 32/104/113	5PB 4/6 51/71/108	5P 4/5 99/63/110	5RP 5/5 126/58/88	N2 26/26/26
沉暗	Dp 深调	5R 3/10 138/0/7	5YR 4/9 150/58/4	5Y 5/8 126/100/12	5GY 4/8 73/114/26	5G 3/7 0/86/48	5BG 3.5/7 1/78/70	5B 4/10 5/60/88	5PB 3/9 13/32/120	5P 3/8 72/13/104	5RP 3/10 105/0/51	N1.5 0/0/0
	Dk 暗调	5R 2.5/8 112/11/1	5YR 3/7 112/41/3	5Y 3.5/8 89/55/8	5GY 3/6 51/73/18	5G 3/6 14/57/21	5GB 3/4 1/47/45	5B 2.5/4 4/36/65	5PB 3/5 10/21/82	5P 3/6 32/10/70	5RP 3/6 73/0/35	
	Dgr 暗灰调	5R 2.3/3 45/0/5	5YR 2/72 53/21/3	5Y 2/3 53/32/6	5GY 2/2 33/36/10	5G 2/2 1/24/10	5BG 2/2 1/22/23	5B 2/2.5 2/22/35	5PB 2/2.5 5/11/48	5P 2/2 26/9/42	5RP 2/2 40/0/24	

图16-9　130种色彩的蒙塞尔表示与RGB值

基于Hue & Tone 130色彩体系的家具配色如图16-10所示，配色共采用了3种主要色彩，分别为YR/Lgr、Y/Lgr、N9（浅灰色）。

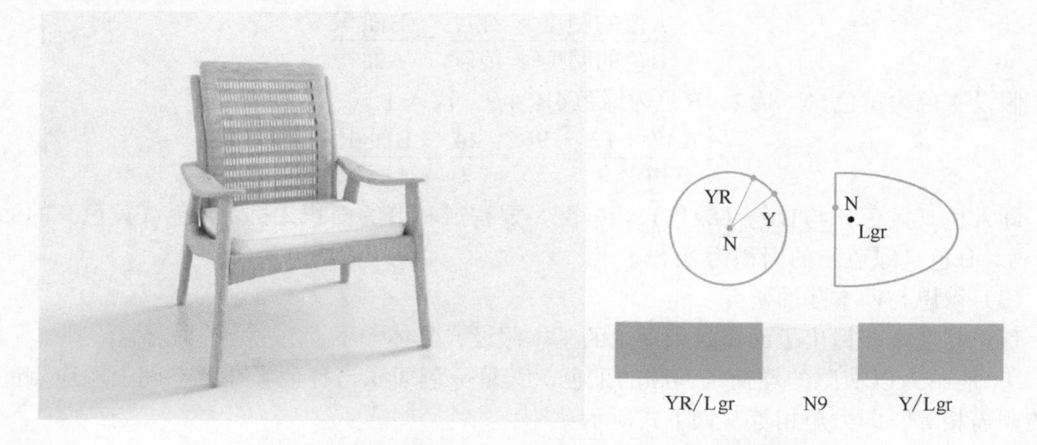

图16-10　基于Hue & Tone 130色彩体系的家具配色

16.3　色彩调和

色彩调和是指两个或两个以上的色彩，有秩序、协调、和谐地组织在一起，能使人心情愉快、喜欢、满足等的色彩搭配。色彩调和的理论非常多，如同一调和、类似调和、秩序调和；以色相为基准的调和、以明度为基准的调和、以纯度为基准的调和、以色调为基准的调和；色彩的调和与面积、色彩的调和与生理平衡；奥斯特瓦尔德色彩调和论、蒙塞尔色彩调和论、穆恩与斯本莎色彩调和论；色彩对比度、色彩亮度差、色差等。在此仅对色彩调和与面积、穆恩与斯本莎的色彩调和论、色彩对比度，以及色彩调和的注意事项进行探讨。

16.3.1 色彩调和与面积

色彩的调和与色相、明度、纯度以及色彩的面积有重要关系，一般来讲面积愈大，愈能使色彩充分表现其明度和纯度的真实面貌；面积愈小，愈容易形成视觉上的辨识异常。色彩调和的基本原则是：小面积应该使用重而强的色彩，大面积最好采用淡而弱的色彩。歌德（Goethe）、蒙塞尔（Munsell）、穆恩与斯本莎（Moon & Spencer）等对色彩调和与面积之间的量化关系进行研究，提出了一些重要观点。

（1）歌德的研究

歌德研究发现，纯色明度之间的比例关系如表16-2所示。

表16-2 纯色明度之间的比例关系

色彩	黄	橙	红	紫	蓝	绿
比值	9	8	6	3	4	6

将明度比例转变为和谐的面积比例时，需要将明度的比例倒转。黄色的明度是紫色的3倍（9：3），黄色只需要用紫色1/3的面积就可以取得平衡。由此可见，明度高的色彩，其所占的面积比例需要降低。

（2）蒙塞尔的研究

蒙塞尔认为色彩的明度、纯度、面积之间存在以下关系：

$$\frac{\text{A色的明度} \times \text{纯度}}{\text{B色的明度} \times \text{纯度}} = \frac{\text{B面积}}{\text{A面积}} \tag{16-1}$$

假设A色为黄色5Y 8/12，B色为绿色4B 4/9，代入上式：

$$\frac{(\text{A})8 \times 12}{(\text{B})4 \times 9} = \frac{96}{36} = \frac{24}{9} = \frac{\text{B面积}}{\text{A面积}}$$

即A色（黄色）与B色（绿色）相搭配，要构成和谐的面积比例，A色（黄色）的面积为9份，B色（绿色）的面积为24份。

（3）穆恩与斯本莎的研究

穆恩与斯本莎提出了面积效果理论的基本假设，具体如下：

① 能给人以快感的均衡且调和的配色，其每一色面积与各色彩在色空间上顺应点的距离的积需相等，即力矩相等，如下式所示：

$$S_1r_1=S_2r_2=S_3r_3=\cdots=S_nr_n \tag{16-2}$$

力矩（Scalar Moment，记为F）是指色彩面积（S）与色彩到顺应点（蒙塞尔N5灰色）距离的乘积，计算公式为

$$F = S\left[C^2 + 64(V-5)^2\right]^{1/2} \tag{16-3}$$

式中，C为纯度；V为明度；$[\ ]^{1/2}$为力臂（Moment Arm），力臂的值也可通过查表16-3

获得。

表16-3　色彩的力臂值

明度（V）	纯度（C）							
	0	2	4	6	8	10	12	14
0,10	40	—	—	—	—	—	—	—
1,9	32	32.1	32.4	32.6	33.0	33.6	34.2	35.0
2,8	24	24.1	24.4	24.8	25.3	26.0	26.8	27.8
3,7	16	16.1	16.5	17.1	17.9	18.9	20.0	21.3
4,6	8	8.25	8.94	10.0	11.3	12.8	14.4	16.1
5	0	2	4	6	8	10	12	14

② 其他能构成调和的条件是各色彩面积的力矩比为简单的整数比（1、2、1/2、3、1/3），如下所示：

$$\frac{S_2r_2}{S_1r_1},\ \frac{S_3r_3}{S_1r_1},\ \frac{S_nr_n}{S_1r_1},\ \frac{S_3r_3}{S_2r_2},\ \cdots \text{等于整数比}$$

假设两种色彩分别为5B 6/8、5B 3/8，根据表16-3可知，其力臂分别为11.3、17.9，该值也可由式（16-3）计算，两种色彩力臂的比值为

$$\frac{\text{5B 6/8}}{\text{5B 3/8}}=\frac{\sqrt{8^2+64\times(6-5)^2}}{\sqrt{8^2+64\times(3-5)^2}}=\frac{11.3}{17.9}=0.63$$

因此，当这两种色彩的面积为0.63的逆比（1/0.63），或是其简单的倍数，如0.315、0.21等值时，就能获得调和。

16.3.2　穆恩与斯本莎的色彩调和论

（1）色相之间的关系

色相之间的关系可分为同等、第一不明了、近似、第二不明了、对比，如图16-11所示。

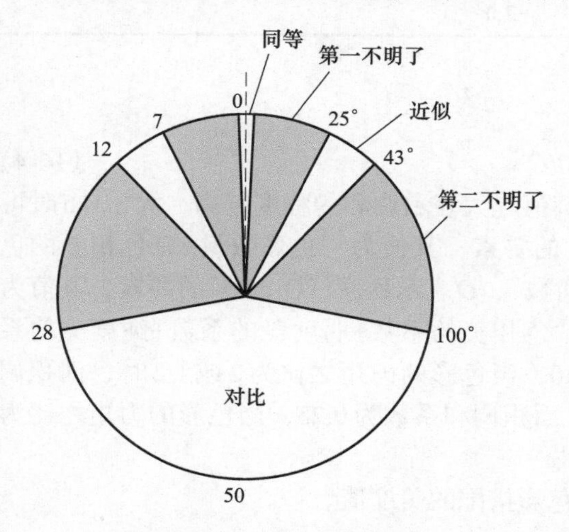

图16-11　色相的调和关系

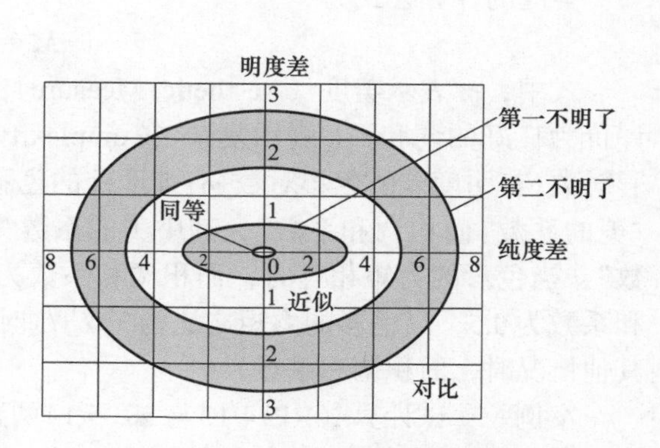

图16-12　明度、纯度的调和关系

同等、近似、对比属于调和的情况，对比是清楚明快的配色，同等是与对比完全相反的配色，相当于所谓的同色调和，近似属于上述两者的中间情况。第一不明了和第二不明了属于不调和的情况。

（2）明度之间的关系与纯度之间关系

明度之间的关系、纯度之间关系与色相之间的关系相似，如图16-12所示。

（3）色彩间调和与不调和的范围

色彩间调和与不调和的范围见表16-4。其中，j.n.d.为最小可觉差（just noticeable difference），也称差别感觉阈限，是指刚刚能引起差别感觉的刺激的最小差异量。

（4）美的系数

色相美的系数、明度美的系数、纯度美的系数如表16-5所示，其中无彩色之间的组合（即灰色的组合），其美的系数为+1.0。

表16-4 调和与不调和的范围

项目	色相变化	明度变化	纯度变化
同等	0~1 j.n.d.	0~1 j.n.d.	0~1 j.n.d.
第一不明了	1 j.n.d.~7	1 j.n.d.~0.5	1 j.n.d.~3
近似	7~12	0.5~1.5	3~5
第二不明了	12~28	1.5~2.5	5~7
对比	28~50	2.5~10	7以上
刺眼	—	10以上	—

表16-5 美的系数

项目	同等	第一不明了	近似	第二不明了	对比	刺眼
H(色相)	+1.5	0	+1.1	+0.65	+1.7	
V(明度)	−1.3	−1.0	+0.7	−0.2	+3.7	−2.0
C(纯度)	+0.8	0	+0.1	0	+0.4	—
G(灰色)	+1.0					

（5）美度的计算

美度的计算公式为

$$M = O/C \tag{16-4}$$

式中，M表示美度（Aesthetic Measure），其值越大表示调和的程度越高，大于0.5时可评价为良好的调和；C表示复杂（Complexity）的要素，其值为“色彩数量+有色相差的色彩对数+有明度差的色彩对数+有纯度差的色彩对数”；O表示秩序（Order）的要素，其值为“美的系数+面积调和系数”，其中美的系数为“色相美的系数+明度美的系数+纯度美的系数”，当色彩的力矩相等时，面积调和系数为1.0，当色彩的力矩之比为2或1/2时，面积调和系数为0.5，当色彩的力矩之比为3或1/3时，面积调和系数为0.25，当色彩的力矩之比为其他情况时，面积调和系数为0。

案例一：试计算10RP 4/12与5R 5/14两种色彩搭配的美度值。

① 计算秩序的要素O：

色相美的系数：10RP、5R的色相间隔为5（见图16-1），根据表16-4可知，色相之间的关系属于“第一不明了”，根据表16-5可知，色相美的系数为“0”。

明度美的系数：明度4和明度5的差异为1，根据表16-4可知，明度之间的关系属于“近似”，根据表16-5可知，明度美的系数为“+0.7”。

纯度美的系数：纯度12和纯度14的差异为2，根据表16-4可知，纯度之间的关系属于“第一不明了”，根据表16-5可知，纯度美的系数为“0”。

面积调和系数：假设两种色彩的力矩相等，则面积调和系数为“+1.0”。

因此，O的值为1.7（0+0.7+0+1.0=1.7）。

② 计算复杂的要素C：

色彩数量为2。

有色相差的色彩对数为1。

有明度差的色彩对数为1。

有纯度差的色彩对数为1。

因此，C的值为5（2+1+1+1=5）。

③ 计算美度M：

$$M = 1.7/5 = 0.34$$

需要注意的是，计算美度时，若为A、B、C三色配色，则以A—B、A—C、B—C三对色彩综合加以计算，四色及以上配色美度计算的原理与此相同。此外，无彩色与有彩色之间无色相关系，无论是复杂的要素O还是秩序的要素C均是如此。

案例二：试计算5R 6/2、5R 3/2、5R 3/10、N9四种色彩搭配的美度值。

① 计算秩序的要素O：

在色相方面，四种色彩的色相分别为5R、5R、5R、N，共形成6对，即5R—5R、5R—5R、5R—N、5R—5R、5R—N、5R—N，其中5R—5R属于“同等”，5R—N属于无彩色与有彩色的搭配，不存在色相关系。

在明度方面，四种色彩的明度分别为6、3、3、9，共形成6对，即6—3、6—3、6—9、3—3、3—9、3—9，其中3—3属于“同等”，其余均属于“对比”。

在纯度方面，四种色彩的明度分别为2、2、10、0，共形成6对，即2—2、2—10、2—0、2—10、2—0、10—0，其中2—2属于“同等”，2—0属于“第一不明了”，其余属于“对比”。

综合上述色相、明度、纯度的关系分析，其结果如表16-6所示。

表16-6　色相、明度、纯度的关系分布

项目	同等	第一不明了	近似	第二不明了	对比	刺眼
H(色相)	XXX					
V(明度)	X				XXXXX	
C(纯度)	X	XX			XXX	

在面积调和方面，假设每对色彩的力矩相等，即每对色彩美的系数为“+1.0”，共有6对色彩，则其值为“+6.0”。

因此，O的值为3×(1.5)+(−1.3)+5×(3.7)+(0.8)+2×(0)+3×(0.4)+6.0=29.7

② 计算秩序的要素C：

色彩数量为4。

有色相差的色彩对数为0。

有明度差的色彩对数为5。

有纯度差的色彩对数为5。

因此，C的值为4+0+5+5=14。

③ 计算美度M：

$$M=29.7/14=2.12$$

16.3.3 色彩对比度

（1）色彩对比度概述

色彩对比度是指文本和背景之间应有足够的对比度，以让尽可能多的用户易于阅读，色彩对比度对于配色具有重要意义。色彩对比度的值在1~21之间，通常写为（1：1）~（21：1），色彩对比度的值越大，越容易使文本从背景中被辨识出来。Web内容无障碍指南（Web Content Accessibility Guidelines，WCAG）将色彩对比度的等级分为3级：A级（采用3：1的对比度）、AA级（采用4.5：1的对比度）、AAA级（采用7：1的对比度）。

（2）色彩对比度的计算公式

色彩对比度的计算公式为：

$$\text{对比度}=\left(L_1+0.05\right)/\left(L_2+0.05\right) \tag{16-5}$$

式中，L_1指较浅的色彩的相对亮度；L_2指较深的色彩的相对亮度。

色彩相对亮度的计算公式为：

$$L=0.2126\times R+0.7152\times G+0.0722\times B \tag{16-6}$$

式中，R、G、B值采用如下方法进行计算：

$$R=\begin{cases} R_{sRGB}/12.92, & R_{sRGB}\leqslant 0.03928 \\ \left(\left(R_{sRGB}+0.055\right)/1.055\right)^{2.4}, & \text{其他} \end{cases} \tag{16-7}$$

$$G=\begin{cases} G_{sRGB}/12.92, & G_{sRGB}\leqslant 0.03928 \\ \left(\left(G_{sRGB}+0.055\right)/1.055\right)^{2.4}, & \text{其他} \end{cases} \tag{16-8}$$

$$B=\begin{cases} B_{sRGB}/12.92, & B_{sRGB}\leqslant 0.03928 \\ \left(\left(B_{sRGB}+0.055\right)/1.055\right)^{2.4}, & \text{其他} \end{cases} \tag{16-9}$$

式中，R_{sRGB}、G_{sRGB}、B_{sRGB}的值分别为：

$$R_{sRGB}=R_{8\text{bit}}/255 \tag{16-10}$$

$$G_{sRGB}=G_{8\text{bit}}/255 \tag{16-11}$$

$$B_{sRGB}=B_{8\text{bit}}/255 \tag{16-12}$$

式中，$R_{8\text{bit}}$、$G_{8\text{bit}}$、$B_{8\text{bit}}$的值为色彩的红（R）、绿（G）、蓝（B）在8位/通道下的值，该值在0~255之间。

（3）色彩对比度的计算案例

试计算纯黑色RGB（0，0，0）的文本与纯白色RGB（255，255，255）的背景之间的色彩对比度。

对于纯白色：

$$R_{8bit1} = G_{8bit1} = B_{8bit1} = 255$$
$$R_{sRGB1} = G_{sRGB1} = B_{sRGB1} = 255/255 = 1$$
$$R_1 = G_1 = B_1 = \left((1 + 0.055)/1.055\right)^{2.4} = 1$$
$$L_1 = 0.2126 \times 1 + 0.7152 \times 1 + 0.0722 \times 1 = 1$$

对于纯黑色：

$$R_{8bit2} = G_{8bit2} = B_{8bit2} = 0$$
$$R_{sRGB2} = G_{sRGB2} = B_{sRGB2} = 0/255 = 0$$
$$R_2 = G_2 = B_2 = 0/12.92 = 0$$
$$L_2 = 0.2126 \times 0 + 0.7152 \times 0 + 0.0722 \times 0 = 0$$

色彩对比度为：

$$\text{对比度} = (1 + 0.05)/(0 + 0.05) = 21 : 1$$

即该配色的色彩对比度为21 : 1。

在实际应用中，可通过一些专门网站计算色彩的对比度，如图16-13所示。

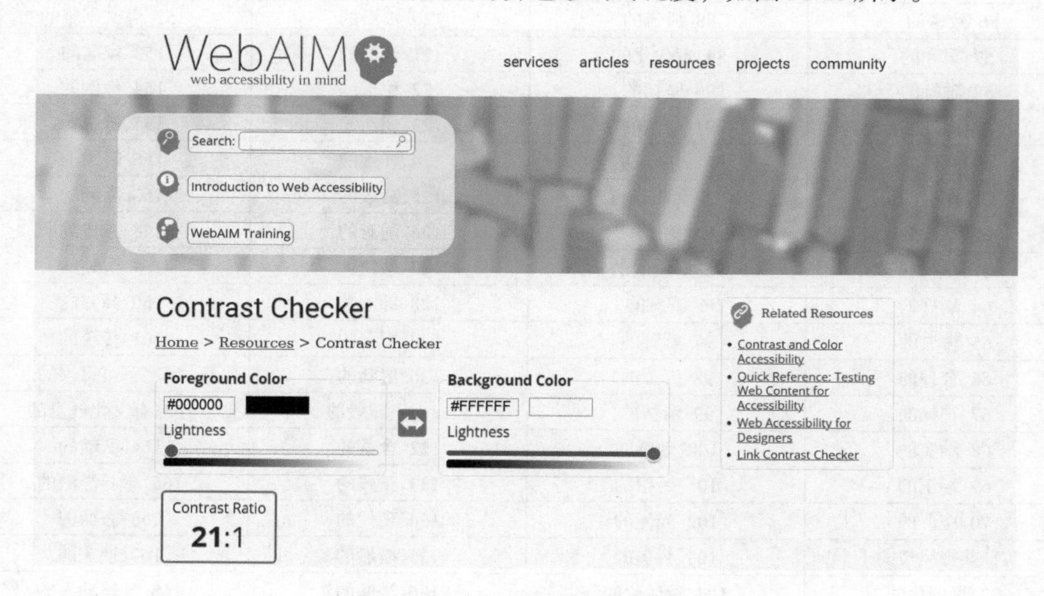

图16-13 通过专门网站计算色彩对比度

16.3.4 色彩调和的注意事项

（1）选择色彩时应明确色彩的含义

不同的色彩有不同的含义，这种含义部分原因是文化造成的，当使用色彩时，应考虑色彩的含义。小林重顺（2006）对色彩的含义进行了研究，给出了180个表达色彩含义的词汇，如表16-7所示。

色彩的三属性，即色相、明度、纯度对色彩的含义有直接影响，色彩三属性相关的色彩含义见表16-8。

表 16-7　表达色彩含义的词汇

1 进取的	14 正宗的	27 扣人心弦的	40 洗练的
2 民族风情的	15 温柔的	28 微妙的	41 戏剧性的
3 大人气的	16 温暖的	29 水灵灵的	42 和睦的
4 可爱的	17 成熟的	30 幽默的	43 大众的
5 轻快的	18 不加修饰的	31 秋天般的	44 温和的
6 高尚的	19 甜美的	32 精力旺盛的	45 愉快的
7 有亲和力的	20 清爽的	33 革新的	46 稚嫩的
8 有情趣的	21 文静的	34 简朴的	47 落落大方的
9 清新的	22 端庄的	35 健康的	48 闲适的
10 细致的	23 热烈的	36 刺激的	49 轻松的
11 潜心的	24 迅捷的	37 精致的	50 俊俏的
12 暖洋洋的	25 富于装饰性的	38 有品位的	51 优质的
13 绚丽的	26 知性的	39 轻脱的	52 简洁的
53 正统的	85 大胆的	117 柔软的	149 心情舒畅的
54 运动的	86 思乡的	118 正统的	150 粗犷的
55 朴素的	87 春天般的	119 温柔的	151 充满活力的
56 致密的	88 风流的	120 浪漫的	152 温文尔雅的
57 柔和的	89 现代化的	121 怀旧的	153 家居的
58 独特的	90 坚韧的	122 稳重的	154 伶俐的
59 鬼魅的	91 甜蜜的	123 快活的	155 舒服的
60 宽松的	92 男子汉的	124 任性的	156 轻柔的
61 深邃的	93 女性般的	125 高级的	157 潇洒的
62 雅致的	94 柔软的	126 随意的	158 激进的
63 有格调的	95 有生气的	127 敏锐的	159 清纯的
64 娴静的	96 清雅的	128 绅士的	160 高兴的
65 古典的	97 素雅的	129 青春的	161 传统的
66 合理的	98 人工的	130 健壮的	162 不可思议的
67 神秘的	99 清洁的	131 田园般的	163 有文化气息的
68 结实的	100 动感的	132 含蓄的	164 跃动的
69 端正的	101 娇艳的	133 正式的	165 青春洋溢的
70 庄严的	102 光艳的	134 现代的	166 秀丽的
71 热带风情的	103 娇美的	135 凛然的	167 惬意的
72 贵族化的	104 童话般的	136 滋润的	168 楚楚动人的
73 乡土气息的	105 理性的	137 温顺的	169 放松的
74 野性的	106 俊朗的	138 刚硬的	170 豪华的
75 优美的	107 平静的	139 严整的	171 自然的
76 怪异的	108 过激的	140 凝练的	172 透彻的
77 幼稚的	109 清澈的	141 安静的	173 清冽的
78 异域情调的	110 豪华的	142 充实的	174 性感的
79 精美的	111 实用的	143 进步的	175 考究的
80 高贵的	112 厚重的	144 堂堂正正的	176 华美的
81 古风的	113 新鲜的	145 男性化的	177 灿烂的
82 深沉的	114 奢华的	146 夏天般的	178 开朗的

续表

83 女性化的	115 坚韧的	147 冬天般的	179 优雅的
84 洒脱的	116 都市气息的	148 女强人的	180 日式风格的

表16-8　色彩三属性相关的色彩含义

三属性的分类		色彩的含义
色相	暖色系	温暖的、活力的、喜悦的、甜熟的、热情的、积极的、活动的、华美的
	中性色系	温和的、安静的、平凡的、可爱的
	冷色系	寒冷的、消极的、沉着的、深远的、理智的、休息的、幽情的、素净的
明度	高明度	轻快的、明朗的、清爽的、单薄的、软弱的、优美的、女性化的
明度	中明度	无个性的、附属性的、随和的、保守的
	低明度	厚重的、阴暗的、压抑的、硬的、迟钝的、安定的、个性的、男性化的
纯度	高纯度	鲜艳的、刺激的、新鲜的、活泼的、积极的、热闹的、有力量的
	中纯度	日常的、中庸的、稳健的、文雅的
	低纯度	无刺激的、陈旧的、寂寞的、老成的、消极的、无力量的、朴素的

一般情况下，色彩既有积极的含义，也有消极的含义，常见色彩的含义如表16-9所示，在选择色彩时应综合加以考虑。

表16-9　常见色彩的积极含义与消极含义

色彩	积极的含义	消极的含义
红	活跃的、振奋人心的、令人兴奋的、强有力的、坚强的、精力充沛的、有吸引力的、支配的	咄咄逼人的、使人惊恐的
蓝	控制的、有节制的、神秘的、知性的、和谐的、深奥的、梦幻的、忠实的、理性的、明智的	内向的、寒冷的、忧郁的
绿	清新的、和谐的、乐观的、亲近自然的、平静的、温柔的、抚慰的、意志坚强的	怀疑的、嫉妒的、缺乏经验的
黄	多姿多彩的、外向的、令人愉快的、年轻的、活泼的、充满乐趣的、轻松的	肤浅的、夸张的、徒劳的
橙	激动的、直接的、快乐的、活泼的、乐意沟通的、温暖的	秘密的、有力的、占有的、便宜的
紫	严肃的、高贵的、豪华的	悲哀的

（2）有效地使用色彩

① 色彩的数量　如果用色彩组织屏幕，那么需限制色彩的数量，太多的色彩容易产生混乱感，并且看起来不舒服。有的学者认为，除白色和黑色之外，一个界面的色彩数量不宜超过6种。一些实验证据也显示，任意地使用太多色彩将会导致眼睛疲劳，使人迷失方向。

② 为单色而设计　单色设计是指使用黑色和白色进行设计，这种设计有助于聚焦布局设计，此外有的界面无法使用彩色显示。因此，在配色前可先针对单色进行设计。

③ 色彩的感知　人对色彩的感知变化较大，大约有8%的男性是色盲，其中有的人不能区分红色和绿色。

④ 使用色彩加强设计效果　色彩一般不单独使用，色彩可以与形状、图案等结合使用，以加强设计效果。

（3）人机界面设计中的色彩使用指南

Shneiderman等（2016）提出了人机界面设计中的色彩使用指南，包括：

① 谨慎使用色彩，限制色彩的数量。

② 了解色彩对加快和减慢任务的作用。

③ 确保色彩编码支持任务。

④ 让用户以最少的努力使用色彩编码。

⑤ 色彩编码应让用户控制。

⑥ 先使用单色进行设计。

⑦ 考虑色盲用户的需求。

⑧ 使用色彩帮助格式化。

⑨ 色彩编码要一致。

⑩ 注意色彩编码的共同期望。

⑪ 注意色彩的配对问题。

⑫ 利用色彩变化来指示状态变化。

⑬ 在图形显示上利用色彩显示更密集的信息。

思考与练习

1. 色彩的三属性是什么？
2. 试简述常见的色彩体系。
3. 试基于PCCS进行某产品或界面的配色设计。
4. 试基于Hue & Tone 130色彩体系进行某产品或界面的配色设计。
5. 试简述色彩调和与面积的关系。
6. 试简述穆恩与斯本莎的色彩调和论，并计算某一配色的美度。
7. 什么是色彩对比度？试计算某文本和背景的色彩对比度。
8. 试简述常见色彩的含义。
9. 试简述人机界面设计中的色彩使用指南。

拓展学习

1. 黄国松．色彩设计学［M］．北京：中国纺织出版社，2001.

2. 朱介英．色彩学：色彩设计与配色［M］．北京：中国青年出版社，2004.

3. ［日］小林重顺．色彩心理探析［M］．南开大学色彩与公共艺术研究中心译．北京：人民美术出版社，2006.

4. ［日］日本色彩设计研究所．配色手册［M］．刘俊玲，陈舒婷译．南京：江苏凤凰科学技术出版社，2018.

第17章 面向老年人的人机交互设计

17.1 老龄化社会与人机交互

随着信息化技术的快速发展，交互式产品已越来越多地渗透到人们的日常生活中，对人们生活方式的改变起着非常重要的作用。老龄化是与信息化并行的当代社会的另一个发展趋势，21世纪是人口老龄化的时代，老年人在日常生活的许多方面开始与交互式产品打交道，如何应用信息化技术提升老年人的生活质量已成为设计领域研究的热点。

（1）高龄用户上网

在我国，一般把中年人规定为40~59岁，年轻的老年用户定义为60~74岁，而高龄的老年用户则为75~92岁。老年互联网用户的数量和为老年用户设计的网页数量正蓬勃发展。

互联网是计算机应用的独特形式，超文本互联网的性质，通常是非线性的，它打破了理解线性文本的连贯性。超文本系统的自由和弹性有时会给用户带来一些负担，超文本存在“认知超载”和“迷失”两大主要问题。认知超载的含义是指为保证同时进行的几项任务或实验而付出的额外努力和注意力，迷失则是指在非线性文本中失去了方位和方向感。因此，如何为老年用户设计和呈现超文本信息是一个大的挑战。

（2）高龄用户使用手机

① 输入　大多数为老年人设计的手机以大的按键和字符以及充足的输入键间隔为特征。研究表明，老年人更喜欢凸起的键，用凸起的键盘比平滑的键盘更准确并且更快。

② 选择　选择目标时，滑动胜过单击。在完成单击任务时，老年人有更高的错误率；在完成滑动任务时，老年人能达到和中年人、年轻人相当的速度和准确性。然而，滑动的优势与目标的大小有关。当目标大小为16像素时，滑动的优势对老年人来说尤其明显；而目标继续增大时，滑动的优势就消失了。

③ 显示　在需要翻页才可以看到全文的情况下，老年人很难建立各部分信息之间的联系，进而容易造成迷失，因此老年人一般喜欢避免翻页的单页文本。文本的字体和字号都会影响阅读效果，当手机的屏幕较小时，建议安装无衬线字体。当相似的图标被放在一起或图标并不完整时，老年人可能不清楚其含义。老年人更喜欢用实物图片来作为图标的说明图，这是因为老年人认为现实图片更加清晰。较大的图标使老年人能够提高操作的准确性和速度，从而达到与年轻人相同的绩效水平。

（3）为高龄用户设计人机交互

提供多样化的输入设备有助于老年人应对衰退现象。语音识别可以消除与年龄相关的问题，如人工输入设备的视觉或运动困难。为有视觉损伤的用户提供冗余的语音识别输入选择和远程控制，也可以提供多通道的控制。

避免呈现小尺寸的目标可以帮助老年人与产品进行交互。老年人在碰到小尺寸的目标时，需要付出比年轻人更多的练习。老年人学习图形用户界面时，操作鼠标出现错误的数量要大于年轻人，而且当有小尺寸的目标时，操作会变得更加困难。

与年龄有关的视觉退化，如光敏度下降、冷知觉、对眩光的抵抗力、动态和静态视力、对比敏感度、视觉搜索和模式识别，都会影响计算机用户界面的使用。在处理计算机屏幕上的信息时，老年人所花费的时间要长于年轻人。使用大字体和高对比度显示有利于老年人使用信息设备，设计者应避免眩光和亮度的迅速变化。

（4）高龄用户接受科技的影响因素

老年人广泛使用的科学技术主要集中在三个领域：健康、独立生活和社交。老年人使用科技设备来监督健康状况和确保安全，因此电子血压仪、生理监测仪、家庭治疗仪等设备目前正变得越来越普遍。科技能够提高老年人生活的独立性和自主性，降低照料者的压力。老年人喜欢与同辈交流许多信息，如与健康相关的信息、旅游信息等，互联网沟通能降低老年人的孤独感。

目前大多数人机交互研究关注老年人的特定信息系统的界面或结构设计，很少有研究调查老年人的技术接受度，即老年人接受信息技术的态度和动机。可能的技术接受因素包括：

① 有用性知觉（Perceived Usefulness）。有用性知觉是指用户对使用特定系统将会提高其工作绩效的可能性的主观预期。当认知到系统的有用性程度愈高，对系统的态度愈正向。

② 易用知觉（Perceived Ease of Use）。易用知觉是指用户期望特定系统容易使用的程度。当认知系统愈容易学习，则对系统的态度愈正向。

③ 愉悦性知觉（Perceived Enjoyment / Fun）。愉悦性知觉是指用户在使用特定系统时，除了由系统使用导致的任何绩效表现以外，能够凭借自身力量而取得的愉悦程度。

④ 相对优势（Relative Advantage）。相对优势是指创新科技优于原来科技的程度。

⑤ 兼容性（Compatibility）。兼容性是新科技与已有价值、需求和以往潜在用户经验的一致程度。

⑥ 行为控制知觉（Perceived Behavioral Control）。行为控制知觉是行为时感知到的容易度或困难度，以及在信息系统研究背景下，对行为内外部控制的感知。

⑦ 主观规范（Subjective Norm）。主观规范可通过有用性知觉间接影响动机。

⑧ 口碑（Word-of-Mouth）。口碑是技术应用的重要决定因素。

⑨ 自我效能（Self-Efficacy）。自我效能是个体对自己执行某项行为的能力的自信程度。

⑩ 保持年轻（Being-Younger）。保持年轻是学习新技能的重要预测变量，也是一种生活态度。

⑪ 风险知觉（Perceived Risk）。风险知觉是用户对参与活动的严重后果和不确定性的感知。

17.2 年龄因素对老年人的影响以及老年人的特征

（1）老年人生活的四个阶段

Abu-Assab（2012）将老年人的生活分为四个阶段，即最后工作阶段、退休阶段、脆弱性增加阶段、受抚养阶段，各阶段的划分及其主要特征见表17-1。

表 17-1　老年人生活的四个阶段及其对应特征

阶段划分	阶段名称	阶段的主要特征
第一阶段（视具体情况而定，如60~65岁）	最后工作阶段	经济比较活跃，开始规划退休后的生活
第二阶段（视具体情况而定，如65~75岁）	退休阶段	无需工作，较少的健康问题，良好的经济状况
第三阶段（视具体情况而定，如75~80岁）	脆弱性增加阶段	身体功能上出现障碍和限制，精神上比身体上能好一些，在日常生活中开始依赖于他人
第四阶段（视具体情况而定，如从80岁开始）	受抚养阶段	认知能力下降，部分患有痴呆症，简单的日常生活依靠他人照顾

（2）年龄因素对老年人的影响

年龄因素对老年人有重要影响，会导致老年人的肌肉系统、心脏循环系统、呼吸系统、神经系统、胃肠系统等发生改变，这方面的研究较多，如Abu-Assab（2012）、Moschis（1992）、Papalia（2009）等，年龄因素导致的条件变化及其对老年人的影响见表17-2。

表 17-2　年龄因素导致的条件变化及其对老年人的影响

身体系统	年龄引起的条件变化	因年龄而可能发生的变化
肌肉系统	肌肉的弹性和肌肉群在消失	反应时间增加
	骨头的矿物质流失	骨头比较脆，易于骨折
	关节老化	运动的范围有所限制
	骨骼变得不稳定，脊柱中的椎间盘收缩	脊柱的灵活性下降
心脏循环系统	心脏的输出和恢复时间缩短	锻炼后心率恢复正常需要更长的时间
	心率变慢	到所有器官的血流减少
	动脉弹性降低	血压增加
呼吸系统	肺活量下降	肺炎和肺部感染的风险增加
	肺泡增厚	
神经系统	血流减少，脑氧合减少	运动神经活动需要更多的时间
	为大脑提供数据的神经末梢退化	运动活动进行得比较慢
	眼球晶状体的弹性变小	暗光难以看见
	眼球晶状体变黄	色觉被扭曲，视力模糊
	眼睛内的液体更稠	眼睛调整所需要的时间变长
	耳部神经元减少	听力变得困难
	痛觉与温度觉减退	不容易感觉到疼痛
胃肠系统	唾液分泌减少	味觉减退
	牙釉质变薄	增加患牙周病的可能性

（3）老年人的特征

Czaja（2019）、Mclaughlin（2020）、Papalia（2009）等从感觉和知觉、认知、运动控制等方面分析了老年人的特征，这些特征对面向老年人的人机交互设计具有重要意义。

1）感觉和知觉　老年人的感觉和知觉特征如下：

① 味觉和嗅觉出现与年龄有关的下降。

② 触觉的改变导致对温度和震动的感知阈值提升，这会使老年人容易摔倒。

③ 听觉的下降较为常见，特别是对于老年男性，下降部分体现在高频声音上。

④ 对许多老年人来讲，视觉将会下降，视觉灵敏度在40岁左右开始显著下降。

⑤ 相对于低龄老年人，高龄老年人容易对炫光产生问题。

⑥ 其他与视觉相关的方面也会出现与年龄相关的下降，如暗适应比较慢、视域的宽度下降、视觉处理速度变慢、知觉灵活度下降等。

2）认知　认知包括记忆、注意、空间认知、语言理解能力等方面。

① 记忆包含多个方面，其中一些方面展现出与年龄相关的下降，具体如下：

a. 工作记忆是指保持和处理信息的能力。工作记忆随着年龄的增长而下降。

b. 语义记忆是指获取知识。尽管老年人获取信息的速度较慢并且可信度较低，但是语义记忆随着年龄只有很小的下降。

c. 前瞻记忆是指记住将来要做什么。当人们身边有强烈的线索作为提醒物时，与年龄有关的前瞻记忆下降不太显著。

d. 程序性记忆是指关于如何做某事的知识。训练非常好的程序将维持到老年阶段，事实上是难以抑制的。与年轻的老年人相比，年龄大的老年人获取新程序时较慢并且成功率低。

② 注意包含多个方面，其中一些方面展现出与年龄相关的下降，具体如下：

a. 选择性注意（如搜索视觉显示器）和动态注意（重新定向注意焦点）均展示出与年龄相关的下降。

b. 老年人可以从引导和吸引注意力的线索中获益。

c. 年龄相关的信息处理率差异随着任务复杂度的增加而增加。

d. 当需要协调多项任务时，无论是分散注意力还是转移注意力，老年人的表现均不如年轻人。

③ 空间认知（即视觉图像的维持和操作）随着年龄的增长而下降。

④ 如果老年人能够充分利用他们的语义记忆，则他们的语言理解能力将保持不变；当需要进行推理并且工作记忆超负荷时，则语言理解能力将下降。

3）运动控制　老年人的运动控制特征如下：

① 与年轻人相比，老年人的反应比较慢。总体来讲，老年人将比年轻人多花费1.5~2倍长的时间。

② 老年人运动的精确性比年轻人较差，并且变化较大。

17.3 规划老年人人机交互研究需要注意的事项

由于老年人的特殊性，在规划老年人人机交互研究时需要注意许多事项，Dickinson（2007）、Eisma（2004）、Hawthorn（2000）等围绕该议题进行探讨，得到了一些具体的建议，见表17-3。

表17-3 老年人人机交互研究需要注意的事项

研究过程的议题	建议的方式	原因
将纸质材料呈现给实验参与者	确保可读性，字体大小至少14pt，语言应该是直接的、常用的词汇，尽可能避免行业语言或专业术语	老年人可能会发现小字体难以阅读
实验指导	在实验之前确保实验参与者能够理解实验指导语。准备好在实验过程中重复实验指导语	对实验条件不熟悉可能会导致对正确行为的不确定。此外，记忆因素使得有必要重复实验指导语
陪伴人员	为实验参与者的陪伴人员做好相关准备，使他们不影响研究	作为实验参与者参加实验场所进行实验具有一定的心理负担，陪伴人员有助于减少实验参与者的焦虑感，但是如果处理不好的话，可能会影响实验过程
认知测试	在实验开始时向实验参与者清楚解释实验规则以及所希望的用户表现。如果可行的话，当用户执行任务失败时，应清楚地向用户说明这是实验过程中的正常现象。此外，应谨慎使用与年龄相关的量表	老年人担心老化过程会影响他们的记忆和认知。老年人的个体差异性和相关经验可能会导致年龄相关的度量产生天花板效应
有声思维过程	应注意同步式和回溯式有声思维技术可能会产生的潜在问题	同步式有声思维可能会使对计算机不熟悉的用户产生压力，进而无法产生有用的数据。相反，回溯式有声思维会产生非常好的数据，但会使研究变得复杂
用户日记	应注意不熟悉和其他因素影响数据的收集，定期检查以确保收集了正确的数据，并迅速进行一对一的讨论	由于记忆、处理能力、以及书写障碍等会减少日记的有用性，一对一讨论是一种非常好的从对计算机不熟悉的用户获取信息的方法
度量的平衡	结合主观度量与客观度量	新手在描述界面问题时存在困难。此外，实验参与者的解释经常与观察者的解释存在差异。从多个研究方法获得的丰富信息能够增加获取有用信息的可能性
时间	时间应尽可能有弹性。在正式的实验中，弹性可能比较困难，但应予以保证	老年人完成任务和熟悉任务的时间可能超过研究者的预期
征集实验参与者	采用合适的征集策略。尽可能避免研究团队之外的人负责征集参与者	征集策略会根据研究的具体情况而变化。依赖于他人征集参与者经常会浪费时间、效率低
到达研究地点的指南	制定清晰明了的到达研究地点的指南，提供具体的信息和联系方式。提醒参与者携带眼镜、助听器，并且电话确认相关信息已经收到并理解	老年人可能需要通过一定的交通方式到达实验场所。文化程度的差异性意味着指南应尽可能清晰。事前的电话确认有助于使参与者安心并鼓励他们参与实验
到达实验地点	尽量减少参与者到达实验地点所需的步行量，避免楼梯	有些老年人可能认为步行超过一定距离会比较困难，许多老年人认为楼梯是一个重要的障碍
保留实验参与者	采用适当的策略保留实验参与者，其中提供免费的计算机课程通常非常有效	给实验参与者提供一定的报酬有助于保留实验参与者，并可与实验参与者建立更积极的关系
长期研究的维持	为了维持对长期研究的参与，灵活的实验时间和重新规划是非常重要的	实验参与者或者他们的家庭成员可能会生病、忙碌。与放弃参与研究相比，偶尔重新安排时间会更好

17.4 帮助老年人以及其他群体的用户界面设计指南

Johnson和Finn（2017）、Carmien和Manzanares（2014）、Cornish（2015）等许多研究从用户界面设计的角度出发，围绕视觉、运动控制、听觉和语言、认知、知识、搜索、态度等进行分析，得到了相关的设计指南，具体如下。

（1）视觉

视觉方面的设计指南见表17-4。

表17-4 视觉方面的设计指南

最大限度地提高基本文本的易读性	· 使用大字体 · 使用普通字体，即无衬线体 · 文本中如果有字母，应混合大小写，避免全部使用大写 · 使文本可放大 · 使信息易于扫视 · 使用朴素的背景，避免将文字放在图案和图像上 · 使用静态文本，避免自动移动、滚动 · 预留足够的空白，适当增加行距
简化：移除多余的视觉元素	· 界面中的链接不能太多 · 图形与任务应具有相关性，避免纯粹的装饰性图形 · 不能分散用户的注意力 · 利用群组、空白等避免界面零乱
视觉语言：创建一种有效的图形语言，并始终如一地使用它	· 保持视觉的一致性 · 使控件在视觉上突出 · 操作的暗示应强烈，不能细微 · 鼠标悬停在链接上时，链接的外观应发生明显改变 · 对已经访问过的链接予以标识 · 采用多种方式标记标签，如对于按钮可同时采用文字和符号
合理地使用色彩	· 谨慎地使用色彩 · 配色应小心，避免让用户从相近的色彩中进行区别，避免将纯度高的互补色并置 · 利用色彩区别链接是否已访问 · 将色彩与其他因素结合使用 · 色彩的对比度要高 · 对比度可调节
将重要的内容放到用户首先看到的地方	· 布置设计元素时应该一致 · 重要的信息无需通过滚动就能直接看到，将重要信息放在屏幕中央 · 使差错信息比较明显
将相关的信息在视觉上进行群组	· 群组相关联的项目
当需要滚动操作时应小心	· 最小化垂直滚动 · 不需要水平滚动
为非文本内容提供文本替代方案	· 对图形和视频补充文字

（2）运动控制

运动控制方面的设计指南见表17-5。

表17-5　运动控制方面的设计指南

确保用户能够点击到目标	· 大的点击对象 · 将可点击的面积变大 · 在点击对象之间添加空白区域 · 大的触控对象 · 最大化点击目标
使输入动作简单	· 避免双击 · 避免拖拽 · 操作过程中菜单应处于打开状态 · 多层级菜单应尽量避免或仔细设计
当一个对象被选择后应提供反馈	· 使反馈明显 · 提供及时反馈
将使用键盘的需要最小化	· 采用用户喜欢的输入动作 · 结构化用户动作
对于触摸屏设备,如有可能请在APP内提供手势训练	· 在APP内提供演示
允许用户有足够的时间完成操作	· 让用户在执行任务时间方面具有灵活性
避免对用户造成身体上的损伤	· 使用户的身体处于不偏不倚的状态 · 将重复最小化 · 将移动最小化

（3）听觉和语言

听觉和语言方面的设计指南见表17-6。

表17-6　听觉和语言方面的设计指南

确保听觉输出可以被听到	· 避免高频率的声音 · 确保声音足够大 · 使听觉信号长
最小化背景噪声	· 避免分散声音
用多种方式传递重要信息	· 为图片提供文字信息 · 使提醒信息多通道 · 提供文本到语音的转换
允许用户调整设备的输出	· 使声音可调节 · 让用户能够重播声音 · 使语言的播放可调节 · 让用户自己选择警示声音 · 提供替换声音
让语音输出尽可能像正常的声音	· 不能太快 · 避免不自然的机器人语言
提供可替换的输入方法	· 允许语音输入 · 对语音输入设备,提供其他的输入方法

（4）认知

认知方面的设计指南见表17-7。

表 17-7　认知方面的设计指南

设计应简洁	· 使刺激数量最小化
帮助用户维持焦点	· 同一时间仅执行一个任务 · 消除分散注意力的物品 · 使目前的任务突出
简化导航结构	· 将最重要的信息放在前面 · 使导航具有一致性 · 使导航结构清晰 · 使导航的层级浅 · 使项目的分类清晰
清楚地显示操作的过程和状态	· 引导用户逐步完成任务 · 显示用户正在执行的步骤 · 显示操作过程 · 提供及时清晰的反馈
使用户易于返回到熟悉和安全的起点位置	· 提供到主页的链接 · 提供“上一个”和“下一个”的链接 · 提供撤销功能
让用于一眼能看到他们所处的位置	· 显示当前页面 · 提供站点地图 · 使多个页面在整体外观上保持一致
最小化用户管理多个窗口的需要	· 使窗口的数量最少 · 如果需要用户记住屏幕之间的信息，请避免在多个屏幕之间拆分任务
避免加重用户的记忆	· 不要让用户过度使用工作记忆 · 支持识别，避免依赖回忆 · 给用户以提醒 · 使动作可记忆 · 使动作序列有结束 · 避免多模式
将差错对用户的影响最小化	· 防止差错 · 使差错的恢复容易 · 使用户易于汇报存在的问题
一致性地使用词汇，避免模糊词汇	· 相同的词汇代表相同的事情，不同的词汇代表不同的事情 · 相同的标签代表相同的行为，不同的标签代表不同的行为 · 链接的标签代表目的地的名字
使用强烈的词汇标识页面元素	· 使用动词 · 使不同的标签存在系统性的差异
使用简洁、朴实、直接的写作风格	· 力求简洁 · 使句子简单 · 迅速论述重点 · 采用主动、正面、直接的语言 · 力求清晰明确

续表

不要催促用户，给他们足够多的时间	· 不能让信息过期 · 让用户自己支配时间 · 使播放速度可以调节
使布局、导航、交互式元素在不同界面和屏幕间保持一致	· 一致的布局 · 一致的控件 · 一致的命令和标签 · 相关APP之间应有一致性
使设计支持学习和记忆	· 在触摸屏设备上，提供培训的视频、动画或插图，向用户展示正确的控制技术和手势 · 重复是好的 · 告诉用户完成任务所需的东西 · 让用户使用以前的路径和选择
在输入方面帮助用户	· 展示什么是有效的 · 使输入内容格式化 · 具备容错性 · 展示什么是需要的 · 提供提醒
提供屏幕帮助	· 提供容易获取的帮助 · 提供对上下文操作环境敏感的在线帮助 · 提供在线服务咨询
根据信息的重要性布局信息	· 对信息的优先级排序 · 在适当的时候使用表格

（5）知识

知识方面的设计指南见表17-8。

表17-8　知识方面的设计指南

组织内容以匹配用户的知识和理解	· 以对用户有意义的方式群组、排列、以及标识内容
使用用户熟悉的词汇语言	· 避免技术术语 · 避免使用缩写
不假设用户对设备、APP、网站等具有正确的心理模型	· 设计简单、清楚的概念模型 · 匹配用户在空间导航中的心理模型
帮助用户预测按钮的用途和链接的目的地	· 使链接的标签具有描述性，便于用户预测
使说明易于理解	· 力求明确 · 如果要按特定顺序执行步骤，请对其编号
将新版本对用户的负面影响最小化	· 避免无意义的改变 · 逐渐改变 · 引导用户从旧版本到新版本
将交互式要素清楚标识	· 如果可能的话，使用文字标识 · 使用易于识别的图标

（6）搜索

搜索方面的设计指南见表17-9。

表17-9　搜索方面的设计指南

帮助用户建立成功的查询	· 将搜索框放在右上部位置 · 以大字体显示搜索词 · 确保搜索框显示足够的字符，使用户可以看到他们输入的大部分或全部内容 · 使搜索框智能化 · 预测可能的搜索
将搜索结果设计成对用户友好的	· 将付费结果与普通结果相区隔 · 展示搜索的词汇 · 标识已访问过的结果

（7）态度

态度方面的设计指南见表17-10。

表17-10　态度方面的设计指南

使用户在进入、保存，以及查看资料时具有灵活性	· 提供智慧的数据输入方式 · 使用户具有控制感
获取用户的信任	· 仅询问必要的事项 · 清楚地标识广告 · 不强迫用户登录
使设计能够吸引所有用户，包括老年人	· 理解老年人的价值观 · 不能歧视老年人 · 不能将老年人视为年轻人 · 不能责备用户 · 不能恐吓用户 · 使用说明应逐步展示，不能跳过一些步骤
提供用户想要的信息	· 提供一种简单的联系方式 · 提供电话联系的替代方案 · 让用户易于查看行动清单 · 如果有针对老年人的优惠，应明确说明

（8）与老年人一起工作

与老年人一起工作的注意事项见表17-11。

表17-11　与老年人一起工作的注意事项

选择一个适合于目标群体的研究设计或方案	· 利用已有的关于老年人研究的成果 · 决定针对个人还是针对群体进行研究 · 确保研究情境与参与者相关 · 在同步式有声思维法和回溯式有声思维法之间进行选择 · 避免使用用户日记 · 让参与者更容易参与 · 由于用户群体的差异性较大，应避免使用被试间实验设计方法

续表

识别潜在的有关设计或研究的参与者	· 了解研究群体 · 接近研究群体的生活环境时应谨慎
招募和安排实验参与者	· 有个人社交联系的帮助 · 选择针对参与者的最合适联系方法 · 尽早招募实验参与者,应有额外的参与者 · 提前决定参与者个体差异的水平 · 确定招募参与者的标准 · 根据参与者的需要进行安排,而不是研究者的需要 · 合理地提醒参与者参加实验 · 采取额外的措施提升参与者的出席率
采取额外的以老年人为中心的策略规划活动	· 具有耐心,态度和蔼 · 注意对老年人参与实验有影响的任何事项 · 注意交通和安全问题 · 减轻数据收集过程对老年人的压力
执行与老年人有关的研究时应非常小心	· 要礼貌、体贴、尊敬 · 尽可能地清楚易懂 · 具有耐心 · 告知参与者测试的是设计而不是人,明确测试的每个阶段 · 用一定的时间与老年人进行交流,对实验进行介绍
起草一份关于实验参与者的伦理说明	· 陈述研究目的,感谢实验参与者,鼓励实验参与者提出相关问题 · 向参与者传授新知识 · 如果在实验参与者的住所进行研究,结束时请把所有东西放回原处 · 不能伤害实验参与者

17.5 老年人移动医疗APP的设计指南

随着年龄的增长，老年人易患高血压、糖尿病、冠心病等多种慢性疾病，基于移动医疗APP开展健康管理能够尽早发现疾病、减少并发症。目前，越来越多的老年人已经开始使用移动医疗APP。Morey（2019）、Sezgin（2018）、Isakovic（2016）等围绕老年人移动医疗APP的设计进行探讨，提出了相关设计指南，见表17-12，这些指南对设计其它面向老年人的APP同样具有重要的参考价值。

表17-12　老年人移动医疗APP的设计指南

总体指南	具体建议
增加按钮和文本大小	· 文本和按钮的设计应确保APP能在最小目标设备上使用 · 关键文本的字体大小至少为30磅,次要文本的字体大小至少为20磅。可让用户选择更大的字体,谨慎使用小于20磅的字体 · 窄/矩形按钮可能难以使用,应尽量避免,推荐使用直径至少为15mm的大圆形或方形按钮/图标 · 增加按钮/图标之间的间距,以尽量减少按钮选择的错误

续表

总体指南	具体建议
有效使用色彩	· 保持应用主题的高色彩对比度(如避免在白色或浅色背景上使用灰色文本)。按照Web内容无障碍指南,对于较小的文字,文本与背景的对比度至少为4.5:1,对于较大的文字,文本与背景的对比度至少为3:1 · 选择鲜艳醒目的色彩,而不是浅色或荧光色 · 使用色彩作为工具对不同的选项/图标组进行分类(如使用红色表示医生信息,使用蓝色表示症状跟踪信息)
确保APP内的一致性	· 在整个APP中保持所有的按钮大小和标签一致
简化APP内部导航	· 使用一个清晰的主屏幕,如果用户在APP中迷路或想使用其他功能,可以轻松导航到该屏幕。确保主屏幕易于识别,并且能够轻松地从任何屏幕/功能定位(如在每个屏幕底部的中间位置) · 对于平板电脑,将主屏幕上可用的关键功能数量限制为12个或更少,对于智能手机,限制为6个或更少。确保所有按键功能在主屏幕上都可见,无需滚动 · 尽可能取消滚动条 · 避免使用过多的选项/功能/可定制的栏目,这些会加重用户的使用负担,信息过多可能会导致错误使用或失败使用
简化数据输入流程	· 从数据输入过程中删除不必要的选项/对话框/可定制的栏目 · 将输入数据所需的步骤数保持在最低限度(理想情况下,少于三个步骤) · 尽可能具有自动保存功能
增强和简化数据可视化	· 在必要的地方使用可视化,但应尽量少,而且要简单 · 避免使用多个因素或数据标签进行过度拥挤的可视化。如有可能,在任何一张图表上显示的因素不得超过三个
改善帮助信息的获取	· 为用户提供易于识别和访问的帮助指南。理想情况下,帮助信息应该可以从主屏幕或APP中的其他中心位置访问 · 提供所有额外选项/功能的分步说明,并解释每个选项的用途。考虑为用户首次执行新任务时使用弹出提示或帮助气泡。如果需要其他帮助,请将用户引导至电子邮件联系/电话帮助热线等
改善用户隐私和离线访问	· 明确说明哪些信息是隐私的,哪些信息是可以公开的。 · 确保与家人/朋友/医生的任何数据共享都已正确设置,以便用户不会意外地共享私人信息 · 允许用户自定义共享信息,为如何更改隐私/共享设置提供清晰的分步说明。在用户更改共享设置之前,包括一个明确的提醒/确认屏幕,询问用户是否确实希望增加/减少他们的隐私设置 · 明确定义可能导致用户意外共享个人信息的不熟悉术语/功能 · 确保用户可以在没有互联网连接的情况下登录APP并输入/编辑/保存数据
修改APP功能的级别	· 将APP的基本功能作为默认设置,同时应能让需要更复杂功能的用户打开任何附加/高级的选项

思考与练习

1. 影响高龄用户接受科技的因素有哪些?
2. 简述年龄因素对老年人的影响以及老年人的特征。

3. 简述规划老年人人机交互研究需要注意的事项。

4. 简述帮助老年人以及其他群体的用户界面设计指南。

5. 简述老年人移动医疗APP的设计指南。

拓展学习

1. Mclaughlin A，Pak R. Designing displays for older adults［M］. Boca Raton，FL：CRC Press，2020.

2. Boot W R，Charness N，Czaja S J，et al. Designing for older adults：case studies，methods，and tools［M］. Boca Raton，FL：CRC Press，2020.

3. Czaja S J，Boot W R，Charness N，et al. Designing for older adults：principles and creative human factors approaches［M］. Boca Raton：CRC Press，2019.

4. Johnson J，Finn K. Designing user interfaces for an aging population：towards universal design［M］. Cambridge，MA：Morgan Kaufmann，2017.

5. Abu-Assab S. Integration of preference analysis methods into quality function deployment：a focus on elderly people［M］. Wiesbaden：Gabler Verlag，2012.

6. 汪晓春，纪阳，曹玉青. 老龄产品开发设计［M］. 北京：北京理工大学出版社，2014.

7. 董建明，傅利民，饶培伦，等. 人机交互：以用户为中心的设计和评估. 第6版［M］. 北京：清华大学出版社，2021.

8. 董华. 包容性设计：中国档案［M］. 上海：同济大学出版社，2019.

参考文献

[1] Sanders M S，Mccormick E J. Human factors in engineering and design [M]. New York：McGraw-Hill，2002.

[2] Salvendy G. Handbook of human factors and ergonomics [M]. Hoboken，New Jersey：John Wiley & Sons，Inc.，2012.

[3] Meister D. Behavioral analysis and measurement methods [M]. New York：Wiley，1985.

[4] Fox J H. Criteria of good research [J]. The Phi Delta Kappan，1958，39（6）：284-286.

[5] 李乐山. 设计调查 [M]. 北京：中国建筑工业出版社，2007.

[6] 戴力农. 设计调研. 第2版 [M]. 北京：电子工业出版社，2016.

[7] 柳沙. 设计艺术心理学 [M]. 北京：清华大学出版社，2006.

[8] Babbie E. The practice of social research [M]. Boston，MA：Cengage Learning，2016.

[9] Morling B. Research methods in psychology：evaluating a world of information [M]. New York，NY：W. W. Norton & Company，Inc.，2018.

[10] Sekaran U，Bougie R. Research methods for business：a skill-building approach [M]. Chichester，West Sussex：John Wiley & Sons，2016.

[11] Hanington B，Martin B. Universal methods of design：125 ways to research complex problems，develop innovative ideas，and design effective solutions [M]. Beverly，MA：Rockport Publishers，2019.

[12] Sauro J，Lewis J. Quantifying the user experience：practical statistics for user research [M]. Cambridge，MA：Morgan Kaufmann，2016.

[13] 吴明隆. 问卷统计分析实务——SPSS操作与应用 [M]. 重庆：重庆大学出版社，2010.

[14] Nunnally J C. Psychometric theory [M]. New York：McGraw-Hill，1978.

[15] Devillis R F. Scale development：theory and applications [M]. Newbury Park，CA：Sage，1991.

[16] Hackos J T，Redish J C. User and task analysis for interface design [M]. New York：Wiley Computer Pub.，1998.

[17] 董建明，傅利民，饶培伦，等. 人机交互：以用户为中心的设计和评估. 第6版 [M]. 北京：清华大学出版社，2021.

[18] Baxter K，Courage C，Caine K. Understanding your users：a practical guide to user research methods [M]. Amsterdam：Morgan Kaufmann，2015.

[19] Norman D A. The design of everyday things. Revised and expanded edition. [M]. New York：Basic Books，2013.

[20] Stanton N A，Salmon P M，Rafferty L A，et al. Human factors methods：a practical guide for engineering and design [M]. Boca Raton，FL：CRC Press，2013.

[21] Stone D，Jarrett C，Woodroffe M，et al. User interface design and evaluation [M]. Amsterdam：Morgan Kaufmann，2005.

[22] Card S K，Moran T P，Newell A. The psychology of human-computer interaction [M]. Hillsdale，New Jersey：Lawrence Erlbaum Associates，1983.

[23] Cooper A，Reimann R，Cronin D，et al. About face：the essentials of interaction design [M]. Indianapolis：John Wiley & Sons，Inc.，2014.

[24] Sharp H，Rogers Y，Preece J. Interaction design：beyond human-computer interaction [M]. Indianapolis，Indiana：John Wiley & Sons，Inc.，2019.

[25] Benyon D. Designing user experience：a guide to HCI，UX and interaction design [M]. Harlow：Pearson，2019.

[26] Ritter F E，Baxter G D，Churchill E F. Foundations for designing user-centered systems：what system designers need to know about people [M]. London：Springer，2014.

[27] Dix A，Finlay J，Abowd G D，et al. Human-computer interaction [M]. Edinburgh Gate：Pearson Education Limited，2004.

[28] Constantine L L，Lockwood L A. Software for use：a practical guide to the models and methods of usage-

centered design [M]. Boston: Pearson Education, Inc., 1999.
[29] 李永锋，陈则言. 基于FMEA和FTA的老年人汽车人机界面交互设计研究 [J]. 包装工程，2021，42 (6)：98-105.
[30] Albert B, Tullis T. Measuring the user experience: collecting, analyzing, and presenting UX metrics [M]. Cambridge, MA: Morgan Kaufmann, 2022.
[31] Gawron V J. Human performance, workload, and situational awareness measures handbook [M]. Boca Raton, FL: CRC Press, 2008.
[32] Mccauley-Bush P. Ergonomics: foundational principles, applications, and technologies [M]. Boca Raton: CRC Press, 2012.
[33] Schrepp M. User experience questionnaires: how to use questionnaires to measure the user experience of your products? [M]. Chicago, IL: Independently Published, 2021.
[34] Lewis J R, Sauro J. Item benchmarks for the system usability scale [J]. Journal of Usability Studies, 2018, 13 (3): 158-167.
[35] Hart S G, Staveland L E. Development of NASA-TLX (Task Load Index): Results of empirical and theoretical research [J]. Advances in psychology, 1988, 52: 139-183.
[36] Martin D. Doing psychology experiments [M]. Belmont, CA: Thomson Wadsworth, 2007.
[37] Shaughnessy J J, Zechmeister E B, Zechmeister J S. Research methods in psychology [M]. New York: Michael Sugarman, 2012.
[38] Loftus E F, Burns T E. Mental shock can produce retrograde amnesia [J]. Memory & Cognition, 1982, 10 (4): 318-323.
[39] 舒华，张亚旭. 心理学研究方法：实验设计和数据分析 [M]. 北京：人民教育出版社，2008.
[40] Harris P. Designing and reporting experiments in psychology [M]. Maidenhead: Open University Press, 2008.
[41] Gravetter F J, Wallnau L B. Statistics for the behavioral sciences [M]. Boston, MA: Cengage Learning, 2015.
[42] 吴喜之. 统计学：从数据到结论. 第4版 [M]. 北京：中国统计出版社，2013.
[43] Salkind N J. Statistics for people who (think they) hate statistics [M]. Thousand Oaks, CA: SAGE Publications, 2017.
[44] Lee J D, Wickens C D, Liu Y, et al. Designing for people: an introduction to human factors engineering [M]. Charleston, SC: CreateSpace, 2017.
[45] Cohen J. Statistical power analysis for the behavioral sciences [M]. Hillsdale, N.J.: Lawrence Erlbaum Associates, 1988.
[46] Fritz M, Berger P D. Improving the user experience through practical data analytics: gain meaningful insight and increase your bottom line [M]. Amsterdam: Morgan Kaufmann, 2015.
[47] Evans J. Your psychology project: the essential guide [M]. Los Angeles: SAGE Publications, 2007.
[48] Association A P. Publication manual of the American psychological association [M]. Washington, DC: American Psychological Association, 2010.
[49] Cohen J. A power primer [J]. Psychological bulletin, 1992, 112 (1): 155-159.
[50] [日] 酒井隆. 图解市场调查指南 [M]. 郑文艺，陈菲译. 广州：中山大学出版社，2008.
[51] Crawford M, Benedetto A D. New products management [M]. New York, NY: McGraw-Hill Education, 2015.
[52] [德] 克劳斯·巴克豪斯，[德] 本德·埃里克森，[德] 伍尔夫·普林克，等. 多元统计分析方法：用SPSS工具. 第2版 [M]. 上海：格致出版社，2017.
[53] 董文泉，周光亚，夏立显. 数量化理论及其应用 [M]. 长春：吉林人民出版社，1979.
[54] 陈景祥. R软件：应用统计方法. 修订版 [M]. 大连：东北财经大学出版社，2014.
[55] 林震岩. 多变量分析：SPSS的操作与应用 [M]. 北京：北京大学出版社，2007.
[56] 费宇. 多元统计分析——基于R. 第2版 [M]. 北京：中国人民大学出版社，2020.
[57] 张文彤，董伟. SPSS统计分析高级教程. 第3版 [M]. 北京：高等教育出版社，2018.
[58] Hair J F, Black W C, Babin B J, et al. Multivariate data analysis [M]. Andover, Hampshire: Cengage, 2019.
[59] Johnson D E. Applied multivariate methods for data analysts [M]. Pacific Grove, California: Duxbury Press,

1998.
[60] 李永锋. 基于数量化理论□的产品意象造型设计研究 [J]. 机械设计, 2010, 27 (4): 40-43.
[61] Luce R D, Tukey J W. Simultaneous conjoint measurement: A new type of fundamental measurement [J]. Journal of mathematical psychology, 1964, 1 (1): 1-27.
[62] 李永锋, 朱丽萍. 基于结合分析的产品意象造型设计研究 [J]. 图学学报, 2012, 33 (4): 121-128.
[63] Park J, Han S H, Kim H K, et al. Modeling user experience: A case study on a mobile device [J]. International Journal of Industrial Ergonomics, 2013, 43 (2): 187-196.
[64] Wang C-H. Integrating Kansei engineering with conjoint analysis to fulfil market segmentation and product customisation for digital cameras [J]. International Journal of Production Research, 2015, 53 (8): 2427-2438.
[65] Demirtas E A, Anagun A S, Koksal G. Determination of optimal product styles by ordinal logistic regression versus conjoint analysis for kitchen faucets [J]. International Journal of Industrial Ergonomics, 2009, 39 (5): 866-875.
[66] 简召全. 工业设计方法学. 第3版 [M]. 北京: 北京理工大学出版社, 2011.
[67] Roozenburg N F, Eekels J. Product design: fundamentals and methods [M]. Baffins Lane, Chichester: John Wiley & Sons Ltd, 1995.
[68] 简祯富. 决策分析与管理: 全面决策品质提升的架构与方法. 第2版 [M]. 北京: 清华大学出版社, 2019.
[69] 刘心报. 决策分析与决策支持系统 [M]. 北京: 清华大学出版社, 2009.
[70] 邱菀华. 管理决策熵学及其应用 [M]. 北京: 中国电力出版社, 2010.
[71] 邵家骏. 质量功能展开 [M]. 北京: 机械工业出版社, 2004.
[72] Tzeng G-H, Huang J-J. Multiple attribute decision making: methods and applications [M]. Boca Raton, FL: CRC Press, 2011.
[73] Clemen R T, Reilly T. Making hard decisions with DecisionTools [M]. Mason, OH: Cengage Learning, 2014.
[74] 陈文亮, 陈姿桦. 应用熵值权重法与TOPSIS法于布料折饰设计评估决策模式之研究 [J]. 设计学研究, 2008, 11 (1): 23-41.
[75] Karwowski W, Mital A. Applications of fuzzy set theory in human factors [M]. Amsterdam: Elsevier, 1986.
[76] Zimmermann H-J. Fuzzy set theory—and its applications [M]. Boston: Kluwer Academic Publishers, 2001.
[77] Chen S-J, Hwang C-L. Fuzzy multiple attribute decision making: methods and applications [M]. Berlin: Springer-Verlag, 1992.
[78] 陈水利, 李敬功, 王向公. 模糊集理论及其应用 [M]. 北京: 科学出版社, 2005.
[79] 李洪兴, 汪群, 段钦治, 等. 工程模糊数学方法及应用 [M]. 天津: 天津科技出版社, 1993.
[80] 谢季坚, 刘承平. 模糊数学方法及其应用. 第4版 [M]. 武汉: 华中科技大学出版社, 2013.
[81] 岑詠霆. 模糊质量功能展开 [M]. 上海: 上海科学技术文献出版社, 1999.
[82] 李荣钧. 模糊多准则决策理论与应用 [M]. 北京: 科学出版社, 2002.
[83] 李永锋, 朱丽萍. 基于模糊层次分析法的产品可用性评价方法 [J]. 机械工程学报, 2012, 48 (14): 183-191.
[84] 邓聚龙. 灰色系统理论教程 [M]. 武汉: 华中理工大学出版社, 1990.
[85] 邓聚龙. 灰色系统基本方法. 第2版 [M]. 武汉: 华中科技大学出版社, 2005.
[86] 刘思峰. 灰色系统理论及其应用. 第9版 [M]. 北京: 科学出版社, 2021.
[87] Liu S, Lin Y. Grey information: theory and practical applications [M]. London: Springer, 2006.
[88] 李晔, 郭三党, 张东兴. 三参数区间灰数信息下的决策方法 [M]. 北京: 科学出版社, 2019.
[89] 赵振东. 灰色系统理论及其在汽车工程中的应用 [M]. 北京: 科学出版社, 2018.
[90] 党耀国, 刘思峰, 王正新, 等. 灰色预测与决策模型研究 [M]. 北京: 科学出版社, 2009.
[91] 杜栋, 庞庆华. 现代综合评价方法与案例精选. 第4版 [M]. 北京: 清华大学出版社, 2021.
[92] 李永锋, 侍伟伟, 朱丽萍. 基于灰色层次分析法的老年人APP用户体验评价研究 [J]. 图学学报, 2018, 39 (1): 68-74.
[93] 高帅. 基于卡诺模型与灰色聚类法的老年人APP用户界面配色设计评价研究 [D]. 徐州: 江苏师范大学, 2021.

[94] Reason J. Human error [M]. New York, NY: Cambridge University Press, 1990.

[95] Dhillon B S. Human reliability: with human factors [M]. New York: Pergamon Press, 1986.

[96] Dhillon B S. Systems reliability and usability for engineers [M]. Boca Raton, FL: CRC Press, 2019.

[97] Kirwan B. A guide to practical human reliability assessment [M]. Bristol, PA: Taylor & Francis, 1994.

[98] Nielsen J. Usability engineering [M]. Boston: Academic Press, 1993.

[99] Nielsen J, Mack R L. Usability inspection methods [M]. New York: Wiley, 1994.

[100] Shneiderman B, Plaisant C, Cohen M, et al. Designing the user interface: strategies for effective human-computer interaction [M]. Boston: Pearson, 2016.

[101] Bridger R S. Introduction to ergonomics [M]. London: Taylor & Francis, 2003.

[102] Vesely W E, Goldberg F F, Roberts N H, et al. Fault tree handbook [M]. Washington, D.C.: U.S. Nuclear Regulatory Commission, 1981.

[103] Rausand M, Haugen S. Risk assessment: theory, methods, and applications [M]. Hoboken, NJ: John Wiley & Sons, Inc., 2020.

[104] 尤建新，刘虎沉．质量工程与管理 [M]. 北京：科学出版社，2016.

[105] 谢少锋，张增照，聂国健．可靠性设计 [M]. 北京：电子工业出版社，2015.

[106] 郭伏，钱省三．人因工程学．第2版 [M]. 北京：机械工业出版社，2018.

[107] 张力．数字化核电厂人因可靠性 [M]. 北京：国防工业出版社，2019.

[108] 何旭洪，黄祥瑞．工业系统中人的可靠性分析：原理、方法与应用 [M]. 北京：清华大学出版社，2007.

[109] 周海京，遇今．故障模式、影响及危害性分析与故障树分析 [M]. 北京：航空工业出版社，2003.

[110] 关大进，杨琪．服务质量FMEA差距模型及应用：服务可以在第一次做好 [M]. 北京：中国标准出版社，2009.

[111] [日] 盐见弘，[日] 岛冈淳，[日] 石山敬幸．故障模式和影响分析与故障树分析的应用 [M]. 徐凤璋，高金钟译．北京：机械工业出版社，1987.

[112] Mcdermott R E, Mikulak R J, Beauregard M R. The basics of FMEA [M]. New York: Taylor & Francis Group, 2009.

[113] Stamatis D H. Failure mode and effect analysis: FMEA from theory to execution [M]. Milwaukee, Wisconsin: ASQ Quality Press, 2003.

[114] Lehto M R, Landry S J, Buck J. Introduction to human factors and ergonomics for engineers [M]. Boca Raton, FL: CRC press, 2013.

[115] Stone N J, Chaparro A, Keebler J R, et al. Introduction to human factors: applying psychology to design [M]. Boca Raton: CRC Press, 2018.

[116] Pahl G, Beitz W. Engineering design: a systematic approach [M]. London: Springer, 2007.

[117] Embrey D E. Quantitative and qualitative prediction of human error in safety assessments [C]// Institution of Chemical Engineers Symposium Series, London, Hemsphere publishing corporation, 1992: 329-350.

[118] Rasmussen J. Skills, rules, and knowledge; signals, signs, and symbols, and other distinctions in human performance models [J]. IEEE Transactions on Systems Man and Cybernetics, 1983, 13 (3): 257-266.

[119] 谢红卫，孙志强，李欣欣，等．典型人因可靠性分析方法评述 [J]. 国防科技大学学报，2007 (2): 101-107.

[120] 许若飞，李永锋．基于FMEA的老年人电子产品交互设计研究 [J]. 包装工程，2017，38 (20): 222-227.

[121] 熊伟，苏秦．设计开发质量管理 [M]. 北京：中国人民大学出版社，2013.

[122] Terninko J. Step-by-step QFD: customer-driven product design [M]. Boca Raton, Fla.: St. Lucie Press, 1997.

[123] Ulrich K T, Eppinger S D, Yang M C. Product design and development [M]. Boston: McGraw-Hill Higher Education, 2019.

[124] Cohen L. Quality function deployment: how to make QFD work for you [M]. Reading, MA: Addison-Wesley, 1995.

[125] Akao Y, Mazur G H, King B. Quality function deployment: integrating customer requirements into product design [M]. Cambridge, MA: Productivity Press, 1990.

[126] Baxter M. Product design: a practical guide to systematic methods of new product development [M]. London: Chapman & Hall, 1995.

[127] 张成忠，范正妍，曹海艳. 设计心理学. 第2版 [M]. 北京：北京大学出版社，2016.

[128] Lewis K, Chen W, Schmidt L. Decision making in engineering design [M]. New York: ASME Press, 2006.

[129] 朱丽萍，李永锋，徐育文. 基于卡诺与质量功能展开的老年人手机APP设计研究 [J]. 包装工程，2018，39 (18)：140-145.

[130] Matzler K, Hinterhuber H H. How to make product development projects more successful by integrating Kano's model of customer satisfaction into quality function deployment [J]. Technovation, 1998, 18 (1): 25-38.

[131] Berger C, Blauth R, Boger D, et al. Kano' s methods for understanding customer-defined quality [J]. Center for Quality of Management Journal, 1993, 2 (4): 3-35.

[132] Chaudha A, Jain R, Singh A R, et al. Integration of Kano's Model into quality function deployment (QFD) [J]. International Journal of Advanced Manufacturing Technology, 2011, 53 (5-8): 689-698.

[133] 朱介英. 色彩学：色彩设计与配色 [M]. 北京：中国青年出版社，2004.

[134] 黄国松. 色彩设计学 [M]. 北京：中国纺织出版社，2001.

[135] [日] 小林重顺. 色彩心理探析 [M]. 南开大学色彩与公共艺术研究中心译. 北京：人民美术出版社，2006.

[136] [日] 日本色彩设计研究所. 配色手册 [M]. 刘俊玲，陈舒婷译. 南京：江苏凤凰科学技术出版社，2018.

[137] [日] 日本色彩设计研究所. 配色岁时记 [M]. 南开大学色彩研究中心译. 北京：人民美术出版社，2012.

[138] Arnkil H, Fridell Anter K, Klarén U. Colour and light: concepts and confusions [M]. Helsinki: Aalto University, 2012.

[139] Galitz W O. The essential guide to user interface design: an introduction to GUI design principles and techniques [M]. Indianapolis, Indiana: Wiley Publishing, Inc., 2007.

[140] 李永锋，朱丽萍. 基于模糊层次分析法的产品配色设计 [J]. 机械科学与技术，2012，31 (12)：2028-2033.

[141] Moon P, Spencer D E. Aesthetic measure applied to color harmony [J]. Journal of the Optical Society of America, 1944, 34 (4): 234-242.

[142] Moon P, Spencer D E. Area in color harmony [J]. Journal of the Optical Society of America, 1944, 34 (2): 93-103.

[143] Moon P, Spencer D E. Geometric formulation of classical color harmony [J]. Journal of the Optical Society of America, 1944, 34 (1): 46-50.

[144] Mclaughlin A, Pak R. Designing displays for older adults [M]. Boca Raton, FL: CRC Press, 2020.

[145] Boot W R, Charness N, Czaja S J, et al. Designing for older adults: case studies, methods, and tools [M]. Boca Raton, FL: CRC Press, 2020.

[146] Czaja S J, Boot W R, Charness N, et al. Designing for older adults: principles and creative human factors

approaches [M]. Boca Raton: CRC Press, 2019.

[147] Johnson J, Finn K. Designing user interfaces for an aging population: towards universal design [M]. Cambridge, MA: Morgan Kaufmann, 2017.

[148] Abu-Assab S. Integration of preference analysis methods into quality function deployment: a focus on elderly people [M]. Wiesbaden: Gabler Verlag, 2012.

[149] Sezgin E, Yildirim S, Yildirim S Ö, et al. Current and emerging mHealth technologies: adoption, implementation, and use [M]. Cham: Springer, 2018.

[150] Papalia D E, Olds S W, Feldman R D. Human development [M]. New York, NY: McGraw-Hill, 2009.

[151] 汪晓春，纪阳，曹玉青. 老龄产品开发设计 [M]. 北京：北京理工大学出版社，2014.

[152] 吴佩平，周卿. 产品与交流·通用设计 [M]. 北京：中国建筑工业出版社，2016.

[153] 董华. 包容性设计：中国档案 [M]. 上海：同济大学出版社，2019.

[154] Moschis G P. Marketing to older consumers: A handbook of information for strategy development [M]. Westport, Conn.: Greenwood Publishing Group, 1992.

[155] Davis F D. Perceived usefulness, perceived ease of use, and user acceptance of information technology [J]. MIS quarterly, 1989: 319-340.

[156] Eisma R, Dickinson A, Goodman J, et al. Early user involvement in the development of information technology-related products for older people [J]. Universal Access in the Information Society, 2004, 3 (2): 131-140.

[157] Hawthorn D. Possible implications of aging for interface designers [J]. Interacting with Computers, 2000, 12 (5): 507-528.

[158] Carmien S, Manzanares A G. Elders using smartphones–a set of research based heuristic guidelines for designers [C]// International conference on universal access in human-computer interaction, Heraklion, Greece, Springer, 2014: 26-37.

[159] Cornish K, Goodman-Deane J, Ruggeri K, et al. Visual accessibility in graphic design: A client-designer communication failure [J]. Design Studies, 2015, 40: 176-195.

[160] Dickinson A, Arnott J, Prior S. Methods for human–computer interaction research with older people [J]. Behaviour & Information Technology, 2007, 26 (4): 343-352.

[161] Morey S A, Stuck R E, Chong A W, et al. Mobile health apps: improving usability for older adult users [J]. Ergonomics in Design, 2019, 27 (4): 4-13.

[162] Isakovic M, Sedlar U, Volk M, et al. Usability pitfalls of diabetes mhealth apps for the elderly [J]. Journal of Diabetes Research, 2016.